国家自然科学基金项目"基于晶体颗粒动力学行为的盐析进程预测模型研究"（51106066）

国家自然科学基金项目"叶轮机械内部伴有盐析的液固两相流动"（50476068）

国家自然科学基金项目"叶轮机械内部结盐机理与流动的研究"（50346039）

江苏高校品牌专业建设工程项目（PPZY2015A029）

资助

盐析流动
理论及应用

Salt-out Flow

Theory and Applications

高 波 刘 栋 著

江苏大学出版社

JIANGSU UNIVERSITY PRESS

镇 江

内容简介

　　本书基于著者所在课题组近 20 年的科研工作,较为系统地阐述了盐析两相流动的理论体系、数值求解策略、内流测试方法及其在输送管道、离心式输送泵、旋流式输送泵内的具体应用,分析了这些主要输送设备内的盐析流动基本特征及对输送性能的影响,介绍了盐类溶液输送管道、输卤泵及阀门等研制过程中的防结盐技术。

　　本书可为大专院校从事液固两相流动教学和科研人员使用,也可作为从事相关盐类溶液输送装备设计、研究、维护人员的参考书。

图书在版编目(CIP)数据

　　盐析流动理论及应用 / 高波,刘栋著. — 镇江：江苏大学出版社,2017.12
　　ISBN 978-7-5684-0676-5

　　Ⅰ. ①盐… Ⅱ. ①高… ②刘… Ⅲ. ①盐析效应－流动理论－研究 Ⅳ. ①P734.4

　　中国版本图书馆 CIP 数据核字(2017)第 304064 号

盐析流动理论及应用
Yanxi Liudong Lilun Ji Yingyong

著　　者/高　波　刘　栋	
责任编辑/孙文婷	
出版发行/江苏大学出版社	
地　　址/江苏省镇江市梦溪园巷 30 号(邮编：212003)	
电　　话/0511-84446464(传真)	
网　　址/http：//press. ujs. edu. cn	
排　　版/镇江华翔票证印务有限公司	
印　　刷/南京艺中印务有限公司	
开　　本/890 mm×1 240 mm　1/32	
印　　张/8.375	
字　　数/242 千字	
版　　次/2017 年 12 月第 1 版　2017 年 12 月第 1 次印刷	
书　　号/ISBN 978-7-5684-0676-5	
定　　价/59.00 元	

如有印装质量问题请与本社营销部联系(电话:0511-84440882)

前　言

　　盐析流动是工业中常见的现象,普遍存在于石油、化工、造纸等行业的盐类溶液输运流程中,如盐湖工程中的采输卤、制浆造纸碱回收过程中的绿液输送等。盐析流动形成后,从溶液中析出的晶体颗粒在各种输运势作用下发生沉降并黏结于输送管道、输送泵阀等关键设备的内壁,形成顽固的盐析层,即结盐现象。结盐将改变流动参数,甚至堵塞流道,严重影响流动正常运行,同时造成大量经济损失,成为制约相关行业领域技术进步的瓶颈问题。

　　盐析流动本质上属于一种伴有相变的异常复杂液固两相流体系,同时涉及两相流体动力学、晶体生长动力学、传热传质理论、材料科学与工程理论等领域,属于多学科强交叉,国内对于盐析流动机理的研究、防结盐技术装备的研制和应用均长期处于空白。在国家自然科学基金项目[叶轮机械内部结盐机理与流动的研究(50346039)、叶轮机械内部伴有盐析的液固两相流动(50476068)、基于晶体颗粒动力学行为的盐析进程预测模型研究(51106066)]、教育部博士点基金项目[盐溶液输送过程中的流动与相分离作用机理的研究(20060299008)]、科技型中小企业技术创新基金项目[西部卤水资源开发用潜水深井采卤泵(05C26213200615)、西部地下卤水资源综合开发用快速清除结晶采卤泵(09C26213203853)]、江苏省高校高新技术产业发展项目[输卤泵研制及产业化(JH01056)]、江苏高校品牌专业建设工程项目(PPZY2015A029)、江苏省六大人才高峰项目[高效离心式输卤泵关键技术研究(2014 -

ZBZZ-016)]等的大力资助下,自 1997 年起,本人所在课题组针对盐析流动理论开展了较为系统、全面的研究,并成功实现了技术转化,取得了阶段性成果。本书在此基础上对前期研究工作进行归纳、总结,一方面丰富液固两相流动理论,另一方面也为相关工业部门生产提供参考。

作为一本专著,本书从盐析流动基本概念出发,对工业生产中的盐析流动进行了分析,并介绍了用于盐析流动的研究方法。经过对盐析流动基本理论的阐述,以两相流体动力学中的双流体模型为基础,引入粒数衡算方程以描述晶体颗粒的动力学行为,构建了盐析两相流动的湍流流动方程。然后详细介绍了盐析流动理论在输送管路、离心式和旋流式输送泵中的具体应用,揭示了不同输送设备内的盐析流动特性。最后简单介绍了课题组在防结盐技术、装备研制方面所取得的成果。

全书共 7 章,第一章至第四章、第六章和第七章由高波编著,第五章由刘栋编著。杨敏官教授对全书进行了审稿,并提出了宝贵意见。贾卫东研究员、王春林教授为本书的编著提供了大量原始资料和数据。顾海飞、李辉、董祥、奚伟永、吴承福、钱姜海、汤承等原课题组人员参与了本书涉及的计算和试验工作。在此一并表示衷心的感谢。

本书是对盐析流动理论及应用的初步探索,由于作者水平有限,书中难免存在不妥和疏漏之处,殷切希望读者给予批评指正。

著　者

2017 年 8 月

目　录

常用符号表

一、英文字母符号

符号	名称	单位	符号	名称	单位
A	面积	m^2	H	焓	J
B	生成率		H	扬程	m
b_k	彻体外力	N	h	对流换热系数	$W/(m^2 \cdot \text{℃})$
b_2	叶轮出口宽度	mm	h_f	能量头损失	m
C	溶质浓度	g/L	h_n	自然对流换热系数	$W/(m^2 \cdot \text{℃})$
C_0	饱和溶液浓度	g/L	I	晶核数目	
C_0	黑体辐射系数		K	热传导系数	$W/(m \cdot \text{℃})$
C_b	过饱和溶液浓度	g/L	k	Boltzmann 常数	
C_V	固相体积浓度		k	湍动能	m^2/s^2
c_p	定压比热	$J/(kg \cdot K)$	k_R	表面反应速率常数	
D	消亡率		L, l	长度	m
D, d	直径	mm	L_m	熔化潜热	J
d_p	颗粒直径	μm	M	摩尔分子量	
D_{32}	Sauter 平均直径	μm	M_k	动量交换率	
D_L	扩散系数		m	质量	kg
E_k	能量交换率		N	原子数	
e_k	内能	J	N	晶体缺陷数	
F, f	力	N	n	转速	r/min
G	自由能	J	n	颗粒数密度	$/cm^3$
G_S	界面自由能	J	n_p	颗粒数	
G_V	体积自由能	J	p	压力	Pa

符号	名称	单位	符号	名称	单位
P	功率	W	s	过饱和度比	
Q	热量	J	T	温度	K
Q	流量	m^3/s	T	周期	s
q_k	热流通量	W/m^2	t	时间	s
R,r	半径	m	u,v,w	速度	m/s
Re	雷诺数		V	体积	m^3
S	熵	$J/(kg \cdot K)$	W	变形能量	J

二、希腊字母符号

符号	名称	单位	符号	名称	单位
α	体积分数		η	效率	
β	叶片安放角	(°)	θ	角度	(°)
β	聚并率		σ	比表面自由能	J
β_{col}	颗粒碰撞率		λ	沿程阻力系数	
Γ_k	质量交换率		μ	动力黏度	$Pa \cdot s$
γ	表面反应级数		ν	运动黏度	m^2/s
δ	边界层厚度	m	ρ	密度	kg/m^3
δ	线性膨胀率		ω	角速度	rad/min
ε	湍流耗散率	m^2/s^2	φ	角系数	
ε	黑度		Ω_s	单个原子体积	m^3

第一章　绪　论

第一节　盐析流动基本概念

一、液固两相流

除等离子体外,物质存在三种状态:气态、液态和固态。"相"通常指不同物态或同一物态的不同物理性质或力学状态。当有两种或两种以上的相混合流动时,即形成两相流或多相流,如液固、气固、气液两相流等。大多数情况下,两相流和多相流在本质内容上基本相同,只是对相的理解不同,均属于流体力学的一个分支,主要研究各相的运动规律及相间作用机制。

液固两相流作为两相流动的一种,广泛存在于自然界和能源、化工、石油、矿业、建筑、水利、轻工、冶金、环保等各个领域。如泥沙在河流中的运移、固体颗粒的水力输运、化工过程中的搅拌、建筑物壳体的浇灌成型等,不胜枚举。根据固相体积浓度分类,液固两相流可分为三类:当固相体积浓度很小时,为水力学中的沉积问题,也有学者称之为稀疏两相流;当固相体积浓度中等时,为液固相混合物悬浮流,亦称为稠密两相流;当固相体积浓度很大时,为流经多孔介质的渗流问题。实际上,对于稀疏和稠密的定义,目前在学术界和各种工程应用中并不统一,于是液固两相流也会根据混合物的组成、颗粒尺寸大小、颗粒雷诺数等属性进行分类。

由于固相属性的多样性和差异性,液固两相混合物中不仅存在各相内部的复杂力学特性,还存在各相间作用,因此两相流的许多关键问题仍未完全解决,如颗粒间的相互作用机理、固相边界条件等。也正是这些悬而未决的疑点和难点，使得液固两相流动乃至多相流动至今一直为学术界研究的热点和前沿。

二、盐析流动

盐类溶液输送广泛存在于工业生产流程中，如盐湖工程中的采输卤、制浆造纸碱回收过程中的绿液输送等。在这些盐类溶液输送过程中，由于过饱和度、过冷度等相变驱动力的作用，盐类物质会发生相变，部分物质由液态转变为固态，这就是盐析过程。

确切地说，盐析是指以钠、钾离子为主要成分的单一溶液或多种物质的混合盐类溶液中晶体物质析出、生长、沉积的过程。析出的晶体颗粒作为固相，伴随着溶液一并输运，即形成了伴有盐析的液固两相流动现象，简称为盐析流动。盐析流动可以视作一种伴有固相相变的复杂液固两相流动。

与普通液固两相流类似，实际输运过程中的盐析流动一般呈湍流流动制式，盐析过程与流动参数、边界条件等密切相关。在各种成核机制、生长条件的约束下，盐类溶液在输运过程中不断核化，生成的晶核又不断长大，这种析出过程的实质为动态的相变过程，此过程受周围流体的湍流流动结构的制约，析出的晶体颗粒在对流及各种扩散势作用下发生物质迁移，形成一定的颗粒尺寸、浓度分布，不同的颗粒尺寸、浓度导致不同的盐析特性，迁移至壁面的颗粒甚至伴有化学反应的发生；同时，盐类溶液与管壁长期接触，凹凸不平的壁面也给溶质提供了非均相成核的物质条件；整个体系中，存在着液相、颗粒相及附着于壁面的盐析层。而这些晶体颗粒的存在又会反作用于流场，使得周围流体的流速、脉动等湍流流动特征发生改变。盐析和流动如此相互影响、相互制约，最终形成异常复杂的盐析两相流动体系。

美国田纳西州橡树岭国家实验室（Oak Ridge National Laboratory, ORNL）的 Timothy D. Welch 在 2001 年 8 月发布的一项报告中指出："… salt-well pumping related to pipelines, where mechanism has been observed, suspected or could potentially exist"。由此可见，伴有盐析的液固两相流体的输送是极其复杂而又急需新理论指导的问题之一。

三、盐析层与防结盐

1. 盐析层及其危害

输送流程中盐析流动形成后,析出的固相物质(晶体颗粒)会发生沉降,并以不同的速度黏结于管道、叶轮机械(泵)等输送设备的过流通道内壁,甚至与壁面发生表面化学反应,形成盐析层,称之为结盐现象。盐析层会随着介质输送时间的加长而增厚,即以一定的盐析速率增长,结果导致过流通道的截面积变小,流程需要的技术性能参数改变,甚至直接影响到流程的正常运行,严重时需进行输送设备的清理与更换,造成不同程度的直接或间接经济损失。

图 1-1 所示为在制浆造纸碱回收及盐湖采输卤流程中,盐析现象发生后黏结于管道内壁及输送泵叶片上的盐析层形貌。

图 1-1　黏结于管道内壁及泵叶片上的盐析层

盐析层的危害主要表现在以下几个方面：

（1）盐析成分的积聚会导致生产设备的局部腐蚀。

（2）盐析成分在流道内的沉积减小了流体流动的截面积，增大了流动阻力。

（3）增加了设备清洗的时间和维修保养的费用。

（4）壁面上盐析物质的积聚，还常常引起局部过热或超温而导致装置机械性能下降，甚至引发事故。

2. 防结盐问题

由于盐析层的形成即结盐对输送流程危害严重，因此防结盐问题成为相关工业生产部门关注的重点。

盐析层形成后，会随着流程运行而不断增厚，且难以清除。一般工业生产部门只能采取物理或化学等被动处理方法，如首先将泵和管道分解，然后采用各种方式清理结盐，包括加热、震击、蒸汽冲洗等，但效果均不理想，没有从根本上解决防结盐问题。防结盐技术、装备的研发和应用几乎处于空白，究其原因，就是长期以来一直缺乏合适、可靠的理论指导，缺乏对盐析流动机理的研究。

第二节　工业生产中的盐析流动

盐析流动是工业生产中常见的现象，尤其集中于石油、化工、造纸等行业中。

一、石油开采

对石油领域盐析现象的研究起步较早。苏联学者对石油开采中有机盐和无机盐的盐析机理进行了深入研究，形成了一套理论及防结盐措施。Zaki 和 Nael 等开展了原油中盐分的测量工作，研究了盐分的含量与结盐对管道输送稳定性的影响；Timothy 于 2001 年 8 月发布的美国橡树岭国家实验室的研究报告中阐述了管道堵塞的六种机理，其中有三种机理涉及发生盐析或化学反应的两相流动。

唐家俊介绍了大连石化公司三催化装置分馏塔结盐情况,对结盐现象进行了分析,通过采取在线水洗措施基本解决了塔顶结盐问题;陈荣杰等通过对油井结盐机理及影响因素的分析,介绍了抑盐剂复合体系、固体抑盐器的应用等几种防止结盐的工业措施。

二、换热器结盐

对盐析机理较为系统的研究是针对化工行业中换热器内的结盐现象进行的。最早且具有标志性的研究成果是 1979 年 8 月在美国伦斯勒理工学院(Rensselaer Polytechnic Institute)举行的热交换器盐析国际会议上公布的,内容包括各种形式的盐析现象(化学沉淀、沸腾传热、化学反应、颗粒沉降等)介绍、盐析机理的试验方法研究、盐析腐蚀机理分析及众多防结盐措施的提出,虽然涉及了流动条件对盐析的影响,但未深入研究两者的相互关系。

典型的研究成果有:Bott 对换热器内有机盐工质在沸腾条件下的盐析机理进行了研究,认为温度差和介质过饱和度是发生盐析的首要条件,并指出换热器表面的结盐机理非常复杂;Watkinson 和 Wilson 对化学反应盐析研究进行了总结,提出了该类型盐析较通用的物理模型和吸附机理,认为在主体溶液中相间的传质系数直接影响了换热表面盐析层的增长速率;Bansal 和 Chen 等通过对硫酸钙盐析层热阻随运行时间变化的测定,分析了盐析过程中晶体颗粒的沉积及吸附规律,认为在温差和过饱和度一定的条件下,介质中盐析晶体颗粒的浓度决定了溶液的成核速率,从而间接影响到盐析速率的大小;Foster,Augustin 和 Bohnet 将换热管内的流动分为三个区域,即主流区、层流底层和吸附层,通过对相界面的表面自由能的测量,分析了吸附层的吸附力对盐析晶体沉积的影响;与此相似的还有德国学者 Scholl 等所进行的研究,但他们着重于分析不同壁面粗糙度对盐析的影响,认为仅在诱导期内粗糙度对盐析影响很大;Karabelas 对换热器中的盐析过程研究趋势进行了预测,提出了四种迫切需要解决的难题,首次将流体动力学因素与盐析进程之间的关系研究提升到非常重要的地位。

国内在换热器内因盐析导致的结垢机理研究方面,邢晓凯以碳酸钙结垢过程为例,建立了控制结垢过程的阻力关系式,并通过计算得到流速越大、过饱和度越小,结垢过程越易为表面反应所控制等结论;杨传芳等在区别结晶和结垢诱导期的前提下,建立了碳酸钙在加热表面非均相成核结垢诱导期的数学模型,得到了诱导期与过饱和度、壁面温度、流体速度等之间的关系。

三、晶体生长

盐析过程也可以理解为溶液中晶体颗粒的成核、生长过程,而这些过程与流动的关系问题,在晶体生长学科也有所涉及,其研究成果有助于对盐析现象的深入认识。

Pamplin 在 1980 年的著作 *Crystal Growth* 中就专门列出一章,介绍流体动力学对晶体生长过程的影响,并对层流、边界层、旋转流场中的晶体生长问题做了详细分析,认为晶体生长与传动、传质的关系密切。在近年发表的文献中,也有不少晶体生长学科的论文研究了流场结构对晶体成核、生长的影响,为盐析两相流的研究提供了一些理论及方法,具有一定的参考价值。如 Tian 和 Iztok 等研究了在层流及湍流状态下,晶体生长与过饱和度、温度的关系;Andrzej 和 Ryszard 等研究了流体流动及能量传递对提拉法生长晶体过程的影响,并采用流体力学商用软件 Fluent 对晶体周围的流场、温度场进行了数值模拟,真正将晶体生长学和流体力学知识进行了交叉;Ma 和 Khoo 等利用流场计算方法研究了有科氏力存在对晶体生长的影响,这对泵内盐析流动的研究具有一定的借鉴作用。

晶体生长与流动的关系在国内也有大量研究,如崔海亮等在用批量法生长溶菌酶晶体的过程中,使用粒子图像速度场仪(PIV)观测晶体生长固/液体系的宏观速度场,并基于对流－扩散模型计算了有效浓度边界层厚度及特征速度,揭示了晶体生长过程中的液固流动体系特性;张小平、钱宁根据流态化结晶过程的流体处于湍流运动的事实,将多相湍流理论应用于晶体生长过程,建立了该过程的湍流传质动力学模型,研究表明,此模型对扩散传质控制的晶体生长过程非常可靠;宇慧平等和金蔚青等分别将湍流模型及表面张力对流模型应用于晶体生长过程的研究中,也有很好的借鉴作用。

四、盐湖采输卤

我国是钾肥消费大国,现有的几亿吨工业储量90%以上来自盐湖液相矿床。以青海盐湖工业集团年产100万 t 氯化钾项目为例,该项目是国家西部大开发十大标志性工程之一,其规模和生产工艺在国际上处于前列和先进水平。项目工艺直接采用卤水生产氯化钾,因此卤水的输送量直接影响加工厂的产量。

输卤系统主要由管道及输送泵站组成。如青海盐湖工业集团一期工程及新疆罗布泊钾肥基地等,输卤动力均由泵站的卧式或立式混流泵承担。输送流程中,卤水成分复杂,在输送管路及输送泵阀等关键设备内极易产生重度结盐。经青海盐湖工业集团试验发现,选用进口泵型结盐非常严重,一般只能连续工作 30 h 左右,严重影响了生产流程的正常运行。早在 1997 年项目指挥部就委托国内有关专家对该工程所用的输卤泵进行专门考察、研究和试验,当时国内能够使用的输卤泵还处于空白。

五、制浆造纸

在制浆造纸碱回收流程中,绿液输送过程中的结盐现象也具有代表性。在某纸业有限公司碱回收分厂苛化工段,从绿液澄清器至消化器管路存在着非常严重的盐析现象。该段承担绿液输送的是普通耐腐蚀泵和普通钢管。在该工段叶轮机械内部和管道内结盐现象十分严重,通常在不到半年的时间里,泵叶轮流道与管路就会全部因结盐而堵塞。

由以上调研分析可知,对盐析流动的研究受到了国内外科技工作者的重视,他们进行了从理论基础到实际技术应用的一系列较为系统的研究和开发工作,取得了一定的进展,但由于盐析流动体系的复杂多样性,以及研究成果的分散性,具有指导意义的完善、系统的普适性理论尚未建立,对盐析流动机理、盐析输运理论尚未充分认识,尤其是对作为输送过程中最关键的设备——叶轮机械(泵)内的盐析流动的研究及防结盐技术应用还处于起步阶段。

　　著者所在课题组以输卤和制浆造纸流程中出现的盐析现象为工程背景,从盐析基础理论出发,研究盐析流动的基本理论,探寻盐析流动的本质规律,挖掘影响盐析进程的重要因素,攻克防结盐的关键技术,最终实现了防结盐装备的成功研制及其产业化。

第三节　盐析流动研究方法

一、理论研究方法

　　对盐析流动的研究需涉及多相流体动力学、晶体生长动力学、传热传质理论、材料科学与工程理论,属于多学科强交叉的科学问题。

　　盐析两相流动的研究以传统的液固两相流体动力学为基础,但从目前的研究来看,液固两相流中固相特征的多样化在很大程度上制约着液固两相流动理论的深层次发展,再与叶轮机械内部流动结合起来,则更为困难。通常叶轮机械内部流道形状复杂,叶轮旋转产生的科氏力、离心力等使得叶轮内部流动也异常复杂,常伴有流动分离、二次流、尾流等结构,而通过现有的叶轮机械内流理论只能局限于针对比较简单的物理模型进行分析,且基于简化后的模型建立起来的各种数学模型也很难获得理论解析解。因此,理论研究方法由于自身的不成熟性,很难应用于叶轮机械内部盐析两相流动的研究中,取而代之的是近些年来得到较快发展的各种数值计算和试验观测方法,采用这些方法可以获得更为直观、丰富、真实、可靠的信息,从而加深对研究对象本质的认识与理解。

二、数值计算方法

1. 两相流数值模拟基本方法

经过过去几十年的发展,国内外学者为解决具体的两相流动问题提出了多种模型和方法。根据各种方法所依赖的数学和物理原理不同,目前数值模拟方法归纳为如下三个大类。

(1)经典的连续介质力学方法。这种方法是从宏观层次上来研究两相流动的迁移规律,由建立在连续介质假定基础上的 Navier-Stokes 方程组控制。针对不同的具体问题,采用这种方法的模型又可分为欧拉-拉格朗日(Euler-Lagrange)方法和欧拉-欧拉(Euler-Euler)方法两大类。颗粒动力学模型、颗粒群轨道模型等属于前者的范畴,而现今得到广泛应用的均相模型、分相模型、双流体模型则属于后者的范畴。

(2)分子动力学模拟方法。这种方法是建立在统计分子动力学基础上的,属于微观层次,以典型的蒙特卡洛(Monte Carlo)方法为代表。此方法较多地应用于晶体生长过程的模拟研究,最近十余年在两相流动计算中得到迅速发展。这种方法由于需要对计算区域的每一个分子进行力学行为的描述和计算,所消耗的计算机内存等资源较大,因此目前还无法应用于复杂流场的计算中。

(3)介观层次上的模拟方法。这种方法介于宏观与微观之间,是建立在分子运动理论基础上的一类简化的动力学模型,即格子-Boltzmann 方法。采用这种方法能够很好地描述液-固两相流的各相分子间或颗粒间相互作用的微观特性,但这种方法对软件和硬件要求都很高,目前难以应用于叶轮机械中的两相流动研究。

从近年来相关文献的检索来看,目前大多数的两相流流场计算都还是采用第一种方法,特别是对于工程应用问题的研究,相比较而言,这种方法的计算结果及精度已经完全可以满足工程需求。

在两相湍流的数值模拟方面,与单相流类似,目前主要有直接数值模拟、大涡模拟、离散涡模拟、Reynolds 时均法等。前三种均属于微观层次的模拟方法,计算量较大,仅限于槽道流、剪切流和管流等简单流动,难以直接应用于复杂流动。大量的工程湍流计算仍需依赖于从 Reynolds 时均方程出发的各种湍流黏性系数模型和 Reynolds 应力模型,其中,$k-\varepsilon$ 双方程模型及其修正模型如 RNG $k-\varepsilon$ 模型等是目前工程上应用最广泛的一类模型。在湍流两相流中,与液相速度脉动相关量一样,颗粒速度脉动相关项一般被模拟为颗粒相的湍流黏度,也有学者用模拟纯液相湍流黏度的方法,对固相的湍流黏度进行了详细研究,得到了关于固相湍动动能 k_p 的输运方程模型,从而构成了 $k-\varepsilon-k_p$ 模型。

2. 叶轮机械内的两相流数值模拟

叶轮机械内的盐析两相流数值模拟中,主要以双流体两相流模型为基础,湍流数值计算方法采用 Reynolds 时均化的湍流模型,计算结果能够反映流动体系的基本特征,为分析泵内盐析两相流动机理提供了一定的依据。但由于在计算过程中对实际的流动系统进行了简化,一些关系到盐析进程的非常重要的信息没有在计算结果中得到充分体现,如盐析两相流场中析出的晶体颗粒间碰撞、破碎、聚并等微观行为及其对流动结构的影响等都在计算过程中被不同程度地忽略,而随着对盐析流动体系研究的不断深入,对这些微观行为问题的研究逐渐变得非常重要。

3. 颗粒动力学行为描述

(1)粒数衡算方法

在颗粒微观行为的描述方面,近年来国内外学者在化工过程、晶体生长、多相流等研究领域已开展了研究工作,目前比较流行且有效的处理方法是将粒数衡算模型(Population Balance Model,PBM)引入流场计算中,即 PBM-CFD 耦合计算方法。该方法于2000 年在夏威夷举行的第一届 PBM 国际会议上被提出后得到迅速的发展。国内从事相关研究的人员较少,仅西安交通大学的顾兆林等对 PBM-CFD 模型的建立、耦合、求解方法进行了较系统的研究。此模型能够很好地描述盐析两相系统中盐析晶体颗粒的微观行为,与两相流场计算模型耦合求解,可以提高数值模拟的计算精度;宏观层次上,能较真实地反映系统内颗粒相的粒径分布、浓度分布等影响盐析特性的重要因素。此模型为盐析两相流动的研究提供了又一可行的研究方向及计算方法。

(2)离散元模型

1971 年,美国学者 Cundall P. A. 提出了离散单元法这一概念。

离散单元法以分子动力学理论为基础,是当前运用较多的新型处理离散相数值方法,其主要用于解决较为复杂的离散系统运动问题等,对颗粒之间发生的聚并、破碎、碰撞等现象能够进行准确描述。离散单元法认为,离散相介质是由大量离散的颗粒构成的,这些颗粒原本就拥有形状、大小及排列等几何特性,或者物理化学特性等。该方法对于解决由液态、固态及气态组成的两相流或多相流的离散相问题所体现出来的卓越性和优势性能是其他方法无法替代的,例如,利用 Euler – Euler 方法处理固体问题时,其双流体模型会把固相当成连续的拟流体,从而将后者平均化。然而,该方法却无法将模拟对象的非均匀特性处理得更加合理,因而具有较大的限制性。而当利用离散单元法来做模拟试验时,其能够快速获取大量的离散物质信息、颗粒形状信息等,同时可以较好地处理给粒子流的热量和能量传递、受力、运动等问题。

三、试验方法

盐析两相流动的试验研究是进行盐析理论分析、数值计算的前期基础,也是检验分析结论、计算结果合理性、准确性的最可靠的方法。在叶轮机械内部盐析流动机理尚未被完全揭示及数值研究方法尚未成熟的现状下,叶轮机械外特性及其内部盐析两相流场的实测是目前研究其内部盐析与流动本质关系的最直接、主要的方法,在叶轮机械内部盐析两相流动的研究中占据最重要的地位。

在两相内流测试方面,为获得细致、真实的盐析湍流流动结构,非接触式的测试系统如过程层析成像技术(Process Tomography,PT)、激光多普勒测速仪(Laser Doppler Velocimeter,LDV)、粒子图像速度场仪(Particle Image Velocimeter,PIV)、相位多普勒粒子分析仪(Phase Doppler Particle Anemometer,PDPA)成为首选。

1. 过程层析成像技术在两相流中的应用

过程层析成像技术实际是 CT(Computerised Tomography)技术在工业流动过程中应用的改进和发展。采用特殊的敏感器空间阵列,非接触式获取被测对象的场信息,运用图像重建算法重现两相流体在装置内部某一横截面上的分布情况,从而得到两相流中离散相浓度分布及其随时间的变化情况,实现被测两相物体在某一截面上的可视化。这种技术一般应用于固相体积浓度较高或流动介质较混浊的场合,得到的结果也是半定量的,颗粒相的细微流动结构无法捕捉。

2. LDV 在两相流中的应用

LDV 在 20 世纪 80 年代就被应用于两相流的测量试验中。从文献分析可知,由于 LDV 的测量原理及硬件设备限制,要进行两相流场的同时测量,必须对 LDV 系统进行设备改造,对测量数据也要进行复杂的后处理,而且测量时在光路布置、模型加工、示踪粒子选择等测量条件方面都有局限性,这在一定程度上阻碍了 LDV 在两相流测量领域的广泛推广。

3. PIV 在两相流中的应用

PIV 是借助于流动图像中颗粒点或颗粒团位置的确定及追踪捕捉,从而获得一定时间间隔内颗粒的位移量,通过对不同位置颗粒的位移和相邻图像间所采样的时间进行分析,就可以计算出颗粒相速度场。在两相流测量中,一般通过图像处理技术将示踪粒子和其他相分开,对每一相进行互相关运算,从而获得两相流场的速度分布。两相数字图像处理技术比单相困难得多,不仅要分辨出代表同一相的颗粒在已知时间内的位移,而且要将代表不同相的颗粒分开。代表两相流动的颗粒如果光学性能不同,水平取像时,密度大的粒子容易跑出片光的照射区域,导致找不到示踪粒子的相关点。此外,颗粒粒径和浓度要用特殊的方法进行处理。两相测量的图像数字处理技术近年来已处于蓬勃发展阶段。从国内外文献检索来看,目前主要有四种不同的技术可以实现相分离,分别是荧光标记法、亮度分辨法、系综相关法和粒径分辨法。

PIV 在两相流动测试中的优势在于可进行整场的瞬态测量,可实现流场的可视化。但为区分液相和颗粒相的速度场及获得颗粒相粒径、浓度分布规律,必须结合图像处理技术编制专门的计算程序。

4. PDPA 在两相流中的应用

PDPA 是在 LDV 基础上的一个重大拓展,被广泛应用于两相流和多相流的研究中,是目前公认的同时测量粒子速度和尺寸的有效手段。PDPA 的主要应用领域有微滴尺寸的测量、喷嘴喷射特性、燃烧系统气泡动态特性、两相流、粒子输运、三维速度场、湍流、边界层和空穴流等的研究。

从国外已发表的学术文献可知,目前 PDPA 主要用于研究各种喷雾、喷射等气固、气液两相流。例如,英国学者 Sazhin 和 Crua 运用 PDPA 光学检测技术研究了柴油机内提高缸壁压力后的喷射模型;Günter Brenn 等进行了气泡柱中气液两相流动的研究,通过测量气液两相的滑移速度,揭示了离散相具有浮力时两相流系统中的动力学行为;Geiss 等运用 PDPA 研究了垂直扩散管内气固两相流动中离散相对连续相湍流特性的影响,并以此为根据对湍流模型进行了修正;Ismailov 等综合运用 LDV、PDPA、高速数码摄像技术对高压燃料喷嘴及旋涡喷射进行了瞬态测量;Guo T 等认为 PDPA 测量系统能很好地应用于研究水平加热管中液滴动力学及传热机理;另外,在颗粒的浓度测量方面,Anjorin 等对将 PDPA 系统软件中所测得的颗粒流信号强度转换为质量浓度的算法进行了分析与讨论。

国内在 PDPA 两相流测量方面,清华大学的学者沈熊等对微型喷嘴的流速和粒径进行了测量,并测量了流化床颗粒运动特性等;东华大学的苏亚欣测量了水平矩形管中的气固两相流场;任凯锋等为了获得后台阶气固两相湍流的流动特征,用 PDPA 对其进行了实验研究。在旋转机械内流测试方面,上海交通大学的刘应征等介绍了 PDPA 在离心叶轮内部流场测量中的应用,并对小流量工况下离心叶轮内部流场进行了测量和分析;哈尔滨工业大学的王磊等采用相位多普勒粒子分析仪对复杂结构形成的多重旋转气固两相流进行了试验研究,得到了旋流流场中气固两相的速度、湍动能、颗粒粒径及浓度的分布规律;杨敏官等运用 PDPA 对旋流泵内部液固两相流场进行了测量。

综合上述试验研究方法,著者认为 PIV 和 PDPA 技术完全能够胜任盐析两相流动的测量工作。

第二章　盐析过程基本理论

对盐析过程的研究需涉及多学科的基础理论知识,其中又以晶体生长动力学和液固两相流理论为重点,将两者结合,可作为分析输运介质中盐析晶体颗粒相及盐析层各种特性的主要理论支撑。

盐析过程与晶体生长密切相关,如不考虑输运溶液本身的内部流动结构对溶质析出的影响,盐析过程的实质就是溶液中晶体生长的过程。但盐析又不仅仅是晶体生长,在实际的盐类溶液输运过程中,流动条件对溶液中晶核的形成和长大、晶体颗粒的输运及二次过程、界面动力学特性及盐析层的增长等盐析过程的每一阶段都会产生重要影响。

本章主要结合晶体生长动力学知识,对盐析过程做统一描述,阐明盐析过程各阶段的作用及其与流动的关系。按照盐析过程发生的顺序,分盐析晶体成核及生长、盐析晶体颗粒的输运过程、邻界区及盐析层特性三个部分进行阐述。

第一节　盐析晶体成核及生长

所谓晶体生长,就是旧相(亚稳相)不断转变成新相(稳定相)的动力学过程,或者是晶核不断形成,形成的晶核不断长大的过程。伴随这一过程发生的则是系统的吉布斯自由能的降低,这就是经典动力学相变理论的主要内容,而盐析晶体的成核、生长、演化就属于这种过程。晶核的形成和生长是盐析发生的初级阶段,在盐析过程中占重要地位。这一阶段进行的快慢直接决定了盐析层的形成速率。对这一阶段的研究可以采用经典的成核理论来分析。

一、相变的基本条件与相变驱动力

晶核形成属于一级相变过程,因此晶核形成过程同其他相变过程一样,也需要满足一定的基本条件。

1. 盐类溶液相变的热力学条件

盐类溶液析出晶体必须在过冷的条件下进行,这是由热力学条件所决定的。根据热力学第二定律,在等温等压条件下,物质系统总是自发地从自由能较高的状态向自由能较低的状态转变。只有当新相的自由能低于旧相的自由能时,旧相才能自发地转变为新相。自由能 G 可用下式表示:

$$G = H - TS \tag{2-1}$$

式中,H 为热焓,T 为绝对温度,S 为熵。在可逆过程中,

$$dS = \frac{dQ}{T} \tag{2-2}$$

式中,Q 为环境与体系间的热量交换值。

由式(2-1)可以写出

$$\frac{dG}{dT} = \frac{dH}{dT} - S - T\frac{dS}{dT} = \frac{dH}{dT} - S - \frac{dQ}{dT}$$

在等压条件下,$dH = dQ$,于是得出

$$\frac{dG}{dT} = -S \tag{2-3}$$

将式(2-3)积分,得到某一温度时系统的自由能为

$$G = G_0 - \int_0^T S dT \tag{2-4}$$

式中,G_0 为绝对零度时的自由能,相当于绝对零度时的内能 U_0。同时,由于 $dQ = c_p dT$,故式(2-2)可表示为

$$S = \int_0^T \frac{c_p}{T} dT \tag{2-5}$$

式中,c_p 为定压比热。将式(2-5)代入式(2-4),可得

$$G = U_0 - \int_0^T \left(\int_0^T \frac{c_p}{T} dT \right) dT \qquad (2\text{-}6)$$

式(2-5)和式(2-6)表明,体系的熵恒为正值,且随着温度的上升而增加,自由能却随熵的增加而降低。

将自由能与温度的变化关系绘成曲线,如图 2-1 所示,液相自由能 G_L 与固相自由能 G_S 随温度变化的曲线各不相同。这是由于液相的比热大于固相,即液相曲线相比于固相曲线有更大的斜率。同时,由于在绝对零度时固相的内能小于液相的内能,因此固相曲线起点位置较低。基于上述分析可知,液相与固相的自由能与温度的变化曲线必然在某一温度下相交,两条曲线的交点对应的温度便是该材料的熔点 T_m,此时,$G_L = G_S$,$\Delta G = 0$。液相与固相共存,体系处于热力学平衡态,交点对应的温度 T_m 即为理论结晶温度。因此,当温度低于 T_m 时,固相自由能低于液相自由能,则液相会自发地转变为固相。这就是结晶的热力学条件。

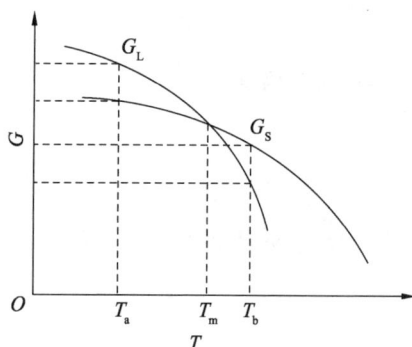

图 2-1 盐析系统的 $G - T$ 关系

在温度低于 T_m 的条件下,有 $G_S < G_L$,其差值为

$$\Delta G = (H_S - H_L) - T(S_S - S_L) \qquad (2\text{-}7)$$

若近似地假定液相和固相的密度相同,并令 H, S 分别为单位体积物质的热焓及熵,则 ΔG 即为单位体积物质固相与液相自由能的差值,表示为 ΔG_V。只有当 ΔG_V 为负值时,固相才是稳定相,具有负值的 ΔG_V 就是结晶的驱动力。

由式(2-7)可以导出,当温度 $T = T_m$ 时,

$$(H_S - H_L) = T_m(S_S - S_L) = T_m\Delta S \quad (2-8)$$

在恒温恒压下,$T_m\Delta S = \Delta Q = -L_m$。假定在熔点温度 T_m 以下,液相、固相自由能随温度变化的速率相差不大,可近似地认为,当体系过冷到某一温度进行相转变时,有

$$H_S - H_L = -L_m, S_S - S_L = -\frac{-L_m}{-T_m} \quad (2-9)$$

式中,L_m 为熔化潜热。将其代入式(2-7),并用 ΔG_V 代替 ΔG,于是

$$\Delta G_V = -L_m + \frac{-TL_m}{-T_m} = -L_m\left(\frac{T_m - T}{T_m}\right) = \frac{-L_m\Delta T}{T_m} \quad (2-10)$$

式(2-10)表明,液相只有在过冷度 $\Delta T > 0$ 的条件下,才能保证其自由能差 $\Delta G_V < 0$,而且过冷度 ΔT 越大,自由能差 ΔG_V 值就越大,结晶驱动力也就越大。这就从热力学条件出发,进一步说明了过冷是结晶的必要条件。

2. 盐类溶液结晶的结构条件

晶核是由溶质的分子、原子或离子组成的。由于这些粒子每时每刻都在不停地快速运动着,所以又可以把这些粒子称为运动单元,即使是在新相与旧相处于平衡的状态下,对于极微小的任一空间的任一瞬间而言,各运动单元的位置、速度、能量等也都在迅速地变化着。宏观上,由于这种波动太快也太小,以至于测量到的物理量只是它们的时均值。这种波动就是通常所说的能量起伏和结构起伏。正是由于结构起伏的存在,才使一个运动单元有可能进入另外一个运动单元的力场中从而结合在一起,构成短程规则排列。这种短程规则排列就成为新相的生成基元团。虽然有的基元团又很快"解体"了,但它们确实能结合在一起。这些大小不同、存在时间很短、时聚时散的基元团具有与晶体颗粒相似的结构。在这些基元团之间存在着一定的"自由空间",或者是模糊的边界,也可能在基元团的边界上共享一些原子。这种短程规则排列的基元团实际上就是结晶过程的晶胚。由此可知,结构起伏是液体结构的重要特征之一,它是产生晶核的基础。

3. 相变驱动力

盐类溶液生长系统中的过饱和溶液是亚稳相，亚稳相都具有较高的吉布斯自由能，为使自身的自由能降低，就需过渡至稳定相，两者之间存在吉布斯自由能的差值，即存在相变驱动力。相变驱动力是液相与固相间进行质量、动量和能量交换的内在推动力，是理论研究与试验结果分析所必须考虑的重要因素。

盐类晶体生长过程就是固液界面向流体中推移的过程，伴随这一过程发生的则是系统的吉布斯自由能的降低。假设固液界面的面积为 A，在驱动力的作用下，它向流体中推进了 Δx 的垂直距离，这一过程的发生使系统的吉布斯自由能降低了 ΔG，假定界面上单位面积所受的驱动力为 f，则上述过程驱动力做的功为

$$W_f = f \cdot A \cdot \Delta x \tag{2-11}$$

驱动力所做的功就等于系统吉布斯自由能的降低量，即

$$f \cdot A \cdot \Delta x = -\Delta G \tag{2-12}$$

式中，负号表示吉布斯自由能的减少。于是有

$$f = -\frac{\Delta G}{A \cdot \Delta x} = -\frac{\Delta G}{\Delta V} \tag{2-13}$$

从式(2-13)可以看出，生长驱动力在数值上就等于生长单位体积的晶体所引起的系统吉布斯自由能的降低量。式中，$\Delta V = A \cdot \Delta x$。如果令盐析晶体的密度为 ρ，晶体的相对分子质量为 M，物质的量为 i，则式(2-13)就可以写成

$$f = -\frac{\Delta G \cdot \rho}{\Delta V \cdot \rho} = -\frac{\Delta G \cdot \rho}{\Delta m} = \frac{\dfrac{\Delta G \cdot \rho}{M}}{\dfrac{\Delta m}{M}} = -\frac{\dfrac{\Delta G \cdot \rho}{M}}{i} = -\frac{\rho}{M} \cdot \frac{\Delta G}{i}$$

$$= -\frac{\rho}{M} \Delta \mu \tag{2-14}$$

式中，$\Delta \mu$ 是生成 1 mol 晶体在系统中引起的吉布斯自由能的降低量。

1 mol 晶体中若有 N 个原子，且每一个原子由液相转变成晶体相所引起的吉布斯自由能的降低量为 Δg，则有 $\Delta \mu = N \cdot \Delta g$，代入

式(2-14)得

$$f = -\left(\frac{\rho}{M}N\right)\Delta g \tag{2-15}$$

对于确定的晶体,在一定的温度和压力下,$\frac{\rho}{M}N$ 为常数,并且

可以证明 $\frac{\rho}{M}N = \frac{1}{\Omega_S}$,其中 Ω_S 是每一单个原子的体积。于是有

$$f = -\frac{\Delta g}{\Omega_S} \tag{2-16}$$

式(2-16)便是相变驱动力的一般表达式。为了方便,有时也称 Δg 为驱动力。若 $\Delta g < 0$,则 $f > 0$,表明 f 指向流体,此时的驱动力为生长驱动力,液相为亚稳相。若 $\Delta g > 0$,则 $f < 0$,表明 f 指向晶体,此时的驱动力为溶解驱动力,晶体相则是亚稳相。

二、盐析晶体成核理论

所谓成核,就是指新相在旧相中开始形成时,并非在亚稳系统的全部体积内同时发生,而是在旧相中的某些位置产生小范围的新相,在新相和旧相之间有比较清晰的界面将它们分开。这种在旧相中诞生小体积新相的现象就是成核。

成核现象涉及的内容相当广泛,按照成核机制或方式的不同,大致可以分为一次成核和二次成核两种类型,如图 2-2 所示。一次成核是指系统中不含有盐析物质时的成核。如果成核是自发产生的,这样的成核就是均相成核。相反,如果成核是靠外来的质点、杂质或基底的诱发而产生的,就称为非均相成核。有时晶核可以在系统中已存在的晶体附近产生,这种在有晶体存在的条件下的成核即为二次成核。

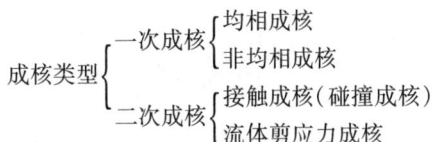

$$\text{成核类型}\begin{cases} \text{一次成核}\begin{cases} \text{均相成核} \\ \text{非均相成核} \end{cases} \\ \text{二次成核}\begin{cases} \text{接触成核(碰撞成核)} \\ \text{流体剪应力成核} \end{cases} \end{cases}$$

图 2-2 成核方式分类

虽然在盐类溶液输运过程中均相成核是很少发生的,但它的基本原理是了解非均相成核、二次成核及晶体颗粒长大过程的必要基础。

1. 均相成核

当从液体(非稳态)中形成晶核(稳定态),即局部小体积内的原子由液相排列状态转变为固相排列状态时,系统要释放出非稳态比稳定态高的那一部分吉布斯自由能,从而使整个系统的吉布斯自由能有所降低,因这部分能量与发生相变的体积有关,故称之为"体积自由能",以 ΔG_V 表示。另一方面,在形成晶核的同时,在两相之间必然产生新的界面,晶核内部的每个原子都被其他原子均匀对称地包围着,而晶核表面的原子却与液相中不规则排列的原子相接触,因而不能与周围的原子均匀对称地结合。这样,晶核内部的原子和晶核表面的原子所受的力是不同的,晶核表面的原子将偏离其规则排列的平衡位置,从而引起系统吉布斯自由能的升高,阻碍成核过程的进行,因这部分能量与相界面的面积成比例,故称之为"界面自由能",以 ΔG_S 表示。

经典均相成核理论的基本思想是,当溶液中析出晶核时,体系的吉布斯自由能的变化由两项组成:第一项是系统的体积自由能 ΔG_V 的减少量;第二项是新相形成时所伴随的界面自由能 ΔG_S 的增加量,即

$$\Delta G = \Delta G_V + \Delta G_S \tag{2-17}$$

通常假设形成半径为 r 的球形晶核,根据上面所述可得:在均相液态体系中,由球形晶核的形成引起的体系自由能的变化量可表达为

$$\Delta G = -\frac{4}{3}\pi r^3 \Delta G_V + 4\pi r^2 \sigma_{SL} \tag{2-18}$$

式中,σ_{SL} 为晶体与溶液相界面的比表面自由能。

将式(2-18)中的函数关系用曲线表示出来,如图 2-3 所示。

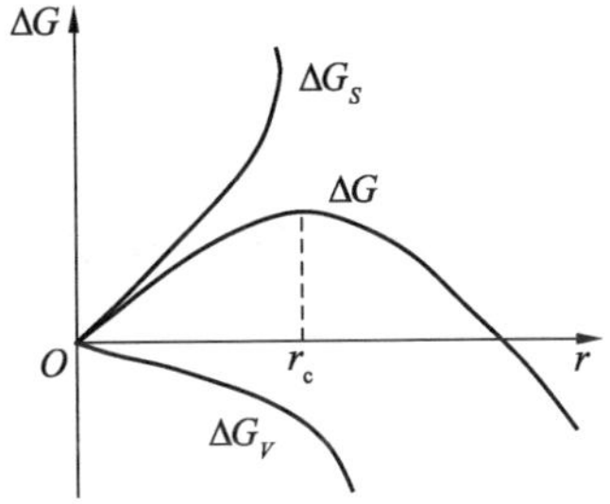

图 2-3 自由能与晶核半径的关系

从图 2-3 中可以看出，当晶核半径 $r < r_c$，界面自由能 ΔG_S 占主导地位时，随着 r 的增大，因界面自由能的增加与 r^2 成比例，而体积自由能的降低与 r^3 成比例，所以体积自由能逐渐起作用。于是体系吉布斯自由能 ΔG 开始时随着 r 的增大而增加，当 r 增大至 r_c 时，ΔG 亦增大至最大值，然后随着 r 的增加，ΔG_V 开始下降。当晶核半径 $r < r_c$ 时，晶核长大将导致系统的自由能增加，由热力学知识可知，这样的晶核是不稳定的，要重新溶解而消失；当晶核半径 $r > r_c$ 时，随着晶核的长大，系统的自由能降低，这时的晶核长大过程才能自动继续进行；当晶核半径 $r = r_c$ 时，晶核可能长大，也可能溶解消失，因为这两种过程都可能使系统的自由能降低。

对 ΔG 求极值，并令它等于 0，可求得晶核的临界半径 r_c 和临界成核自由能 ΔG_c：

$$r_c = \frac{2\sigma_{SL}}{\Delta G_V} \tag{2-19}$$

$$\Delta G_c = \frac{16\pi\sigma_{SL}^3}{3(\Delta G_V)^2} = \frac{4}{3}\pi\sigma_{SL}r_c^2 \tag{2-20}$$

体积自由能的变化可用吉布斯 – 汤姆逊方程式表示：

$$\Delta G_V = \frac{2\sigma_{SL}}{r_c} = \frac{kT\ln(C_b/C_0)}{V_m} = \frac{kT\ln s}{V_m} \tag{2-21}$$

所以，临界成核半径和临界成核自由能可写成

$$r_c = \frac{2\sigma_{SL}V_m}{kT\ln s} \tag{2-22}$$

$$\Delta G_c = \frac{16\pi\sigma_{SL}^3 V_m^2}{3k^2 T^2 \ln^2 s} \tag{2-23}$$

式中，T 为溶液的绝对温度；s 为溶液的过饱和比，$s = C_b/C_0$，其中 C_b 表示过饱和溶液浓度，C_0 表示饱和溶液浓度；V_m 为晶体的分子体积；k 为 Boltzmann 常数。

2. 非均相成核

由于在亚稳的液相中总是包含有微量杂质和各种外表面，进行相变的物质系统将通过在杂质或各种外表面上成核，以减少由系统表面能增加所造成的障碍。由于亚稳相中存在一些不均匀处，如各种杂质、容器壁或坑洞等，而这些不均匀处皆有效地降低了成核时的表面能位垒，因此晶核就优先在这些不均匀处形成，这就是非均相成核。凡是能有效地降低成核位垒，促进成核的物质统称为成核促进剂。存在成核促进剂的亚稳系统中，空间各点的成核概率不同。

在液相中于基底上形成固相晶核时，如图 2-4 所示，形成液相、晶核和基底三相接触。

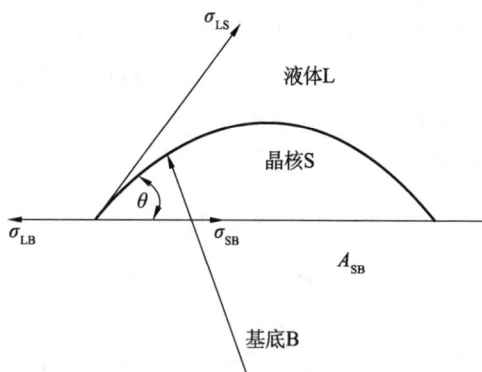

图 2-4　非均相成核示意图

在以下的讨论中，默认表面张力在数值上就等于表面自由能。同时定义：

σ_{LS}：晶核与液相之间的比表面自由能；

σ_{SB}:晶核与基底之间的比表面自由能;

σ_{LB}:基底与液相之间的比表面自由能;

θ:晶核与基底的接触角。

在三相交接点处,为了满足力学平衡条件,同样有

$$\sigma_{LB} = \sigma_{SB} + \sigma_{LS}\cos\theta \qquad (2\text{-}24)$$

假定形成晶核的固体基底为一平面,各界面能亦为各向同性,液体于基底上形成如图 2-4 所示的一个球冠状晶核。

球冠状晶核的体积 V_S、晶核与液相之间的界面面积 A_{LS} 及晶核与基底之间的界面面积 A_{SB} 可分别由以下 3 个式子表示:

$$V_S = \frac{\pi r^3}{3}(2 + \cos\theta)(1 - \cos\theta)^2 \qquad (2\text{-}25)$$

$$A_{LS} = 2\pi r^2(1 - \cos\theta) \qquad (2\text{-}26)$$

$$A_{SB} = \pi r^2(1 - \cos^2\theta) \qquad (2\text{-}27)$$

当球冠状晶体在基底上形成之后,系统中吉布斯自由能的变化量为

$$\Delta G^*(r) = -\frac{V_S}{\Omega_S}\Delta g + (A_{LS}\sigma_{LS} + A_{SB}\sigma_{SB} - A_{SB}\sigma_{LB}) \qquad (2\text{-}28)$$

此即球冠状晶核的成核功。

将式(2-25)、式(2-26)、式(2-27)代入式(2-28),并利用式(2-24)的关系,可得

$$\Delta G^*(r) = \left(-\frac{4\pi r^3}{3\Omega_S}\Delta g + 4\pi r^3\sigma_{LS}\right)\frac{(2 + \cos\theta)(1 - \cos\theta)^2}{4}$$

$$(2\text{-}29)$$

将式(2-29)对 r 求微商,并令

$$\frac{\partial\Delta G^*(r)}{\partial r} = 0 \qquad (2\text{-}30)$$

可得球冠状晶核的临界曲率半径 r_c^* 为

$$r_c^* = \frac{2\sigma_{LS}\Omega_S}{\Delta g} \qquad (2\text{-}31)$$

将式(2-30)代入式(2-31),则可求得形成球冠状临界晶核所需要的成核功为

$$\Delta G^*(r_c^*) = \frac{16\pi\Omega_S^2\,\sigma_{LS}^2}{3\Delta g^2}\frac{(2+\cos\theta)(1-\cos\theta)^2}{4} \tag{2-32}$$

记为

$$\Delta G^*(r_c^*) = \frac{16\pi\Omega_S^2\sigma_{LS}^3}{3\Delta g^2}f(\theta) \tag{2-33}$$

式中,

$$f(\theta) = \frac{(2+\cos\theta)(1-\cos\theta)^2}{4} \tag{2-34}$$

均相成核的成核功即为

$$\Delta G(r_c) = \frac{16\pi\Omega_S^2\sigma_{LS}^3}{3\Delta g^2} \tag{2-35}$$

所以

$$\Delta G^*(r_c^*) = \Delta G(r_c)f(\theta) \tag{2-36}$$

由于接触角 $0°\leqslant\theta\leqslant180°$,故 $-1\leqslant\cos\theta\leqslant1$。由 $f(\theta)$ 的表示式可以看出,$0\leqslant f(\theta)\leqslant1$,因此可得

$$\Delta G^*(r_c^*) \leqslant \Delta G(r_c) \tag{2-37}$$

式(2-37)表明非均相成核要比均相成核容易,因为非均相成核所需要的能量起伏较小,所以它可以在较小的过冷度下发生。这也是盐析发生过程中以非均相成核为主的原因。

3. 二次成核

二次成核现象主要是由于晶体颗粒的老化(Ostawald 熟化、相转移)、颗粒间及颗粒与壁面碰撞而产生晶核的过程,也有部分晶核来源于与流场的作用。将其按照起决定性作用的成核机制分类,有接触成核与流体剪应力成核两种成核方式。

(1)接触成核(碰撞成核)

当晶体颗粒与外部物体(包括另一粒晶体)碰撞时的冲击能量大于某一临界值 W_p 时,晶体颗粒会发生破碎现象,从而导致二次晶核产生。W_p 取决于两种能量之和,即

$$W_p = W_{pl} + W_{a\to\infty} \tag{2-38}$$

式中,W_{pl} 为塑性变形能量,$W_{a\to\infty}$ 为弹性变形能量。碰撞成核后,原

晶体颗粒粒径发生变化,产生新的晶体颗粒。形成的晶体颗粒最小直径 r_{min} 仅与晶体的材质特性有关,粒径范围一般在 1～10 μm,如 K_2SO_4 晶体颗粒二次成核后的最小粒径为 2.8 μm;而最大直径 r_{max} 还与冲击能量有关。

在盐析过程中,碰撞成核现象普遍存在,尤其在叶轮机械内部的盐析过程中,这种成核过程不容忽视。碰撞成核有三种方式:

① 在湍流运动的作用下晶体颗粒与过流通道之间的碰撞;

② 湍流运动造成的晶体与晶体之间的碰撞;

③ 由于沉降速度不同而造成的晶体与晶体之间的碰撞。

对于叶轮内二次成核的冲击能量计算可采用以下方法:冲击能量可以通过晶体颗粒及当地的流体速度、叶轮转速、颗粒质量等进行估算;颗粒－叶轮的冲击速度即为相对速度沿垂直于叶片表面方向的分量;颗粒－后盖板的冲击速度即为轴向速度;而颗粒－压水室壁面的冲击速度即为径向速度。

二次成核后的粒径分布可以通过求解粒数衡算方程(Population Balance Equation, PBE)获得,即

$$\frac{\partial n}{\partial t} + \nabla \cdot (\boldsymbol{v}_p n) = B - D \qquad (2\text{-}39)$$

式中,n 为晶体颗粒数密度函数;$\boldsymbol{v}_p$ 为颗粒速度;B 为晶体破碎后的颗粒生成率;D 为晶体破碎后的消亡率。从式(2-39)可以看出,晶体颗粒数密度和颗粒速度对二次成核影响巨大,因此,本书将在后面重点对这两个参数进行研究。

(2) 流体剪应力成核

当过饱和溶液以较大的流速从正在生长中的晶体周围流过时,在流体边界层内存在的剪应力能将一些附着于晶体之上的粒子扫落,使之成为新的晶核;如果不存在较大的剪应力,则这些粒子会嵌入盐析层中。根据晶体颗粒的生存规律,只有粒径大于由 Kelvin 方程所算出的临界粒径时,粒子才不会被溶解,所以被溶液扫落的粒子只有一部分可以生存下来,作为晶核继续生长,另一部分则会溶解于溶液中。如果溶液的过饱和度较低,相应的临界粒

度就大,剪应力扫落的晶核就很难在溶液中生存。因此与其他成核机制相比,这种成核机制在盐析成核中可以忽略。

4. 成核速率

同一般晶体一样,盐析晶体的均相成核速率也是用单位时间、单位体积的亚稳相溶液中所形成的晶核数目 I 来表示的。I 值正比于晶核形成的概率,因此有

$$I = B_0 \exp(-\Delta G_c / kT) \tag{2-40}$$

式中,B_0 为比例常数,它取决于晶核生长的动力学因素。

盐类溶液非均相成核时的成核速率表达式与均相成核时的相似,只是由于成核功较小,才使得非均相成核在较小的过冷度下即可获得较高的成核速率。

三、盐析晶体颗粒的生长

以非均相成核和二次成核机制为主导,溶液中不断析出晶核,而形成的晶核又在不断长大。在完成成核机制的研究后,需要进一步研究晶体颗粒在不同生长条件下的生长机制及生长的动力学规律。最早提出的晶体生长理论模型是表面能理论、吸附层理论,后又提出形态学理论、扩散理论、二维成核模型、连续阶梯模型等,其中比较典型的就是吸附层理论和扩散理论,也较适合于盐析晶体生长的研究。

1. 吸附层理论

吸附层理论的基础是假设在晶体生长平面上存在一个被吸附的生长单元,若平面是完美的,那么生长仅仅是以二维成核的形式发生,然后需要一定的活化能,用于产生临界晶核,因此在低于临界晶核所对应的过饱和度下这个过程是观察不到的。若晶体生长平面不完美,则晶体表面生长多为螺旋状的断层,它本身就可不断地提供螺旋边界,那么在很低的过饱和度下,生长单元也可以进入这些断层然后被吸附,从而生长可继续进行,这时生长速率由生长单元的流动决定。

2. 扩散理论

扩散理论通常认为在晶体生长中有以下两个过程起决定性

影响。

（1）溶质扩散过程

溶质扩散过程是指待结晶的溶质借扩散穿过靠近晶体表面的静止液层，从溶液中转移到晶体表面的质量传递过程。通常扩散步骤的速率与浓度推动力呈线性关系，可用下式进行描述：

$$\dot{m}_d = \frac{dm}{dt} = \beta(C_1 - C_i) \tag{2-41}$$

式中，$\dot{m}_d$ 为晶体的质量生长速率；m 为晶体的质量；β 为扩散传质系数；C_1 为溶液主体浓度；C_i 为吸附层与过渡区的分界面浓度。

（2）表面反应过程

到达晶体表面的溶质在浓度差的推动下进入晶面的表面反应过程，使晶体长大，用方程表示为

$$\dot{m}_d = \frac{dm}{dt} = k_R(C_i - C_0)^\gamma \tag{2-42}$$

式中，k_R 为表面反应速率常数，可以用 Arrhenius 方程计算，与盐析晶体的表面活化能有关；C_0 为溶液饱和浓度；γ 为表面反应级数。

溶液本身的特性决定了晶体生长是由扩散控制还是由表面反应控制。通常认为，在较高过饱和度下，晶体生长由扩散控制，生长速率与传质系数有关；在低过饱和度下，晶体生长由表面反应控制。在不同的浓度推动力下，溶质扩散步骤和表面反应步骤是连续发生的（见图 2-5）。当然，也有研究表明，系统的流动参数（流速）对两种机制也有重要影响：当流速较低时，盐析过程受扩散机制控制；随着流速增高，控制机制又逐渐被表面反应所取代。这可以用边界层理论来解释：流速较低时，边界层较厚，传质以分子扩散为主，因此由扩散机制决定盐析速率；流速提高后，边界层厚度减小，通过边界层的传质不再起主导作用，此时表面反应是主要的。关于边界层特性将在后面详细介绍。

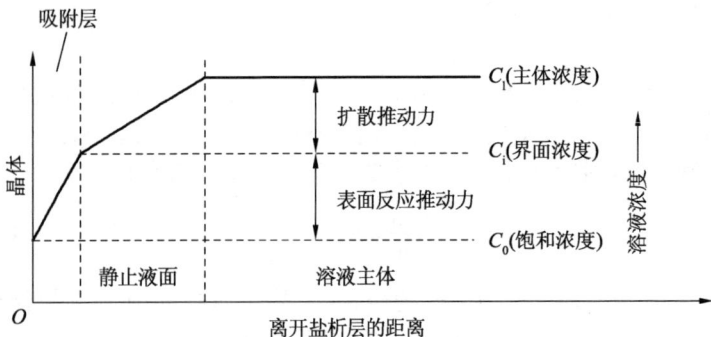

图 2-5　扩散模型示意图

第二节　盐析晶体的输运过程

盐析过程中,不论是在液相还是固相中,都存在不同模式的输运过程,存在着不同形式的输运势。盐析系统中存在分子扩散、强制对流扩散、湍流扩散等各种扩散形式。这些扩散形式与输运过程密切联系。

盐析晶体的输运过程会对盐析速率产生限制作用,并支配着盐析层的界面特性。盐析输运理论是流体动力学理论发展的一个重要组成部分,根据输运内容不同,可分为质量输运、动量输运和热量输运三种类型。

一、质量输运

质量输运存有两种截然不同的输运模式:扩散和对流。这也是物质迁移的主要方式。前者是通过分子运动来实现的,后者是由流体强迫对流所引起的。在盐析输运过程中,这两种输运机制同时发生,同样重要。

扩散的驱动力来源于溶液的浓度梯度。恒稳态下,描述扩散过程的数学基础是 Fick 扩散定律。对于三维扩散,可用下式表示:

$$\frac{\partial C}{\partial t} = D_L \Delta C = D_L \left(\frac{\partial^2 C}{\partial x^2} + \frac{\partial^2 C}{\partial y^2} + \frac{\partial^2 C}{\partial z^2} \right) \quad (2\text{-}43)$$

式中,C 为溶质浓度;D_L 为溶液中溶质的扩散系数,它是表征溶液输运性质的重要参数,通常由实验得到。

关于对流输运问题,采用混合流体的对流扩散方程:

$$\frac{\partial C}{\partial t} + v \nabla C = D_L \Delta C \quad (2\text{-}44)$$

式中,v 为流体的流动速度。若流体处于静止状态,即 $v = 0$,则式 (2-44)就变成了 Fick 扩散定律方程式(2-43)。

二、动量输运

盐析系统动量输运以强制对流形式进行,描述此现象的数学模型可以采用纳维 – 斯托克斯(Navier – Stokes)方程:

$$\rho \left[\frac{\partial v}{\partial t} + (v \cdot \nabla) v \right] = - \nabla p + \mu \Delta v + \rho f \quad (2\text{-}45)$$

式中,ρ 为流体密度;μ 为流体的动力黏度;p 为压强;f 为流体基元上的体积力,如重力。

三、热量输运

盐析体系中的温度梯度所造成的局部过冷度是晶体颗粒生长的主要驱动力。只要存在着温度梯度,就会产生热量输运。一般热量输运主要通过三种方式来进行,即辐射、传导和对流。但针对不同的系统,并不是所有的输运方式都是主导。盐析两相流系统,一般处在低温环境中,热量的输运以传导和对流为主。

如果流体的热量输运纯属热传导,则相应的热传导方程为

$$\frac{\partial T}{\partial t} = K \Delta T = K \left(\frac{\partial^2 T}{\partial x^2} + \frac{\partial^2 T}{\partial y^2} + \frac{\partial^2 T}{\partial z^2} \right) \quad (2\text{-}46)$$

式中,K 为热传导系数。

如果是对流传热,则控制方程为

$$\frac{\partial T}{\partial t} + \rho c_p v \nabla T = K \Delta T \quad (2\text{-}47)$$

在恒温状态下,$\frac{\partial T}{\partial t} = 0$,此时式(2-47)可进一步简化为

$$\rho c_p \boldsymbol{v} \nabla T = K\Delta T \qquad (2\text{-}48)$$

如果流体处于静止状态,即 $\boldsymbol{v}=0$,则式(2-48)可简化为普通热传导方程式,即式(2-46)。

第三节　邻界区及盐析层

在溶液中形成的盐析晶体颗粒在晶体生长机制作用下不断长大,同时通过扩散及对流被输运至盐析层附近,这一过程称为沉积。晶体颗粒在到达盐析层表面时必须穿过一层很薄的区域,这个区域将盐析层和主体溶液分隔开,具有自身独特的性质和作用,它是晶体颗粒进入盐析层的必经之路,因此它的特性同样影响着盐析层的增长速率,将这一区域定义为邻界区,即邻近盐析层界面的区域。下面就对邻界区的组成及作用做详细分析。

一、邻界区结构及特性

邻界区类似于近年提出的晶体生长界面相。界面相理论认为,在主体溶液相和晶体相之间存在着第三相,即界面相。界面相的概念由吴树森和章燕豪于1989年首先提出。顾惕人等对界面相的定义是,界面相是相与相之间的性质不均匀的过渡区。也有学者认为,界面相具有一定的厚度,其内侧边界与主体相接触,外侧边界与另一相接触。同时指出,溶质在相界面上的浓集就不能全部归结为以吸附为特征的表面现象,而应视为该组分在主体相和界面相之间分配的结果。在研究界面不稳定现象与相间迁移时,一般认为溶质相间迁移可分为三个步骤:① 溶质在原所在相内部向界面的扩散迁移;② 溶质分子穿越界面的脱吸附迁移;③ 溶质从界面向目标相内部的扩散迁移。后续学者在分析和总结溶液中晶体界面的生长特性后,认为界面相是存在的,并起着十分重要的作用;界面相是介于晶体相和环境相之间的,其内侧与晶体相接触,外侧与环境相接触。界面相具有一定的厚度,厚度由当地的流场、浓度场、温度场等因素决定。

但是需要注意的是,界面相理论中的"相"有别于两相流体动力学中所说的"相"。本书以后者为理论基础,因此认为盐析层邻近的区域并非为某一相,将其定义为一局部区域更为恰当,即邻界区。但对这一区域的研究完全可以引用界面相理论的思想。

1. 邻界区结构

假设从盐析层表面开始,邻界区可分为三个部分:盐析界面层、吸附层和过渡层(见图 2-6)。其中,盐析界面层位于盐析层的表面,是盐析层的一部分;吸附层位于邻界区中间,其内侧与盐析界面层接触,外侧与过渡层接触;过渡层是邻界区最外层,与主流区相邻。

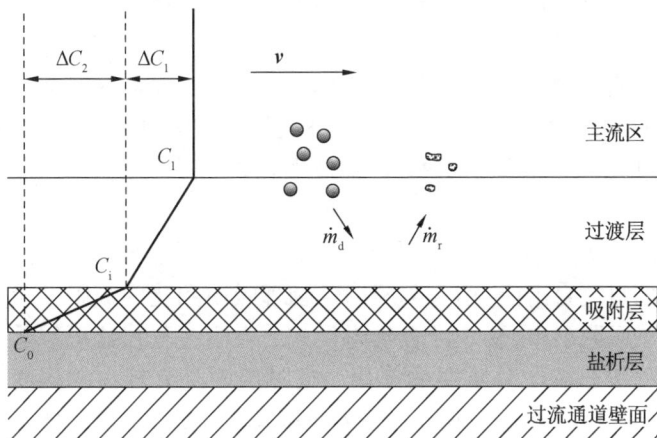

图 2-6 邻界区结构示意图

盐析层的增长属于一种外延生长方式,是盐析层向主流区不断推移的过程。在这一过程中,盐析层与主流区的交界区域——邻界区担负着传质、传热、传动等至关重要的作用。邻界区的每一层的特性及功能都与其他层有着显著的差别,在盐析过程中所起的作用也不尽相同,因此,下面对各部分做详细描述。

2. 邻界区特性

盐析界面层的性质由盐析物质的性质所决定,同时也受周围流场的影响。从微观角度分析，界面层相当于晶体的表面。晶体表面有四种形成机制：正常表面、重建作用导致的表面、结构无序的表面和粗糙化作用产生的表面。不同晶体物质的形成机制存在差异，且不同晶体的晶格类型也不一致，导致盐析界面层性质多样化。对于粗糙界面，同一种晶体不同晶面的界面层也存在一定的差异，这主要与组成晶体的化学键有关。在实际盐类溶液输运过程中，溶液中不可避免地夹杂着细微杂质颗粒，这些颗粒会在各种扩散势作用下通过过渡区和吸附层迁移至盐析表面层，表面层的杂质为非均相成核创造了条件，加速了盐析层晶体的生长；同时，界面层上附着的细小晶粒也会导致晶体生长速率的增加，最主要的原因是围绕在晶粒周围的空隙会产生位错，而晶体表面位错密度的增加对晶体生长起加快作用。

吸附层由吸附于盐析界面层的物质组成，是联系界面层和过渡层的纽带，也必然是联系盐析层和主流区的纽带，其性质由界面层和过渡层的性质共同决定。晶体颗粒物质进入吸附层主要有两种机制：物理吸附和化学吸附。其中，物理吸附的作用力有 Vender Waals 力、万有引力和库仑作用力等；化学吸附是由化学键力（晶体表面的过剩自由能）引起的吸附。物理吸附和化学吸附一般同时存在于吸附层中，属于混合吸附方式。吸附过程在盐析层晶体生长过程中起着十分重要的作用。吸附层内具有较大的浓度梯度 $\Delta C_2 = C_i - C_0$，在这个驱动力下发生表面反应，盐析层晶体不断长大，盐析层界面不断推移。

过渡层实际上是主流的边界层区域，其性质最为复杂，不仅受到吸附层结构的影响，还受到主流流动结构的影响。过渡层内侧与吸附层相接触，外侧与主流相交接。这个区域是速度边界层 δ_v、温度边界层 δ_T 和溶质边界层 δ_C 的交汇区域，其厚度即外侧边界很难确定。为了研究方便，这里规定溶质边界层区域为过渡层。溶质边界层与速度边界层和温度边界层的概念类似，在此薄层中，溶质的浓度发生急骤的变化（$\Delta C_1 = C_1 - C_i$）。在薄层内溶质的输运是通过对流扩散进行，在薄层外溶质的输运则主要是通过对流进行。溶质边界层的厚度与溶液中溶质的扩散系数 D_L、溶液的运动黏度 ν 和主流速度 v 有关,关系式如下:

$$\delta_C \propto D_L^{\frac{1}{3}} \nu^{-\frac{1}{6}} v^{-\frac{1}{2}} \tag{2-49}$$

从式(2-49)可知,流速越快,溶质边界层越薄。根据流体动力学理论的推算,可以粗略地表示出溶质边界层与温度边界层两者的关系:

$$\frac{\delta_C}{\delta_T} \approx \left(\frac{C\rho D_L}{k} \right)^{\frac{1}{2}} \tag{2-50}$$

式中,k 为溶液的导热率。而溶质边界层 δ_C 和温度边界层 δ_T 与速度边界层 δ_v 的关系大致可表示为

$$\frac{\delta_C}{\delta_v} \approx \left(\frac{\nu}{\rho D_L} \right)^{-\nu} \tag{2-51}$$

$$\frac{\delta_T}{\delta_v} \approx \left(\frac{C\nu}{k} \right)^{-\nu} \tag{2-52}$$

二、盐析层特性及增长

1. 盐析层特性

盐析层一旦形成就会不断增厚,形成的盐析层本身也会随输运时间发生结构与性质的变化,晶体的老化过程随之开始。有文献给出了 $CaSO_4$ 盐析层黏结于过流通道内壁上的形态,如图2-7所示。从图中可以看出,盐析层并非各向同性,按照层与层之间的盐析晶体密度差异,可将盐析层大致分为四个层次。

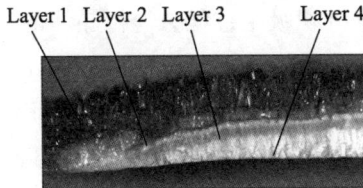

图 2-7　盐析层形态

沿过流通道内壁面向主流方向,盐析层密度随厚度的变化规律如图2-8所示。从第四层(Layer 4)至第一层(Layer 1),盐析层

密度逐渐减小;相对于第一、四层,第二、三层(Layer 2,Layer 3)的密度曲线斜率明显较大,说明在盐析层中部区域的盐析物质特性变化迅速,晶体老化现象显著。

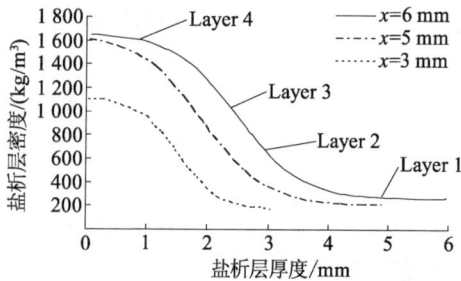

图 2-8　盐析层密度随厚度变化曲线

2. 盐析层增长

若用质量增长速率来表示盐析层增长速率(简称盐析速率),则盐析层增长速率$\left(\dfrac{\mathrm{d}m}{\mathrm{d}t}\right)$就等于盐析晶体的沉积速率$\left(\dfrac{\mathrm{d}m_\mathrm{d}}{\mathrm{d}t}\right)$和移去速率$\left(\dfrac{\mathrm{d}m_\mathrm{r}}{\mathrm{d}t}\right)$之差,即 Kern – Seaton 模型,又称沉积 – 移去模型,可表示为

$$\frac{\mathrm{d}m}{\mathrm{d}t} = \frac{\mathrm{d}m_\mathrm{d}}{\mathrm{d}t} - \frac{\mathrm{d}m_\mathrm{r}}{\mathrm{d}t} \Rightarrow \dot{m} = \dot{m}_\mathrm{d} - \dot{m}_\mathrm{r} \tag{2-53}$$

在盐析过程中,沉积包括三个过程:主流中的沉降过程、向过渡层的输运过程及沉积吸附过程。盐析晶体的沉积速率$\dot{m}_\mathrm{d}$可以由过渡层内的浓度梯度计算得到,为扩散传质过程;同样,$\dot{m}_\mathrm{d}$也可以通过吸附层内的浓度梯度计算得到,即表面反应过程。假设穿过过渡层的盐析晶体全部参加了表面反应,消去一般很难通过实验获得的界面浓度C_i,得到新的计算沉积速率的表达式:

$$\dot{m}_\mathrm{d} = \beta \left\{ \frac{1}{2} \frac{\beta}{k_\mathrm{R}} + \Delta C - \left[\frac{1}{4} \left(\frac{\beta}{k_\mathrm{R}} \right)^2 + \frac{\beta}{k_\mathrm{R}} \Delta C \right]^{1/2} \right\} \tag{2-54}$$

式中,ΔC为总的溶质浓度梯度,$\Delta C = \Delta C_1 + \Delta C_2 = C_1 - C_0$。传质系

数 β 可由舍伍德数(Sherwood Number)和扩散系数确定,即

$$\beta = \frac{Sh \cdot D_L}{d_h} \tag{2-55}$$

采用 Lammers 提出的半经验公式来计算舍伍德数 Sh:

$$Sh = 0.034 Re^{0.875} Sc^{1/3} \tag{2-56}$$

将式(2-56)代入式(2-55),得到传质系数的最终计算公式:

$$\beta = 0.034 \frac{Re^{0.875} \mu^{1/3} D_L^{2/3}}{d_h} \tag{2-57}$$

从式(2-57)可以看出,在特定的输送设备、输送介质前提下,传质系数的大小与雷诺数 Re 和扩散系数 D_L 关系密切,而这些都由流动条件决定,说明流场对盐析颗粒沉积及质量传递有较大的影响。

盐析晶体的移去又包括三种方式:① 以分子或离子的形式溶出过程;② 以细微颗粒状移去过程;③ 以较大质量的晶体(如块状)脱落过程。其中,前两者是均匀发生在盐析层表面上,可认为是连续进行的,而第三种方式则是间断地不均匀地发生在盐析层表面的任意位置。盐析颗粒的移去速率 $\dot{m}_r$ 可根据文献提供的公式计算,即

$$\dot{m}_r = \frac{F}{N}\rho_f(1 + \delta \cdot \Delta T) d_p (\rho^2 \eta g)^{1/3} x_f v^2 \tag{2-58}$$

式中,F 为晶体附着力,N 为盐析层上的晶体缺陷数,F/N 是盐析层表面流体速度的函数;ρ_f 为盐析层的平均密度;δ 为晶体线性膨胀率;d_p 为盐析晶体颗粒直径;x_f 为盐析层的厚度。从式(2-58)可以看出,若盐析层的密度、厚度、温度梯度等性质保持不变,则移去速率仅与盐析层附近的流体速度有关,可见流动结构对移去速率也有重要影响。

盐析速率由上述两种过程(沉积和移去)共同决定,若在壁面上以沉积嵌入为主,移去很少,则盐析层几乎呈线性生长;若以移去为主,嵌入过程可忽略,则盐析生长特征为渐近线型。从第四章试验结果可知,盐析层一般呈线性增长,所以可以忽略移去的部分,即盐析速率就等于沉积速率。

第三章　盐析两相流动模型

　　根据盐析晶体成核、生长、输运、沉积直至盐析层形成等各过程，可以建立起符合实际情况的盐析两相流动的物理模型。本章以经典的两相流体动力学理论为指导，分析比较描述两相流动的各种主要模型，认为双流体模型中的连续介质模型可以较完整和详细地描述复杂的盐析两相流动过程。然后以此理论构建合理的物理模型。同时，建立盐析两相流动的基本方程组。由于在绝大多数场合下盐类溶液的输运过程中的流态为湍流，研究湍流状态下的盐析过程具有较大的实际意义。因此，对所建立的盐析两相流基本方程组进行空间平均，利用雷诺时均法则等流体力学处理方法，获得盐析两相湍流流动方程组，给出相间质量、动量交换率及其他本构关系式，对方程组中出现的两相湍流脉动关联项采用 $k-\varepsilon-k_p$ 模型加以封闭。

　　此外，针对叶轮机械（泵）内的盐析两相流动，以叶轮旋转轴为旋转坐标系主轴，在所建立的两相流方程中计入因叶轮旋转而产生的离心力和科氏力等惯性力的作用；针对叶轮机械内盐析流动中因盐析晶体颗粒间及颗粒与叶轮叶片或流道内壁间碰撞而产生的聚并、破碎等微观行为，可引入粒数衡算方程（PBE）加以描述，也可用离散元方法计算。

第一节　盐析过程简化模型

　　由于盐析两相流动的复杂性，有必要对实际过程进行简化，提出合理的物理模型。

一、盐析流动的成核

在实际的盐类溶液输运过程中,处于过饱和的亚稳态溶液中不可避免地存在着大量细微杂质颗粒,输运管路、输运设备(输运泵)过流通道等内壁面同样存在一定的粗糙度,非均相成核就极易在这些部位发生,晶核也就优先在这些部位形成并长大。而均相成核由于具有较高的成核功,可以忽略其对盐析成核率的影响。

在叶轮机械(泵)内,由于叶轮旋转,晶体颗粒间及颗粒与叶片或过流通道内壁间的碰撞概率大大增加,导致二次成核下的碰撞成核现象异常显著,因此可以认为,在叶轮机械内的盐析两相流场中,非均相成核和碰撞成核是晶核形成的主导机制,可忽略其他机制对成核的影响。

二、沉积－移去模型

沉积－移去机制对盐析层的增长起决定作用。盐析速率理论上由沉积和移去两种过程决定,若在盐析层表面上以沉积嵌入为主,自由移去很少,则盐析层几乎呈线性生长;若以自由移去为主,沉积嵌入过程可忽略,则盐析生长特征为渐近线型。从管道中盐析层增长的试验结果可知,盐析层主要以线性方式生长,所以在盐析过程中,移去过程可以忽略,而仅考虑沉积对盐析的影响,即将沉积速率与盐析速率等价,以此来简化对盐析层增长的研究方法。

三、盐析过程简化模型

对盐析过程中的成核机制、沉积－移去模型进行上述处理后,结合图 3-1 所示的盐析层形成后的实际盐析两相流动结构,得到简化后的盐析过程,如图 3-2 所示。由于几何结构对称及盐析过程的相似性,图 3-2 仅示出半面结构。

对于图 3-2 中的盐析过程,可以简述如下:过饱和盐类溶液进入流动区域后,在非均相成核机制的作用下,首先在溶液中的细微杂质颗粒上及盐析层表面同时发生核化,生成盐析晶体晶核和基底晶核;然后由晶体生长机制所控制,晶核不断长大,形成盐析晶体颗粒;部分晶体颗粒在对流及各种扩散势的作用下,发生物质迁移,沉积并嵌入盐析层;在流场的作用下,部分晶体颗粒又发生碰撞,从而导致破碎、聚并、二次成核等二次过程的发生,二次过程发生后的晶体颗粒最终又会沉积嵌入盐析层。这样,由基底晶核生长起来的晶体颗粒和沉积嵌入的晶体颗粒就共同促使了盐析层的增长。

图 3-1　实际的盐析两相流动

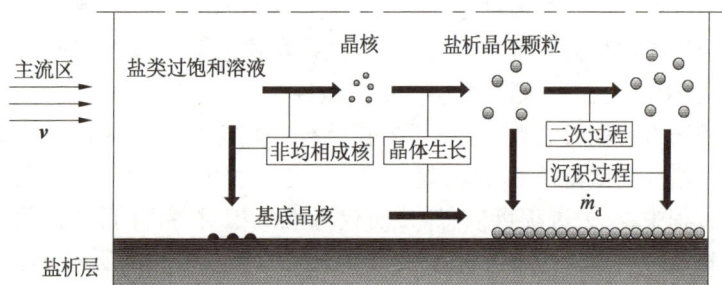

图 3-2　简化后的盐析过程示意图

第二节　盐析两相流物理模型

一、两相流模型简介

对盐析流动的研究主要以传统的两相流理论为基础,所以在建立数学模型之前,首先要选择合适的两相流模型。两相流的基础理论依然是详细描述每一相运动的经典流体力学方程,但是从基本的方程(如 Navier – Stokes 方程)出发,通过严格的数学推导来解决实际的两相流问题仍然是无法实现的,一方面是由于两相流各自有一组流动参数,描述运动的变量几乎增加 1 倍;另一方面在于各相的体积浓度、离散相颗粒的大小,各相的物理性质(如密度、黏性等)和相间的相对速度都在很宽的范围内变化,这些都可以引起流动性质和流动形态的较大变化。

两相流中的关键,也是最困难的问题还在于相间界面的存在,导致各相运动参数在界面上发生跳跃,通过界面各相进行质量、动量和能量的传递。基于此复杂性,研究工作者对两相流的理论研究从 20 世纪 40 年代末开始,几十年来,人们根据不同的观点及假设建立了不同的两相流模型。基本上有两类观点:一类是将流体作为连续介质,而将颗粒群作为离散体系,探讨颗粒动力学、颗粒轨道等;另一类是除了将流体作为连续介质外,还将颗粒群当作拟流体或拟连续介质,设其在空间上有连续的速度和温度分布。各模型的特点见表 3-1。

表 3-1 两相流基本模型

类别	颗粒相模型	特点	大致年代
离散模型	单颗粒动力学模型	不考虑颗粒对流体流动的影响	20 世纪 40 年代末
	颗粒轨道模型	考虑颗粒对流动的影响、相间耦合,粗略地考虑了湍流扩散	20 世纪 70 年代中
连续介质模型	扩散模型	不考虑颗粒对流体流动的影响,相间相对运动等价于流体的扩散漂移	20 世纪 60 年代初
	单流体模型	部分地考虑颗粒对流体流动的影响,不考虑相间相对运动	20 世纪 70 年代
	双(多)流体模型	全面考虑颗粒对流体流动的影响,考虑相间相对运动及相间作用	20 世纪 70 年代

1. 单颗粒动力学模型

单颗粒动力学模型认为固相颗粒的存在对液相流动无影响,

且固相只是作为彼此独立的单个颗粒在已知流场中做稳定、规则的运动。因而,可根据单颗粒在流场中的受力分析建立固相运动方程。

单颗粒动力学模型是一个极为粗糙的简化模型。一方面,由于模型简单而被广泛应用,直到近期在管道输运、燃烧射流等领域,该模型仍是常用模型之一。另一方面,由于该模型过于粗糙,导致其与许多实际两相流动问题不符。因此,在使用单颗粒动力学模型时必须小心谨慎,否则很有可能导致错误的结果。

2. 颗粒轨迹模型

颗粒轨迹模型将液相视为连续介质,而将颗粒群视为按一定分布存在于液相中的离散介质。该模型在 Euler 坐标系中考察流体的运动,而在 Largrange 坐标系中考察颗粒群的运动。颗粒受流体及其他因素的作用沿其自身的轨迹运动,而颗粒对流体的各种复杂作用则作为一个附加的源项耦合进流体的基本方程中。将流体运动的 Euler 方程与颗粒运动的 Largrange 方程进行耦合求解,得到流体的速度场与颗粒的运动轨迹及轨迹上任意点的速度。然后采用适当的平均方法求得颗粒相的浓度场与速度场。

颗粒轨迹模型是以气体 - 液滴两相流动为背景提出来的,与单相流体动力学基本方程相比,只是在方程中多了一个附加的源项——流体与颗粒相互作用项。该模型较完整地考虑了颗粒与流体之间的耦合作用,相比于单颗粒动力学模型更为完善,更加接近两相流动的实际情况。该模型较多地用于燃烧射流、管流等气 - 固两相流动问题。

颗粒轨迹模型是以各颗粒沿自身轨迹运动而互不干扰假设为前提的,这说明该模型只适用于颗粒浓度很小的情况。该模型的另一个实质性假设条件是,沿各轨迹的颗粒数密度为常数。这意味着该模型忽略了湍流扩散效应,与实际情况不相符。为弥补这一不足,引入漂移速度及漂移力对颗粒轨迹模型加以修正。例如,可以通过颗粒湍流漂移速度与漂移力的概念及估算方法,建立相应的修正模型。另外,也可将颗粒的速度及轨迹都视为随机变量,应用统计平均的方法来处理颗粒的湍流扩散。也有学者提出了一种新的脉动频谱随机轨迹模型,该模型既充分考虑了湍流脉动频谱和强度对颗粒群运动的影响,又考虑了不同颗粒尺度的组分对湍流扩散的影响。

3. 扩散模型

扩散模型假设离散颗粒在统计意义下为一种连续介质——拟流体,用连续介质理论来研究颗粒的运动。该模型承认颗粒相与流体之间的相对运动,但认为这种相对运动完全是由颗粒相对于流体的湍流扩散所致。这一观点的本质是将多组分单相流的概念直接推广应用于多相混合物。

混合物扩散理论的基本假设是,颗粒之间无相互作用,任一颗粒在流体中做与其他颗粒无关的布朗运动。因此,扩散理论也只适用于浓度极低、颗粒尺寸很小的情况。

扩散模型是最早的两相流连续介质模型,它标志着对两相流模型进行系统深入研究的开始。该模型最大的特点是将流体与固体间的相对运动同扩散漂移联系起来,大大简化了两相流动问题,因此可以得到一些简单流动问题的近似解析解。例如,在考虑Stokes 阻力、忽略颗粒体积的情况下,用摄动法研究均匀颗粒悬浮体沿平板的层流边界层流动,其结果为:① 颗粒的速度普遍大于流体的速度,即颗粒运动一般都超前于流体。这一现象是由颗粒的惯性所致。② 在靠近边界层外缘处的颗粒浓度较来流有所增加,而在靠近壁面处明显减小。也有学者在颗粒运动方程中引入了布朗运动的扩散项,假设液相的流场已知且不受颗粒的影响,在处理边界条件时考虑了颗粒与壁面间的滑移。其结论为:在板的前缘,颗粒速度一般大于流体速度;在远离前缘处,颗粒速度小于流体速度;在壁面附近,颗粒浓度分布出现极大值。而实测结果表明:除了在平板前缘的壁面附近处颗粒运动超前于流体外,在其他区域内的颗粒速度均小于流体速度,离壁面越远颗粒浓度单调增大,这是由于升力的作用而使颗粒向远离壁面方向移动。

4. 单流体模型

单流体模型认为:固相是由不同尺寸的颗粒所组成的拟流体,各相的湍流扩散系数相等,所有颗粒组分的时均速度与流体速度相等。由于假设颗粒与流体间无相对运动,因此颗粒相不存在独立的动量方程及能量方程,只需给出各颗粒组分的连续性方程。

单流体模型是最简单的两相流连续介质模型,它是由 Spalding 等在 20 世纪 70 年代初提出的。该模型多用于燃烧多相流问题的数值模拟。由于它过分简化,与实际情况相差较大,使其适用范围受到了很大的限制。

5. 双流体模型

双流体模型假设颗粒相为拟连续介质。在数学处理上,颗粒相的所有动力学、热力学参数均与液相一样,为空间的连续分布函数。因此,连续介质理论及数学处理方法同样适用于颗粒相。在动力学规律上,双流体模型不仅承认各相的湍流扩散,而且更详细地考虑了颗粒相之间及颗粒与流体之间存在的时均相对运动;各相内部具有各自的动力学性质,如液相中的黏度、涡黏度,固相中的粒间碰撞、摩擦等;同时,各相之间还具有耦合作用,如阻力、升力等。作为不同的连续介质,各相具有自己的守恒方程;而作为一个多相混合物体系,各相的守恒方程通过相间作用项来耦合。

根据不同的方法,可以得到各种形式不同的双流体模型及其基本方程。目前常见的有如下两种。

(1)混合理论基本方程

混合理论以液－固两相是重叠地存在于同一空间中这一假设为前提。即在空间的所有点上可以同时为流体与固体质点所占据,而且这些质点在空间是连续的。这样就可以应用推导单相流体基本方程的方法直接写出两相流基本方程,而不必考虑各相在空间实际存在的离散性与随机性。

混合理论的基本思想是由 Bowen 首先提出的,而其理论的进一步完善并被广泛地引入两相流研究中大概是在 20 世纪 80 年代初。Passman 等及 Nunziato 均对混合理论及其应用做过系统的论述。

（2）时间－空间平均方程

上述混合理论只强调了固相拟流体假设，却忽略了实际上流体与固相介质在空间分布上的离散性与时间分布上的随机性。如果考虑到这一点，则拟流体假设只有在某种统计平均概念下才有意义。这就是时间－空间平均方程的基本思想。

双流体模型较为全面地考虑了液－固混合物的相间相对运动及相间作用等两相流的基本特点。它从物理基本守恒定律出发，通过较严格的数学推导，建立了两相流基本方程。这组基本方程可以用统一的方法处理流体及颗粒相，便于进行数值模拟。

二、盐析两相流物理模型

基于以上对两相流模型的分析可知，描述盐析过程较为合理的物理模型应为双流体模型。结合简化后的盐析过程，所确定的盐析流动的物理模型如图 3-2 所示。

经试验研究发现，盐析层的增长是非常缓慢的过程，因此在物理模型中做如下假设：盐析流动为准稳态过程，不考虑晶体颗粒与盐析层的质量交换，忽略盐析层增长对盐析两相流场的影响，即将盐析层作为固壁处理；而主体溶液中只考察非均相成核及二次成核两种盐析机制，这样就将盐析两相流转化为伴有相变的悬浮体液固两相流来处理，大大降低了建立数学模型的难度。在数学和力学具体处理上，将亚微晶核及生长起来的盐析晶体颗粒（包括二次过程产生的晶体颗粒）作为颗粒相，过饱和溶液作为液相，借鉴双流体模型，详细考察盐析两相流中的内部流动结构、相间传递过程及其对盐析特性的影响。

第三节 盐析两相流基本方程

一、控制体与相界面

在连续介质模型中，采用静止的控制面封闭的 Euler 型控制体较为适宜。

控制体和相界面分布如图 3-3 所示。图中,V 是由静止的封闭曲面 A 所围的控制体,其中含有液相、颗粒相两种运动介质;$A_i(t)$ 是 V 内两相之间的分界面,它把 V 划分为 $V_1(t)$ 和 $V_2(t)$ 两个部分。$A_i(t)$ 可以是一个面(见图 3-3a),也可以是许多个互相分割的曲面(见图 3-3b),其中每一个曲面可能在 V 内封闭,也可能与 V 的一部分构成封闭面。设 dA 为控制体边界 A 上的面元,$\boldsymbol{n}_1(t)$ 和 $\boldsymbol{n}_2(t)$ 分别为液相和颗粒相界面外法线上的单位矢量。下面就以 V 作为控制体,建立盐析两相流体系的质量、动量和能量守恒方程,其中分别以 $k = 1$ 和 2 代表液相和颗粒相。

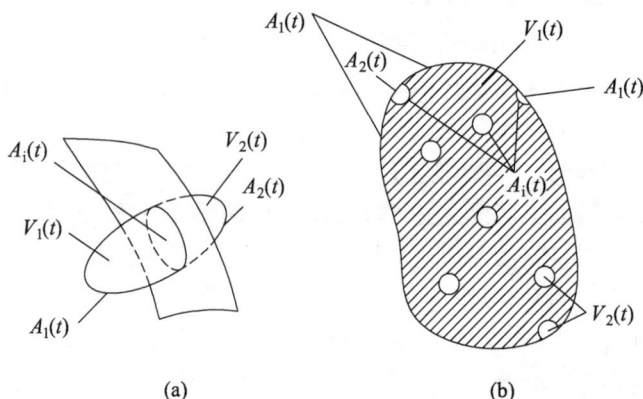

(a)   (b)

图 3-3   控制体和相界面分布的示意图

二、积分形式的守恒方程

1. 质量守恒方程

在 Δt 时间内,控制体 V 内质量的增加来源于从 A_1,A_2 流入的物质,即

$$\sum_k \left(\Delta \iiint_{V_k} \rho_k dV \right) = - \sum_k \iint_{A_k} \rho_k \boldsymbol{n} \cdot \boldsymbol{v}_k \Delta t dA \tag{3-1}$$

两边同除以 Δt,并令 $\Delta t \to 0$,则得到

$$\frac{d}{dt} \sum_k \iiint_{V_k} \rho_k dV + \sum_k \iint_{A_k} \rho_k \boldsymbol{n} \cdot \boldsymbol{v}_k dA = 0 \tag{3-2}$$

式中，ρ_k 和 v_k 分别为相 k 的相密度和速度。

2. 动量守恒方程

单位时间内，控制体 V 中动量的增加有以下几个来源：① 通过表面 A_k 流入的质量所携带的动量；② 控制体外界施加于各表面 A_k 的应力 $-n \cdot P_k$；③ 控制体外界对控制体内各部分的彻体外力 $\rho_k b_k$。由此得到动量方程为

$$\sum_k \frac{\mathrm{d}}{\mathrm{d}t} \iiint_{V_k} \rho_k v_k \mathrm{d}V = - \sum_k \iint_{A_k} \rho_k (n \cdot v_k) v_k \mathrm{d}A - \sum_k \iint_{A_k} (n \cdot P_k) \mathrm{d}A +$$
$$\sum_k \iiint_{V_k} \rho_k b_k \mathrm{d}V \tag{3-3}$$

式中，b_k 为外界作用于相 k 单位质量上的彻体外力；P_k 为相 k 内的压强张量。

3. 总能量守恒方程

控制体 V 中总能量（包括内能和动能）的增加来源于：① 通过表面 A_k 流入的质量所携带的内能和动能；② 控制体外界施加于各表面的应力 $-n \cdot P_k$ 所做的功；③ 彻体外力 $\rho_k b_k$ 所做的功；④ 控制体外界通过各表面传入的热量 $-n \cdot q_k$；⑤ 外界对控制体内各部分的体加热 $\rho_k \tilde{q}_k$。

$$\sum_k \frac{\mathrm{d}}{\mathrm{d}t} \iiint_{V_k} \rho_k \left(e_k + \frac{1}{2} v_k^2 \right) \mathrm{d}V = - \sum_k \iint_{A_k} \rho_k (n \cdot v_k) \left(e_k + \frac{1}{2} v_k^2 \right) \mathrm{d}A -$$
$$\sum_k \iint_{A_k} (n \cdot P_k \cdot v_k) \mathrm{d}A - \sum_k \iint_{A_k} (n \cdot q_k) \mathrm{d}A + \sum_k \iiint_{V_k} \rho_k b_k \cdot v_k \mathrm{d}V +$$
$$\sum_k \iiint_{V_k} \rho_k \tilde{q}_k \mathrm{d}V \tag{3-4}$$

式中，e_k 为单位质量相 k 介质具有的内能；q_k 为相 k 的热流通量；$\tilde{q}_k$ 为外界对单位质量相 k 介质的体加热率。

4. 各守恒方程的统一形式

式（3-2）～式（3-4）可统一表示为

$$\sum_k \frac{\mathrm{d}}{\mathrm{d}t} \iiint_{V_k} \rho_k \psi_k \mathrm{d}V = - \sum_k \iint_{A_k} \rho_k (n \cdot v_k) \psi_k \mathrm{d}A + \sum_k \iint_{A_k} (n \cdot J_k) \mathrm{d}A +$$
$$\sum_k \iiint_{V_k} \rho_k \zeta_k \mathrm{d}V \tag{3-5}$$

各守恒方程中,ψ_k,$\boldsymbol{J}_k$ 和 ζ_k 的具体表达式见表 3-2。

表 3-2　各守恒方程中 ψ_k,$\boldsymbol{J}_k$ 和 ζ_k 的具体表达式

	ψ_k	$\boldsymbol{J}_k$	ζ_k
质量方程	1	0	0
动量方程	$\boldsymbol{v}_k$	$-\boldsymbol{P}_k$	$\boldsymbol{b}_k$
总能量方程	$e_k + \dfrac{1}{2}v_k^2$	$-\boldsymbol{P}_k \cdot \boldsymbol{v}_k - \boldsymbol{q}_k$	$\boldsymbol{b}_k \cdot \boldsymbol{v}_k + \tilde{q}_k$

三、瞬时的、局部的相守恒方程

将 Leibniz 法则应用于方程(3-5),并将方程右边的项移至左边,得到

$$\sum_k \Big[\iiint_{V_k} \frac{\partial(\rho_k\psi_k)}{\partial t}\mathrm{d}V + \iint_{A_k} \rho_k\psi_k \boldsymbol{n} \cdot \boldsymbol{v}_A \mathrm{d}A + \iint_{A_i} \rho_{ki}\psi_{ki}\boldsymbol{n}_k \cdot \boldsymbol{v}_i \mathrm{d}A \Big] +$$

$$\sum_k \iint_{A_k} \rho_k(\boldsymbol{n} \cdot \boldsymbol{v}_k)\psi_k \mathrm{d}A - \sum_k \iint_{A_k}(\boldsymbol{n} \cdot \boldsymbol{J}_k)\mathrm{d}A - \sum_k \iiint_{V_k} \rho_k\zeta_k\mathrm{d}V = 0$$

$$(3\text{-}6)$$

式中,下标 i 表示相界面;$\boldsymbol{v}_i$ 为相界面速度;下标 ki 表示相界面附近相 k 的值;$\boldsymbol{v}_A$ 为边界面元 $\mathrm{d}A$ 的移动速度。对于所选取的控制体,$\boldsymbol{v}_A = 0$。将 Gauss 定理应用于式(3-6),得到

$$\sum_k \iiint_{V_k} \Big[\frac{\partial(\rho_k\psi_k)}{\partial t} + \nabla \cdot (\rho_k\boldsymbol{v}_k\psi_k) - \nabla \cdot \boldsymbol{J}_k - \rho_k\zeta_k \Big]\mathrm{d}V -$$

$$\sum_k \iint_{A_i} \rho_{ki}(\boldsymbol{n}_k \cdot \boldsymbol{v}_{ki})\psi_{ki}\mathrm{d}A + \sum_k \iint_{A_i}(\boldsymbol{n}_k \cdot \boldsymbol{J}_{ki})\mathrm{d}A +$$

$$\sum_k \iint_{A_i} \rho_{ki}\psi_{ki}\boldsymbol{n}_k \cdot \boldsymbol{v}_i \mathrm{d}A = 0 \qquad (3\text{-}7)$$

将相界面面元 A_i 上的各面积分合并,得到

$$\sum_k \iiint_{V_k} \Big[\frac{\partial(\rho_k\psi_k)}{\partial t} + \nabla \cdot (\rho_k\boldsymbol{v}_k\psi_k) - \nabla \cdot \boldsymbol{J}_k - \rho_k\zeta_k \Big]\mathrm{d}V -$$

$$\iint_{A_i} \Big[\sum_k (\dot{m}_k\psi_k - \boldsymbol{n}_k \cdot \boldsymbol{J}_{ki}) \Big]\mathrm{d}A = 0 \qquad (3\text{-}8)$$

式中,$\dot{m}_k$ 为从相 k 进入相界面的质量通量,即单位时间内液相、盐

析晶体颗粒相分别与相界面进行交换的质量,定义为

$$\dot{m}_k \equiv \boldsymbol{n}_k \cdot \rho_{ki}(\boldsymbol{v}_{ki} - \boldsymbol{v}_i) \tag{3-9}$$

由于以上控制体是任意选取的,因此对于任意这种控制体,式(3-8)均成立,这表明该式中的被积函数都为0,即

$$\frac{\partial(\rho_k \psi_k)}{\partial t} + \nabla \cdot (\rho_k \boldsymbol{v}_k \psi_k) - \nabla \cdot \boldsymbol{J}_k - \rho_k \zeta_k = 0 \tag{3-10}$$

$$\sum_{k=1,2} (\dot{m}_k \psi_k - \boldsymbol{n}_k \cdot \boldsymbol{J}_{ki}) = 0 \tag{3-11}$$

式(3-10)是相k内的任意一点应满足的微分方程。式(3-11)是任意一个相界面面元应满足的条件。

将表3-2中各参数的表达式代入式(3-10)中,得到如下各种瞬时的、局部的相守恒方程的具体形式。

1. 质量守恒方程

$$\frac{\partial \rho_k}{\partial t} + \nabla \cdot (\rho_k \boldsymbol{v}_k) = 0 \tag{3-12}$$

2. 动量守恒方程

$$\frac{\partial(\rho_k \boldsymbol{v}_k)}{\partial t} + \nabla \cdot (\rho_k \boldsymbol{v}_k \boldsymbol{v}_k) + \nabla \cdot \boldsymbol{P}_k - \rho_k \boldsymbol{b}_k = 0 \tag{3-13}$$

3. 总能量守恒方程

$$\frac{\partial}{\partial t}\left[\rho_k\left(e_k + \frac{1}{2}v_k^2\right)\right] + \nabla \cdot \left[\rho_k \boldsymbol{v}_k\left(e_k + \frac{1}{2}v_k^2\right)\right] +$$

$$\nabla \cdot (\boldsymbol{P}_k \cdot \boldsymbol{v}_k) + \nabla \cdot \boldsymbol{q}_k - \rho_k \boldsymbol{b}_k \cdot \boldsymbol{v}_k - \rho_k \tilde{q}_k = 0 \tag{3-14}$$

由式(3-12)～式(3-14)可得到另一种形式的能量守恒方程(内能守恒方程):

$$\frac{\partial(\rho_k e_k)}{\partial t} + \nabla \cdot (\rho_k \boldsymbol{v}_k e_k) + p_k \nabla \cdot \boldsymbol{v}_k + \boldsymbol{\tau}_k : (\nabla \boldsymbol{v}_k) +$$

$$\nabla \cdot \boldsymbol{q}_k - \rho_k \tilde{q}_k = 0 \tag{3-15}$$

盐析两相流中,流体微元发生的体积形变(膨胀或压缩)可忽略不计,即相k的压缩功率$p_k \nabla \cdot \boldsymbol{v}_k$约等于0;同时忽略因流动产生的摩擦热$\boldsymbol{\tau}_k : (\nabla \boldsymbol{v}_k)$,则式(3-15)可简化为

$$\frac{\partial(\rho_k e_k)}{\partial t} + \nabla \cdot (\rho_k \boldsymbol{v}_k e_k) + \nabla \cdot \boldsymbol{q}_k - \rho_k \tilde{q}_k = 0 \qquad (3\text{-}16)$$

第四节　盐析两相湍流流动方程

从实用意义上说,不可能细微地去描述每一相的瞬时的、局部的各种变化,因此式(3-12)～式(3-16)的实际用处受到限制。由于两相流的研究通常关心的是两相介质的平均意义上的运动和各种物理量的变化,所以可以对这些瞬时的、局部的两相流方程求平均。

一、空间平均的相守恒方程

1. 空间平均法

采用空间平均的法则如下:

$$\overline{B_k} = \frac{1}{V} \iiint_V B_k \mathrm{d}V \qquad (3\text{-}17)$$

$$\overline{\overline{B_k}} = \frac{1}{V_k} \iiint_V B_k \mathrm{d}V \qquad (3\text{-}18)$$

$$\overline{\frac{\partial B_k}{\partial t}} = \frac{\partial \overline{B_k}}{\partial t} - \frac{1}{V} \iint_{A_i} B_k \boldsymbol{v}_i \cdot \boldsymbol{n}_k \mathrm{d}A_i \qquad (3\text{-}19)$$

$$\overline{\nabla B_k} = \nabla \overline{B_k} + \frac{1}{V} \iint_{A_i} B_k \boldsymbol{n}_k \mathrm{d}A_i \qquad (3\text{-}20)$$

$$\frac{\partial \alpha_k}{\partial t} = \frac{1}{V} \iint_{A_i} \boldsymbol{v}_i \cdot \boldsymbol{n}_k \mathrm{d}A_i \qquad (3\text{-}21)$$

$$\nabla \alpha_k = -\frac{1}{V} \iint_{A_i} \boldsymbol{n}_k \mathrm{d}A_i \qquad (3\text{-}22)$$

式中,V_k 为相 k 在控制体积 V 中所占的体积;B_k 为相 k 的任一物理量;α_k 为相 k 的体积分数。

引入密度加权的平均值 $\hat{B}_k$:

$$\hat{B}_k = \frac{\overline{\rho_k B_k}}{\overline{\rho_k}} = \frac{\overline{\overline{\rho_k \overline{B_k}}}}{\overline{\overline{\rho_k}}} \qquad (3\text{-}23)$$

2. 空间平均的相守恒方程

采用上述法则,对方程(3-10)的每一项进行空间平均,得到

$$\frac{\partial}{\partial t}(\alpha_k \overline{\overline{\rho_k}}\hat{\psi}_k) - \frac{1}{V}\iint_{A_i} \boldsymbol{n}_k \cdot \boldsymbol{v}_i \rho_{ki}\psi_{ki}\mathrm{d}A_i + \nabla \cdot (\alpha_k \overline{\overline{\rho_k \boldsymbol{v}_k \psi_k}}) + \frac{1}{V}\iint_{A_i} \boldsymbol{n}_k \cdot$$

$$\boldsymbol{v}_{ki}\rho_{ki}\psi_{ki}\mathrm{d}A_i - \nabla \cdot (\alpha_k \overline{\overline{\boldsymbol{J}_k}}) - \frac{1}{V}\iint_{A_k} \boldsymbol{n}_k \cdot \boldsymbol{J}_{ki}\mathrm{d}A_i - \alpha_k \overline{\overline{\rho_k}}\hat{\zeta}_k = 0 \quad (3\text{-}24)$$

将面积分置于方程右边,得到

$$\frac{\partial}{\partial t}(\alpha_k \overline{\overline{\rho_k}}\hat{\psi}_k) + \nabla \cdot (\alpha_k \overline{\overline{\rho_k \boldsymbol{v}_k \psi_k}}) - \nabla \cdot (\alpha_k \overline{\overline{\boldsymbol{J}_k}}) - \alpha_k \overline{\overline{\rho_k}}\hat{\zeta}_k =$$

$$-\frac{1}{V}\iint_{A_i} \boldsymbol{n}_k \cdot \boldsymbol{v}_{ki}\rho_{ki}\psi_{ki}\mathrm{d}A_i + \frac{1}{V}\iint_{A_i} \boldsymbol{n}_k \cdot \boldsymbol{v}_i \rho_{ki}\psi_{ki}\mathrm{d}A_i + \frac{1}{V}\iint_{A_k} \boldsymbol{n}_k \cdot \boldsymbol{J}_{ki}\mathrm{d}A_i$$

$$(3\text{-}25)$$

令式(3-25)右边为 S_k,并合并右边第一及第二项,得到

$$S_k = -\frac{1}{V}\iint_{A_i}\left[\boldsymbol{n}_k \cdot (\boldsymbol{v}_{ki} - \boldsymbol{v}_i)\rho_{ki}\psi_{ki} - \boldsymbol{n}_k \cdot \boldsymbol{J}_{ki}\right]\mathrm{d}A_i \quad (3\text{-}26)$$

式中,S_k 即为通用相守恒方程中的源项,在质量守恒方程、动量守恒方程、总能量守恒方程中分别为相间质量交换率 Γ_k、动量交换率 M_k、能量交换率 E_k。将式(3-9)代入式(3-26)中,得到

$$S_k = -\frac{1}{V}\iint_{A_i}(\dot{m}_k\psi_{ki} - \boldsymbol{n}_k \cdot \boldsymbol{J}_{ki})\mathrm{d}A_i \quad (3\text{-}27)$$

二、湍流流动方程

对平均的两相流方程(3-25)采用雷诺时均法则,将该式左边的第二项分解为

$$\nabla \cdot (\alpha_k \overline{\overline{\rho_k \boldsymbol{v}_k \psi_k}}) = \nabla \cdot (\alpha_k \overline{\overline{\rho_k}}\hat{\boldsymbol{v}}_k\hat{\psi}_k) + \nabla \cdot (\alpha_k \overline{\overline{\rho_k \boldsymbol{v}'_k \psi'_k}})$$

$$(3\text{-}28)$$

令

$$\boldsymbol{J}_k^f \equiv -\alpha_k \overline{\overline{\rho_k \boldsymbol{v}'_k \psi'_k}} = -\alpha_k \overline{\overline{\rho_k \boldsymbol{v}_k \psi_k}} + \alpha_k \overline{\overline{\rho_k}}\hat{\boldsymbol{v}}_k\hat{\psi}_k \quad (3\text{-}29)$$

将式(3-28)、式(3-29)代入式(3-25),并将 S_k 代入式(3-25)右边,得到

$$\frac{\partial}{\partial t}(\alpha_k \overline{\overline{\rho_k}}\hat{\psi}_k) + \nabla \cdot (\alpha_k \overline{\overline{\rho_k}}\hat{\boldsymbol{v}}_k\hat{\psi}_k) - \nabla \cdot (\alpha_k \overline{\overline{\boldsymbol{J}_k}} + \boldsymbol{J}_k^f) -$$

$$\alpha_k \overline{\overline{\rho_k}} \hat{\zeta}_k = S_k \qquad (3-30)$$

其中

$$\psi'_k \equiv \psi_k - \hat{\psi}_k, \ \overline{\rho_k \psi'_k} = 0 \qquad (3-31)$$

$$\rho'_k \equiv \rho_k - \overline{\rho_k}, P'_k \equiv P_k - \overline{\overline{P_k}} \qquad (3-32)$$

将表 3-2 中所列的关于 ψ_k, J_k 和 ζ_k 的表达式代入式(3-30),同时由于

$$\overline{\overline{P_k}} = \overline{\overline{p_k \boldsymbol{\delta} - \boldsymbol{\tau}_k}} = \overline{\overline{p_k}} \boldsymbol{\delta} - \overline{\overline{\boldsymbol{\tau}_k}} \qquad (3-33)$$

得到平均的相 k 的质量、动量和能量方程如下:

$$\frac{\partial}{\partial t}(\alpha_k \overline{\overline{\rho_k}}) + \nabla \cdot (\alpha_k \overline{\overline{\rho_k}} \hat{\boldsymbol{v}}_k) = \Gamma_k \qquad (3-34)$$

$$\frac{\partial}{\partial t}(\alpha_k \overline{\overline{\rho_k}} \hat{\boldsymbol{v}}_k) + \nabla \cdot (\alpha_k \overline{\overline{\rho_k}} \hat{\boldsymbol{v}}_k \hat{\boldsymbol{v}}_k) + \nabla (\alpha_k \overline{\overline{p_k}}) +$$

$$\nabla \cdot (\boldsymbol{P}_k^f - \alpha_k \overline{\overline{\boldsymbol{\tau}_k}}) - \alpha_k \overline{\overline{\rho_k}} \hat{\boldsymbol{b}}_k = M_k \qquad (3-35)$$

$$\frac{\partial}{\partial t}(\alpha_k \overline{\overline{\rho_k}} \hat{e}_k) + \nabla \cdot (\alpha_k \overline{\overline{\rho_k}} \hat{\boldsymbol{v}}_k \hat{e}_k) + \nabla \cdot (\alpha_k \overline{\overline{\boldsymbol{q}_k}} + \boldsymbol{q}_k^f) - \alpha_k \overline{\overline{\rho_k}} \hat{\bar{q}}_k = E_k$$

$$(3-36)$$

对于盐析两相流动,液相和盐析晶体相的密度在流动过程中可以近似认为是常数,这样式(3-35)和式(3-36)中的 $\boldsymbol{P}_k^f$ 和 $\boldsymbol{q}_k^f$ 可以分别表示为

$$\boldsymbol{P}_k^f \equiv \overline{\alpha_k \rho_k \boldsymbol{v}'_k \boldsymbol{v}'_k} \approx \alpha_k \rho_k \overline{\boldsymbol{v}'_k \boldsymbol{v}'_k} \qquad (3-37)$$

$$\boldsymbol{q}_k^f \equiv \overline{\alpha_k \rho_k \left(e_k + \frac{1}{2} v_k^2\right)' \boldsymbol{v}'_k} - \alpha_k \overline{\rho_k \boldsymbol{v}'_k \boldsymbol{v}'_k} \cdot \hat{\boldsymbol{v}}_k + \alpha_k \overline{\boldsymbol{P}_k \cdot \boldsymbol{v}'_k}$$

$$\approx \frac{1}{2} \alpha_k \rho_k \overline{{v'_k}^2 \boldsymbol{v}'_k} + \alpha_k \rho_k \overline{e'_k \boldsymbol{v}'_k} + \alpha_k \overline{\boldsymbol{P}_k \cdot \boldsymbol{v}'_k} \qquad (3-38)$$

三、相间交换率表达式及物理意义

将表 3-2 中各参数的表达式代入式(3-27),得到 Γ_k, M_k 和 E_k 的表达式如下:

$$\Gamma_k = -\frac{1}{V} \iint_{A_i} \dot{m}_k \mathrm{d}A_i \qquad (3-39)$$

$$M_k = -\frac{1}{V} \iint_{A_i} (\dot{m}_k \boldsymbol{v}_{ki} + \boldsymbol{n}_k \cdot \boldsymbol{P}_{ki}) \mathrm{d}A_i \qquad (3\text{-}40)$$

$$E_k = -\frac{1}{V} \iint_{A_i} (\dot{m}_k e_{ki} + \boldsymbol{n}_k \cdot \boldsymbol{q}_{ki}) \mathrm{d}A_i \qquad (3\text{-}41)$$

由式(3-9)可以推出

$$\dot{m}_k \boldsymbol{v}_{ki} = \dot{m}_k \boldsymbol{v}_i + \boldsymbol{n}_k \frac{\dot{m}_k^2}{\rho_{ki}} \qquad (3\text{-}42)$$

通过试验研究可知,在伴有盐析的液固两相流动中,相变过程较为缓慢,相 k 进入相界面的质量通量 $\dot{m}_k$ 与界面速度和界面附近的密度的乘积相比非常小,因此方程(3-42)右边第二项可以略去,则

$$\dot{m}_k \boldsymbol{v}_{ki} \approx \dot{m}_k \boldsymbol{v}_i \qquad (3\text{-}43)$$

同时又由于

$$\boldsymbol{P}_{ki} = \overline{\overline{\boldsymbol{P}_{ki}}} + \boldsymbol{P}'_{ki} = \overline{\overline{p_{ki}\boldsymbol{\delta}}} - \overline{\overline{\boldsymbol{\tau}}}_{ki} + \boldsymbol{P}'_{ki} \qquad (3\text{-}44)$$

将式(3-43)、式(3-44)代入式(3-40),可得

$$M_k \approx -\frac{1}{V} \iint_{A_i} \left[\dot{m}_k (\overline{\overline{\boldsymbol{v}_i}} + \boldsymbol{v}'_i) + \boldsymbol{n}_k \cdot (\overline{\overline{p_{ki}\boldsymbol{\delta}}} - \overline{\overline{\boldsymbol{\tau}}}_{ki} + \boldsymbol{P}'_{ki}) \right] \mathrm{d}A_i$$

$$(3\text{-}45)$$

利用积分中值定理,得到

$$M_k \approx \overline{\overline{\boldsymbol{v}_i}} \Gamma_k + \overline{\overline{p_{ki}}} \nabla \alpha_k + \left[-(\nabla \alpha_k) \overline{\overline{\boldsymbol{\tau}}}_{ki} - \frac{1}{V} \iint_{A_i} (\boldsymbol{n}_k \cdot \boldsymbol{P}'_{ki} + \dot{m}_k \boldsymbol{v}'_k) \mathrm{d}A_i \right]$$

$$(3\text{-}46)$$

由式(3-46)可知,相间动量交换率由三部分组成:

① 液相、晶体颗粒相间伴随质量交换而产生的动量交换。

② 体积分数不均匀而产生的相间动量交换。

③ 由于液相、颗粒相间存在相对作用而产生的广义相间阻力项 F_k。定义 F_k 为

$$F_k \equiv -(\nabla \alpha_k) \overline{\overline{\boldsymbol{\tau}}}_{ki} - \frac{1}{V} \iint_{A_i} (\boldsymbol{n}_k \cdot \boldsymbol{P}'_{ki} + \dot{m}_k \boldsymbol{v}'_k) \mathrm{d}A \qquad (3\text{-}47)$$

对式(3-41)能量交换率的变换,可结合式(3-39)、式(3-22)及

积分中值定理,得到

$$E_k = \overline{\overline{e_{ki}}}\Gamma_k + \overline{\overline{\boldsymbol{q}_k}} \cdot \nabla \alpha_k \approx \hat{e}_k \Gamma_k + \overline{\overline{\boldsymbol{q}_k}} \cdot \nabla \alpha_k \qquad (3\text{-}48)$$

将上述 M_k 和 E_k 的表达式代入式(3-34)~式(3-36),去掉各种平均符号后,可得到完整的盐析两相湍流流动基本方程组:

$$\frac{\partial}{\partial t}(\alpha_k \rho_k) + \nabla \cdot (\alpha_k \rho_k \boldsymbol{v}_k) = \Gamma_k \qquad (3\text{-}49)$$

$$\frac{\partial}{\partial t}(\alpha_k \rho_k \boldsymbol{v}_k) + \nabla \cdot (\alpha_k \rho_k \boldsymbol{v}_k \boldsymbol{v}_k) =$$

$$-\alpha_k \nabla p_k - \nabla \cdot (\boldsymbol{P}_k^f - \alpha_k \boldsymbol{\tau}_k) + \alpha_k \rho_k \boldsymbol{b}_k + \boldsymbol{v}_p \Gamma_k + F_k \qquad (3\text{-}50)$$

$$\frac{\partial}{\partial t}(\alpha_k \rho_k e_k) + \nabla \cdot (\alpha_k \rho_k \boldsymbol{v}_k e_k) = -\alpha_k (\nabla \cdot \boldsymbol{q}_k) - \nabla \cdot \boldsymbol{q}_k^f +$$

$$\alpha_k \rho_k \tilde{q}_k + e_k \Gamma_k \qquad (3\text{-}51)$$

四、本构关系的建立

根据盐析两相流动的实际情况,建立液相与盐析晶体颗粒相间的质量交换率 Γ_k、动量交换率 M_k、能量交换率 E_k 及其他本构关系式。

1. 相间质量交换率 Γ_k

假设盐析晶体颗粒为理想球形,液相和颗粒相之间的质量传递 Γ_p 可表示为

$$\Gamma_p = n_p 4\pi r^2 m_p \qquad (3\text{-}52)$$

式中,n_p 为溶液中的盐析晶体颗粒数。同样,相间质量交换率也可以通过颗粒相的体积变化来计算:

$$\Gamma_p = \frac{\mathrm{d}\alpha_p}{\mathrm{d}t}\rho_p \qquad (3\text{-}53)$$

颗粒相向液相的质量传递 Γ_l 与 Γ_p 之和应为 0。

2. 相间动量交换率 M_k

相间动量交换率 M_k 由于其表达式中的第二项已并入动量守恒方程中的第一项,现仅剩下第一项 $\boldsymbol{v}_p \Gamma_k$ 与第三项 F_k。在相间质量交换率确定下来后,第一项也就随之确定,第三项需具体分析液相与颗粒相之间的相互作用才能给定。液相与颗粒相之间的相互

作用为

$$F_{pl} = \frac{\rho_p}{\tau_p}(\boldsymbol{v}_p - \boldsymbol{v}_1) \tag{3-54}$$

式中,τ_p 为颗粒平均弛豫时间,可通过下式计算:

$$\tau_p = \frac{d^2 \rho_p}{18\mu}\left(1 + \frac{1}{6}Re_p^{\frac{2}{3}}\right)^{-1} \tag{3-55}$$

式中,d 为颗粒粒径;Re_p 为颗粒雷诺数。

3. 相间能量交换率 E_k

E_k 中的 $\boldsymbol{q}_k \cdot \nabla \alpha_k$ 项已并入其他项,现对第一项 $u_k \Gamma_k$ 进行讨论。在相变过程中,$u_k \Gamma_k$ 为随着相间质量传递而产生的能量交换,其中包括两种能量转换过程:液相变为颗粒相后,其内能由原来的 e_1 变为颗粒相的 e_p;整个系统的吉布斯自由能的降低,相变质量 Γ_k 以液体状态存在时,本身由于过饱和而具有的化学能 g_1 相变后达到平衡状态时,成为颗粒相所具有的化学能 g_p。由此可以看出,盐析两相流动方程组中的能量方程应以两相能量方程叠加,形成统一的能量方程(3-56)才能描述出这种系统自由能的降低。

$$\frac{\partial}{\partial t}\big[(\alpha_1\rho_1 c_{pl} + \alpha_p\rho_p c_{pp})T\big] + \nabla \cdot \big[(\alpha_1\rho_1\boldsymbol{v}_1 c_{pl} + \alpha_p\rho_p\boldsymbol{v}_p c_{pp})T\big] =$$
$$-\sum_k \alpha_k(\nabla \cdot \boldsymbol{q}_k) - \sum_k \nabla \cdot \boldsymbol{q}_k^t + \alpha_k\rho_k\tilde{q}_k + \Gamma_p\big[\Delta h + (c_{pp} - c_{pl})T\big]$$

$$\tag{3-56}$$

4. 其他本构关系

(1)应力本构关系

采用 Stokes 假设:

$$\boldsymbol{\tau}_k = \mu_k\big[\nabla\boldsymbol{v}_k + (\nabla\boldsymbol{v}_k)^T\big] - \frac{2}{3}(\nabla \cdot \boldsymbol{v}_k)\boldsymbol{\delta} \tag{3-57}$$

对于不可压缩流体有

$$\boldsymbol{\tau}_k = \mu_k\big[\nabla\boldsymbol{v}_k + (\nabla\boldsymbol{v}_k)^T\big] \tag{3-58}$$

(2)热力学本构关系

采用 Fourier 热传导定律:

$$\boldsymbol{q}_k = -\lambda_k\nabla T \tag{3-59}$$

根据式(3-49)~式(3-51)及以上各种本构关系,可列出液相、颗粒相的湍流流动的质量方程、动量方程及总的能量方程。

质量方程:

$$\frac{\partial}{\partial t}(\alpha_1 \rho_1) + \nabla \cdot (\alpha_1 \rho_1 \boldsymbol{v}_1) = -\Gamma_p (\text{液相}) \qquad (3-60)$$

$$\frac{\partial}{\partial t}(\alpha_p \rho_p) + \nabla \cdot (\alpha_p \rho_p \boldsymbol{v}_p) = \Gamma_p (\text{颗粒相}) \qquad (3-61)$$

动量方程:

$$\frac{\partial}{\partial t}(\alpha_1 \rho_1 \boldsymbol{v}_1) + \nabla \cdot (\alpha_1 \rho_1 \boldsymbol{v}_1 \boldsymbol{v}_1) =$$

$$-\alpha_1 \nabla p_1 + \nabla \cdot (\alpha_1 \boldsymbol{\tau}_1) + \alpha_1 \rho_1 \boldsymbol{b}_1 - \boldsymbol{v}_p \Gamma_p + F_{pl} - \nabla \cdot \boldsymbol{P}_1^f (\text{液相})$$

$$(3-62)$$

$$\frac{\partial}{\partial t}(\alpha_p \rho_p \boldsymbol{v}_p) + \nabla \cdot (\alpha_p \rho_p \boldsymbol{v}_p \boldsymbol{v}_p) = -\alpha_p \nabla p_p + \nabla \cdot (\alpha_p \boldsymbol{\tau}_p) +$$

$$\alpha_p \rho_p \boldsymbol{b}_p + \boldsymbol{v}_p \Gamma_p + F_{lp} - \nabla \cdot \boldsymbol{P}_p^f (\text{颗粒相}) \qquad (3-63)$$

能量方程:

$$\frac{\partial [(\alpha_1 \rho_1 c_{p1} + \alpha_p \rho_p c_{pp}) T]}{\partial t} + \nabla \cdot [(\alpha_1 \rho_1 \boldsymbol{v}_1 c_{p1} + \alpha_p \rho_p \boldsymbol{v}_p c_{pp}) T] =$$

$$[\alpha_1 \nabla \cdot (\lambda_1 \nabla T) + \alpha_p \nabla \cdot (\lambda_p \nabla T)] + \Gamma_p [\Delta h + (c_{pp} - c_{p1}) T] -$$

$$(\nabla \cdot \boldsymbol{Q}_1^f + \nabla \cdot \boldsymbol{Q}_p^f) + \alpha_1 \rho_1 \tilde{q}_1 + \alpha_p \rho_p \tilde{q}_p \qquad (3-64)$$

五、湍流模型

上述方程组中,还有四个湍流脉动关联项,本书采用 $k - \varepsilon - k_p$ 湍流模型加以封闭。

1. 液相的模拟

液相的湍流方程组中存在表征湍流脉动的关联项。

对湍流应力项采用 Boussinesq 假设:

$$\boldsymbol{P}_1^f = -\rho \overline{v_{1i}' v_{1j}'} = \mu_t [\nabla \boldsymbol{v}_1 + (\nabla \boldsymbol{v}_1)^T] - \frac{2}{3} \rho_1 k \boldsymbol{\delta} \qquad (3-65)$$

式中,μ_t 为液相湍流黏性系数,由下式计算:

$$\mu_t = \rho_1 v_t \qquad (3-66)$$

其中 υ_{t} 是涡黏性系数,定义为

$$\upsilon_{\mathrm{t}} = C_{\mu} \frac{k^2}{\varepsilon} \qquad (3\text{-}67)$$

式中,k 为单位质量流体湍流脉动动能;ε 为湍流耗散率。补充的 k,ε 的两方程为

$$\frac{\partial k}{\partial t} + v_{\mathrm{l}j} \frac{\partial k}{\partial x_j} = \frac{\partial}{\partial x_j} \left(\frac{\upsilon_{\mathrm{t}}}{\sigma_k} \frac{\partial k}{\partial x_j} \right) + \upsilon_{\mathrm{t}} \left(\frac{\partial v_{\mathrm{l}i}}{\partial x_j} + \frac{\partial v_{\mathrm{l}j}}{\partial x_i} \right) \frac{\partial v_{\mathrm{l}i}}{\partial x_j} + \varepsilon \qquad (3\text{-}68)$$

$$\frac{\partial \varepsilon}{\partial t} + v_{\mathrm{l}j} \frac{\partial \varepsilon}{\partial x_j} = \frac{\partial}{\partial x_j} \left(\frac{\upsilon_{\mathrm{t}}}{\sigma_{\varepsilon}} \frac{\partial \varepsilon}{\partial x_j} \right) + \left(C_{1\varepsilon} \frac{\pi}{\varepsilon} - C_{2\varepsilon} \right) \frac{\varepsilon}{k^2} \qquad (3\text{-}69)$$

对内能脉动与速度脉动的关联项 $-\rho_1 \overline{e_1' \, v_{\mathrm{l}j}'}$ 采用梯度模拟,由

$$\boldsymbol{q}_1^f = -\rho_1 \overline{e_1' \, v_{\mathrm{l}j}'} = -\rho_1 \overline{c_{\mathrm{pl}} T_1' \, v_{\mathrm{l}j}'} = -\rho_1 c_{\mathrm{pl}} \overline{T_1' \, v_{\mathrm{l}j}'} \qquad (3\text{-}70)$$

则

$$-\overline{T_1' \, v_{\mathrm{l}j}'} = \frac{k_{\mathrm{T}}}{\rho_1 c_{\mathrm{pl}}} \frac{\partial T}{\partial x_j} = \frac{\upsilon_{\mathrm{t}}}{\sigma_{\mathrm{T}}} \frac{\partial T}{\partial x_i} \qquad (3\text{-}71)$$

式中, α_{T} 为湍流 Prandtl 数,$\alpha_{\mathrm{T}} = \dfrac{k_{\mathrm{T}}}{\rho_1 c_{\mathrm{pl}}} = \dfrac{\upsilon_{\mathrm{t}}}{\sigma_{\mathrm{T}}}$,取 $\alpha_{\mathrm{T}} = 0.7$。

2. 颗粒相的模拟

对颗粒相方程组中有关湍流脉动的关联项采用梯度模拟。

颗粒相的雷诺应力项

$$\boldsymbol{P}_{\mathrm{p}}^f = -\rho \overline{v_{\mathrm{p}i}' \, v_{\mathrm{p}j}'} = \mu_{\mathrm{p}} \left[\nabla \boldsymbol{v}_{\mathrm{p}} + (\nabla \boldsymbol{v}_{\mathrm{p}})^{\mathrm{T}} \right] - \frac{2}{3} \rho_{\mathrm{p}} k_{\mathrm{p}} \boldsymbol{\delta} \qquad (3\text{-}72)$$

式中,μ_{p} 为颗粒相湍流黏性系数,由下式计算:

$$\mu_{\mathrm{p}} = \rho_{\mathrm{p}} \upsilon_{\mathrm{p}} \qquad (3\text{-}73)$$

其中 υ_{p} 为颗粒相涡黏性系数,定义为

$$\upsilon_{\mathrm{p}} = C_{\mu\mathrm{p}} \frac{k_{\mathrm{p}}^2}{\varepsilon_{\mathrm{p}}} \qquad (3\text{-}74)$$

式中,k_{p} 是颗粒相湍流脉动动能,其方程为

$$\frac{\partial k_{\mathrm{p}}}{\partial t} + v_{\mathrm{p}j} \frac{\partial k_{\mathrm{p}}}{\partial x_j} = \frac{\partial}{\partial x_j} \left(\frac{\upsilon_{\mathrm{p}}}{\sigma_{\mathrm{p}}} \frac{\partial k_{\mathrm{p}}}{\partial x_j} \right) + \upsilon_{\mathrm{p}} \left(\frac{\partial v_{\mathrm{p}i}}{\partial x_j} + \frac{\partial v_{\mathrm{p}j}}{\partial x_i} \right) \frac{\partial v_{\mathrm{p}i}}{\partial x_j} + \varepsilon_{\mathrm{p}} \qquad (3\text{-}75)$$

$$\varepsilon_{\mathrm{p}} = v_{\mathrm{p}i} \frac{v_{\mathrm{l}i} - v_{\mathrm{p}i}}{\tau_{\mathrm{p}}} \qquad (3\text{-}76)$$

内能（温度）脉动与速度脉动的关联项

$$- \overline{T'_p \, v'_{pj}} = \frac{\upsilon_{pt}}{\sigma_{pT}} \frac{\partial T_p}{\partial x_j} = \alpha_{pT} \frac{\partial T_p}{\partial x_j} \tag{3-77}$$

第五节　叶轮机械中的盐析两相流方程

　　第四节建立了绝对静止坐标系下的盐析两相流方程。当研究叶轮机械内伴有盐析的液固两相流动时，必须将坐标系固结在叶轮机械旋转轴上，从而使问题的求解较为方便。因此，需要建立叶轮机械中的盐析两相流方程组。

　　与一般的盐析两相流动相比，叶轮机械内的流动主要是受因叶轮旋转而产生的离心力和科氏力 F_c 等惯性力的影响。因此，只需在瞬时的动量守恒方程（3-50）中计入两种惯性力的作用即可。两相的控制方程可表示为

$$\frac{\partial}{\partial t}(\alpha_k \rho_k \boldsymbol{v}_k) + \nabla \cdot (\alpha_k \rho_k \boldsymbol{v}_k \boldsymbol{v}_k) = - \alpha_k \nabla p_k - \nabla \cdot (\boldsymbol{P}_k^f - \alpha_k \boldsymbol{\tau}_k) +$$

$$\alpha_k \rho_k \boldsymbol{b}_k + \boldsymbol{v}_p \Gamma_k + F_k + F_c \tag{3-78}$$

式中，p_k 为包括离心力的总压力，$p_k = p_k^* + \dfrac{1}{2}(\omega r)^2$，其中 p_k^* 为静压，ω 为叶轮旋转的角速度，r 为到旋转轴的垂直距离。

　　式（3-78）结合第四节建立的质量方程与能量方程就构成了叶轮机械中的盐析两相流方程，并采用相同的本构关系及湍流模型进行封闭。

第六节　颗粒动力学行为描述

一、粒数衡算模型

盐析两相流系统中，特别是叶轮机械内部流场中，液相和晶体

颗粒相的相互作用异常复杂,颗粒相出现成核、长大、聚并、破碎等多种行为,而且该系统通常呈现各向异性,特别是颗粒相的分布,具有多分散性的特点。在双流体模型中,常采用单一均值粒径计算相间阻力,而实际过程中晶体颗粒粒径存在分布,且分布受微观行为影响。为提高双流体模型的精度,必须考虑颗粒相的分布特征及微观行为,并利用它们确定相间作用。要描述这些行为及粒径分布,需要引入粒数衡算模型(Population Balance Model,PBM)。该模型主要是通过跟踪颗粒的数量,将颗粒的微观行为和宏观属性(粒径、表面积等)联系起来,这就使得它成为研究离散相系统及其与液相关系的有效工具。

1. 粒数衡算方程

在给出方程之前,首先定义实体(晶体颗粒)的数密度函数 n。数密度函数是描述实体在时间、位置和属性空间上的分布,对于给定的属性坐标 $\xi = (\xi_1, \cdots, \xi_i, \cdots, \xi_N)$,$\xi_i$ 为实体的内部属性(特征长度、特征体积、特征表面积等),数密度函数可表示为

$$n(\xi_1, \cdots, \xi_N; x, t)\,d\xi_1, \cdots, d\xi_N = n(\xi; x, t)\,d\xi \qquad (3\text{-}79)$$

式(3-79)就表示在位置 x 处,t 时刻,属性在 ξ 和 $\xi + d\xi$ 之间的实体的数目。对于盐析晶体颗粒,若考察的内部属性为颗粒体积 V,则关于数密度函数 n 的连续形式的粒数衡算方程为

$$\frac{\partial}{\partial t}\big[\,n(V, t)\,\big] + \nabla \cdot \big[\,\boldsymbol{v}_{\mathrm{p}} n(V, t)\,\big] = S(V, t) \qquad (3\text{-}80)$$

其中,$S(V, t)$ 为微观过程源项。如果微观过程仅考虑聚并和破碎等二次过程,则源项可以表示为

$$S(V, t) = B^{\mathrm{A}}(V, t) - D^{\mathrm{A}}(V, t) + B^{\mathrm{B}}(V, t) - D^{\mathrm{B}}(V, t) \qquad (3\text{-}81)$$

其中,$B^{\mathrm{A}}(V, t)$,$D^{\mathrm{A}}(V, t)$ 分别为因聚并导致的晶体颗粒生成率和消亡率,反映了聚并的微观模型;$B^{\mathrm{B}}(V, t)$,$D^{\mathrm{B}}(V, t)$ 分别为因破碎导致的晶体颗粒生成率和消亡率,反映了破碎的微观模型。具体形式如下:

$$B^{\mathrm{A}}(V, t) = \frac{1}{2}\int_0^V \beta(V - V', V')\,n(V - V', t)\,n(V', t)\,dV'$$

$$(3\text{-}82)$$

$$D^{\mathrm{A}}(V,t) = \int_0^\infty \beta(V,V')n(V,t)n(V',t)\,\mathrm{d}V' \qquad (3\text{-}83)$$

$$B^{\mathrm{B}}(V,t) = \int_V^\infty g(V')b(V|V')n(V',t)\,\mathrm{d}V' \qquad (3\text{-}84)$$

$$D^{\mathrm{B}}(V,t) = g(V)n(V,t) \qquad (3\text{-}85)$$

式中,$\beta(V,V')$为体积为 V 的晶体颗粒与体积为 V' 的晶体颗粒的聚并率,其值等于颗粒的聚合效率 φ 和碰撞频率 β_{col} 之积,即

$$\beta = \varphi\beta_{\mathrm{col}} \qquad (3\text{-}86)$$

φ 和 β_{col} 这两个量由环境流体特性及晶体颗粒的本身属性决定,目前人们对剪切流中的颗粒碰撞频率 β_{col} 的研究已经成熟,但由于各种实际过程的复杂多样性,对聚合效率 φ 尚未充分认识。

$g(V')$ 为破碎率,对于盐析晶体颗粒,其主要由环境的热应力及其物理属性决定;$b(V|V')$ 则是体积为 V' 的颗粒破碎后生成体积为 V 的晶体颗粒的概率。目前比较常用的破碎模型有 Coulaloglou – Tavlarides 模型、Martínez – Bazán 模型和 Sathyagal – Ramkrishna 模型。根据不同的研究背景,这些模型给出了 $g(V')$ 和 $b(V|V')$ 的计算方法。

将式(3-82)~式(3-85)代入方程(3-80)后就得到考虑晶体颗粒聚并和破碎等二次过程的粒数衡算方程完整形式,再与盐析两相流动方程组耦合求解,使颗粒相的微观行为与它们的宏观表征联系起来,可较真实地反映盐析两相的流动细节及盐析后晶体颗粒的粒径分布。

2. 粒数衡算方程的求解

粒数衡算方程是关于数密度函数的连续形式,呈现内部属性坐标和外部空间、时间坐标的双重特性,通常含有微分、单重或多重积分项,形式相当复杂,目前还得不到一般意义上的分析解,数值方法是求解该方程的主要手段。

(1)分组法(Classes Method,CM)

分组法应用较多,该方法是对内部属性进行分组,得到一组离散后的粒数衡算方程。目前应用最广泛的分组法是 Kumar 和

Ramkrishna 提出的结合动网格及其特征值的支点技术。此方法与流场计算软件 Fluent 耦合，以体积作为内部属性，将方程（3-80）变换成用第 i 组尺寸的颗粒的体积分数 α_i 来表示的形式，即

$$\frac{\partial}{\partial t}(\rho_p \alpha_i) + \nabla \cdot (\rho_p \boldsymbol{v}_p \alpha_i) = \rho_p V_i S_i \qquad (3\text{-}87)$$

其中

$$\alpha_i = V_i \int_{V_i}^{V_{i+1}} n(V,t)\,\mathrm{d}V, \quad \sum_i \alpha_i = \alpha_p \qquad (3\text{-}88)$$

但是，当分组法应用到工程实际中时，由于属性的间隔较大，从而得到许多组偏微分方程，导致计算量急剧增加。

（2）有限元法（Finite Element Method，FEM）

有限元法的关键是一系列多项式的系数确定。为了求解多项式系数，必须将多项式插入粒数衡算方程中，而由于基函数、节点、时间步进格式的选择不同，得到的方法就存在差异。例如，Sabelfeld 基于离散的 Galerkin h－p 方法的思想，Nicmanis 等提出的计算粒数衡算模型稳定状态的算法等。

有限元法的准确性高于分组法，但应用相对较少。虽然在有限元基础上发展起来的无网格粒子法可能为方程求解提供新的空间，但离工程应用仍有很大的差距。

（3）矩积分法（Quadrature Method of Moments，QMOM）

分组法和有限元法都是直接跟踪实体的分布函数的变化，计算资源消耗较大，而矩积分法通过对矩阵的跟踪避免了这种消耗，所以这种方法计算量小，可用于复杂的几何系统的计算，但需要对实体的分布引入假设以使其封闭。对属性分布引入高斯积分，形成了矩积分法（QMOM）；在该方法的基础上又形成了矩直接积分法（DQMOM），该方法计算量较小，可导出关于特征粒径的传输方程，并将特征长度值直接返回至双流体模型中，和双流体模型的耦合可以考虑粒径不同引起的速度差异。QMOM 适合离散相颗粒间速度滑移较小的系统，而 DQMOM 更适合颗粒间速度滑移较大的系统。

若与 CFD 耦合求解,需将方程(3-80)变换成用 j 阶矩阵 $m_j(x,t)$ 表示的形式,即

$$\frac{\partial}{\partial t}(\rho_{\mathrm{p}} m_j) + \nabla \cdot (\rho_{\mathrm{p}} \boldsymbol{v}_{\mathrm{p}} m_j) = \rho_{\mathrm{p}} S_j \tag{3-89}$$

其中

$$m_j(x,t) = \int_0^\infty n(V,x,t)\mathrm{d}V \tag{3-90}$$

这种方法容易和 CFD 耦合,但颗粒的分布会丢失,而分布的重建需要引入假设,同时由于跟踪的矩阵较多,会出现负特征长度的问题。

（4）Monte Carlo(MC)法

MC 法是利用粒数衡算方程解与无限随机抽样解的等价性,通过随机抽样得到方程的近似解。Ramkrishna 等首先运用该方法求解粒数衡算模型,随后多种不同的 MC 法相继出现,如 Smith 等提出的能够描述多种微观行为的常数 MC 法,Stabelfeld 等提出的一种权值 MC 法等。

MC 法易实施,且容易向多变量扩展,但要模拟一个真实的系统,需要跟踪大量的粒子,对计算机要求非常高,完全将 MC 法和 CFD 耦合目前难以实施。

综上所述,矩积分法最适合与 CFD 耦合求解,因此其在伴有微观行为的两相流场计算领域具有广阔的应用前景。

3. PBM 与 CFD 的耦合方法

PBM 与 CFD 最初的耦合方式为单向耦合,即只考虑流场计算的结果对颗粒分布的影响,而忽略颗粒分布及行为对流场的反作用,这种耦合方式较简单。如有学者就采用这种方法将 CFD 计算的湍流耗散导入 PBM 中,研究搅拌槽内的两相流动,但由于槽内湍流耗散分布极为不均,计算误差较大;继而将搅拌槽内部分为四个区域分别计算,再将速度场信息导入 PBM 中。这种耦合方式简化后的模型显然不能满足应用要求,因此双向耦合近年来得到充分发展。如有学者将气泡分为多组离散的尺寸组,运用多尺寸组模

型将 PBM 与 CFX 耦合求解,所有组的气泡共用由 Sauter 粒径计算获得的同一速度场;也有学者用 CM 和 QMOM 法将 PBM 与 Fluent 中的 Eulerian 多流体模型耦合求解,寻找该情况下 PBE 的多种处理策略。

现在 PBM – CFD 模型在多相系统的研究中被广泛应用,但所有的文献都采用一共同耦合方法:PBM 通过 Sauter 平均粒径与流动方程耦合后计算颗粒的粒径分布。具体思路为:建立的两相流方程中的雷诺应力项和相间作用力项与颗粒粒径的分布及引起分布变化的微观行为密切相关,颗粒分布及其微观行为通过局部网格的 Sauter 平均粒径反映到雷诺应力项和相间作用力项中,进而描述它们对流动特性的影响。这里 Sauter 平均粒径的定义为

$$D_{32} = \frac{\sum N_i d_i^3}{\sum N_i d_i^2}, 或 D_{32} = \frac{m_3}{m_2} \tag{3-91}$$

其中,N_i 为第 i 组尺寸粒径所有的颗粒总数。

以苏军伟等采用的定点矩方法求解 PBE,再与 CFD 耦合计算为例,说明 PBM 与 CFD 模拟耦合的实施步骤。

① 根据系统的初始分布,求解初始分布矩,同时确定分布的权值,确定初始平均粒径的空间分布。

② 根据初始粒径分布,初始化双流体方程中的局部网格粒径,并求解两相流方程中的质量方程、动量方程及能量方程。

③ 根据求得的流场,计算 PBE 中的微观行为等,并确定下一时刻的矩分布。

④ 根据确定的矩,确定粒径分布。然后转至第二步,直到模拟时间结束。

4. 盐析两相流中的 PBM

从上述对 PBM 及 PBM – CFD 耦合的分析并结合盐析两相流的特征可知,PBM 完全可以通过恰当的处理策略、合理的耦合方法与流场计算程序(Fluent,CFX 等)联立求解,使得原有的两相流模型计算更准确、更切合实际,将其应用于盐析两相流场的模拟中,

可描述盐析晶体颗粒的多种微观行为及其在流场中的粒径分布情况。因此，PBM - CFD 模型可成为研究伴有盐析的液固两相(多相)流动的又一可行、可靠、有效的数值计算工具。

但现阶段，PBM 应用于盐析流动的研究仍有较大的难度，具体体现在以下几个方面：

（1）PBM 的建立

PBM 应用于液固系统时，模型的验证一般是针对特定的试验及操作条件而提出的，其通用性受到限制，而且也较少涉及对化学反应影响的研究。PBM 应用于盐析两相系统时，由于系统的温度、浓度、介质特性、流动条件等因素都会变化，又时常伴有化学反应发生，因此加大了 PBM 在盐析两相流中的应用难度。此外，模型的验证也需要大量可靠的试验数据。

（2）PBE 中源项的处理

PBE 中的源项应真实地反映盐析晶体颗粒的成核、长大、聚并、破碎等微观行为，然而实际对各种微观行为本构关系的研究较少，且不同的外部环境会导致本构关系的差异，这就使得源项的处理具有较大的不确定性。

（3）PBE 求解方法

目前对 PBE 求解方法的研究尚未成熟，稳定性较差，且计算量较大，很难满足工程实际的应用要求。因此，寻找合适、可靠的求解策略也是一大难题。

（4）PBM - CFD 的耦合

PBE 是关于数密度的连续形式，其中速度项是局部网格内速度的数值平均，而通用的双流体模型中的速度项是质量的平均，为使两者协调，需建立速度项为质量平均的 PBE。另外，Sauter 平均粒径是微观与宏观属性联系较常用的处理方法，是否适用于盐析两相流的研究仍需进一步验证。

二、离散单元法

与粒数衡算模型相比，离散单元法的最大优势在于能够快速获取大量的离散物质信息、颗粒形状信息等，同时可以较好地处理粒子流的热量和能量传递、受力、运动等问题。在离散单元法的应用理论中，主要将研究对象分成大量单元来进行处理，假设各个单元之间彼此独立，且能互相产生影响。在这个假设下，利用牛顿运动定律，对研究对象采用动态或者静态松弛法加以运算，进而算出时间步长内各个单元受力的结果，并实时报告其所处的位置。

离散单元法的基本假设是：选取的时间步长很小，小到所有独立分散的时间步长只能和特定的单元发生作用，其余单元无法对这一步长产生干扰；同时，在任何时间步长内，单元的运动速度、加速度都保持不变。上述所提及的假设条件也是离散单元法得以有效运用的基础。由此得到以下结论：不论是哪个时间点，单元的作用力仅仅和其本身及接触的其余单元相关。

运用离散单元法涉及两个方面：其一为接触模型，即力－位移关系；其二是牛顿第二定律。在计算单元接触力时，往往会用到接触模型，而牛顿第二定律主要用来计算单元的速度、位移等。但是，因为离散单元法是基于上述所提及的两个方面而形成的，所以其在解决研究对象所使用到的具体方法上，如所使用的计算方法、分析模型等，也会有所差异。

1. 颗粒模型和接触模型

根据接触方式的不同，颗粒模型存在差异，通常分为硬球和软球两类。前者假设颗粒在碰撞过程中不会产生明显的塑性变形，颗粒间的碰撞是瞬时的，主要用来模拟库特流、剪切流中颗粒运动较快的情况。该模型的缺陷在于仅能考虑两个颗粒间的碰撞，不能计算三个及以上颗粒之间的碰撞。后者在颗粒撞击时，可以维持一定时间，也将多个颗粒之间的撞击运动考虑了进去，不仅可以吸纳大量接触模型，而且具有执行时间这一优点，所以运用领域更加广泛。

接触模型是离散单元法应用的基础理论之一，其主要指在静态模式下，各个颗粒之间产生的接触力学弹塑性结果。该模型能够对颗粒承受的作用力大小等进行全面的分析。由于接触模型类型多样，所以在计算接触力时，采用的运算方式也有所差异。一般会使用 Hertz – Mindlin 无滑移接触模型、线性黏附接触模型、运动表面接触模型、线弹性接触模型等。通常，Hertz – Mindlin 无滑移接触模型可以准确算出大颗粒之间运动产生的接触作用力及力矩等。一旦力和力矩被确定，颗粒运动方程就可以被实时地数值求解，并能对所有颗粒的运动速度、作用力等进行计算。Hertz 理论主要用来计算传统弹性力，无法计算细颗粒之间的作用力等。线性黏附接触模型在 Hertz – Mindlin 无滑移接触模型的基础上增加法向结合力，可以用于模型分子间的结合力，比如范德华力。由于盐析晶体颗粒之间通过范德华力实现黏附的微观现象不可以忽略，因此 Hertz – Mindlin 无滑移接触模型结合线性黏附接触模型对于分析晶体颗粒之间的运动特征和接触行为具有一定的优势。

2. 离散单元法与 CFD 耦合模型

（1）两相运动方程

流体连续相的运动规律遵循基本的流体动力学，可应用经典的连续性方程和动量方程（Navier – Stokes 方程）计算液相流场，这里不再详述。

在耦合计算中，颗粒与颗粒、颗粒与壁面及颗粒与流场之间的相互作用力都通过接触模型求解得到。同时，以牛顿第二定律建立每个粒子的运动方程，以此求得粒子的位移和速度。图 3-4 所示为对粒子的受力进行分析，其对应的动量守恒方程和角动量守恒方程为

$$m_i \frac{\mathrm{d}v_i}{\mathrm{d}t} = \sum_{j=1}^{ki} (f_{n,ij} + f_{t,ij}) + f_{\mathrm{fp},i} + m_i g \tag{3-92}$$

$$I_i \frac{\mathrm{d}\omega_i}{\mathrm{d}t} = \sum_{j=1}^{ki} T_{ij} \tag{3-93}$$

式中，m_i 为颗粒 i 的质量，kg；v_i 为颗粒 i 的速度，m/s；g 为重力加速度，m/s^2；$F_{n,ij}$ 为颗粒 i 和颗粒 j 之间的法向接触力，N；$F_{t,ij}$ 为切向接触力，N；I_i 为颗粒 i 的转动惯量，kg·m^2；ω_i 为颗粒 i 的角速度，rad/s；$F_{\mathrm{fp},i}$ 为液相对颗粒 i 的作用力，N；T_{ij} 为扭矩，N·m。

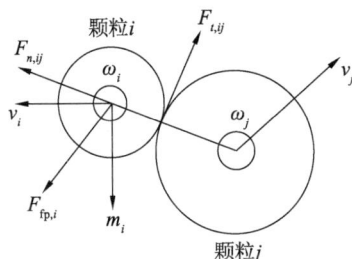

图 3-4　颗粒碰撞受力分析

① 颗粒间的接触力

针对接触力的计算,选用 Hertz – Mindlin 无滑移接触模型。该模型是一种软球模型。在图 3-4 中,两个不同形状的球形颗粒 i 和 j 相互碰撞,此时碰撞的受力方程为

$$F_{constant} = F_n + F_t \qquad (3-94)$$

其中,F_n 为法向接触力。该模型中采用弹簧和阻尼器相互作用替代软球模型,如图 3-5 所示,弹簧表示材料在法向的刚度,该刚度为杨氏模量,而阻尼器则是法向的恢复。法向接触力 F_n 的方程为

$$F_n = -K_n d_n - N_n v_n \qquad (3-95)$$

式中,弹簧代表的法向刚度为 $K_n = \dfrac{4}{3} E_m \sqrt{d_n r_{ce}}$,而阻尼器代表的法向阻尼为 $N_n = \sqrt{5 K_n m} N$,其中 E_m 为等效杨式模量,r_{ce} 为等效半径。

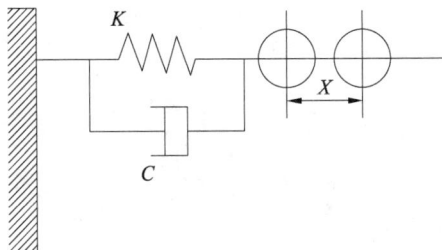

图 3-5　弹簧阻尼振子系统

如图 3-6 所示,切向接触力 F_t 化简为弹簧、阻尼器和滑动器相

互作用来替代,其中弹簧代表材料在切向的刚度(杨氏模量),阻尼器代表切向恢复,滑动器代表摩擦,其切向力定义为

$$\begin{cases} F_t = -K_t d_t - N_t v_t, & |k_t d_t| < |k_t d_t| C \\ F_t = \dfrac{|K_t d_t| C d_t}{|d_t|}, & |k_t d_t| \geqslant |k_t d_t| C \end{cases} \quad (3\text{-}96)$$

式中,切向刚度为 $K_t = 8G_m \sqrt{d_n r_{ce}}$,切向阻尼为 $N_t = \sqrt{5K_t m}N$,其中 G_m 为等效剪切模量。

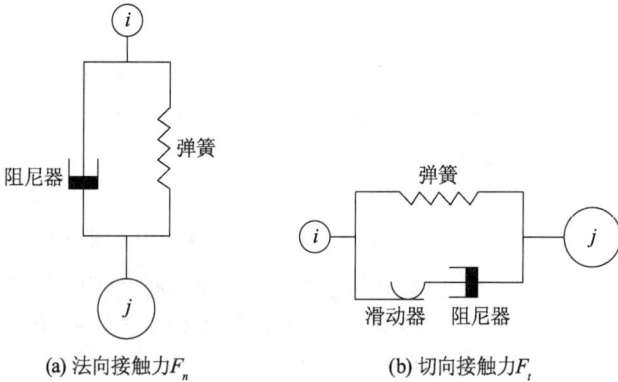

(a) 法向接触力F_n (b) 切向接触力F_t

图 3-6　Hertz – Mindlin 无滑移接触模型

在上述公式中,阻尼系数定义为

$$\begin{cases} N = 1, \ C = 0 \\ N = \dfrac{-\ln C}{\sqrt{\pi^2 + \ln C^2}}, \ C \neq 0 \end{cases} \quad (3\text{-}97)$$

等效半径为

$$r_{ce} = \dfrac{1}{\dfrac{1}{r_i} + \dfrac{1}{r_j}} \quad (3\text{-}98)$$

颗粒等效质量为

$$m = \dfrac{1}{\dfrac{1}{m_i} + \dfrac{1}{m_j}} \quad (3\text{-}99)$$

等效杨氏模量为

$$E_{\mathrm{m}} = \cfrac{1}{\cfrac{1-\mu_i^2}{E_i} + \cfrac{1-\mu_j^2}{E_j}} \qquad (3\text{-}100)$$

式中，E_i 和 E_j 为颗粒的杨氏模量；μ_i 和 μ_j 为颗粒的泊松比；d_n 和 d_t 分别为颗粒在法向和切向接触点的重叠量；v_n 和 v_t 分别为在接触点颗粒表面速度的法向和切向分量。

② 液体的作用力

液体对颗粒的作用力包括曳力、压力梯度力、虚拟质量力、Basset 力、旋升力和剪切升力等。这些力可借鉴普通液固两相流的相间作用力表达式。

（2）相间耦合

液固两相间通过各种形式的交换相互作用，包括质量、动量、能量。根据牛顿第三定律可知，在液相对固相施加力的同时，相应地，固相也会施加力在液相上。因此，有必要采用双向耦合来对两相间的作用力进行描述。在一个时间步长内，在连续相流场由 CFD 求解器计算求解后，DEM 求解器从该瞬态流场内获取数据计算相间作用力，并将此力代入颗粒运动方程，求解离散相的位置、速度等信息；随后估计出计算单元内的孔隙率并连同相间作用力传递回 CFD 求解器。CFD 求解器利用这些数据求解离散相流场，更新流动区域，以此循环进入下一个时间步长。

第四章 输送管内盐析流动

　　盐类溶液输送过程中盐析层增长（即结盐现象）对流程正常运行的影响尤为严重，而盐析层厚度一般难以直接测量。为实现盐析层增长的在线监测，可利用盐析层厚度的传热特性及其对输送设备性能的影响规律，通过盐析过程的基础性试验，建立相应的性能参数与盐析过程的定量关系，从而实现盐析层增长的间接测量与监测。

　　盐析流动主流区呈现异常复杂的多相湍流流动状态，同时伴随着盐析晶体颗粒的成核、生长、聚并、破碎、沉积、溶解等动力学行为。以经典的台阶流动作为基本物理模型，通过 PBM－CFD 耦合计算和内流测量相结合，较为充分地揭示丰富、复杂流动结构下盐析两相动力学特征；同时针对输送流程中常用的矩形、圆形输送管路，通过实际内流测量手段，展示不同外部条件下的盐析流动特性。

第一节　管内盐析层增长

一、盐析层热阻

　　盐类溶液在管路（未保温）沿程因热辐射、空气自然对流造成的热量损失而形成主流与壁面处的温度梯度，温度梯度的存在又导致了溶质因过饱和而析出成为混合盐析晶体。同时，随着盐析层厚度的增加，盐析层热传导热阻将增大，这将会影响到盐析过程的热量传递。因此，盐析层热阻随盐析进程存在一定的变化规律。通过盐析层热阻测量间接获得盐析层厚度变化的前提，是确定盐析层热阻与厚度的定量关联关系,构建盐析层热阻在线测量装置及方法。为此,著者设计了如图 4-1 所示的圆管传热试验段。在测量段中心线上布置两只测温热电阻,测量主流温度;在与主流测温热电阻同一圆周面上布置两只边壁贴片热电阻,测量试验管段外边壁温度。将两组不同圆周轴截面上所测得的数据进行算术平均后的数据作为有效数据。

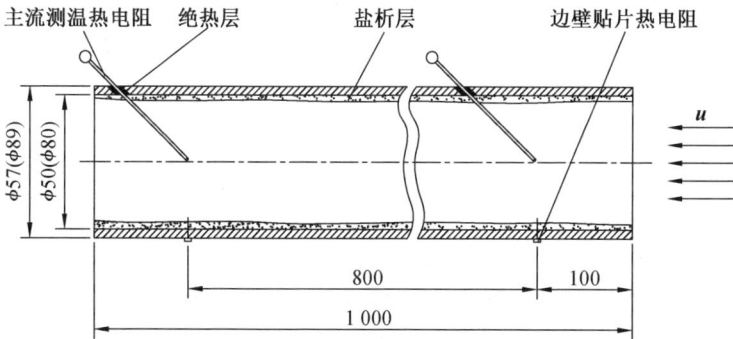

图 4-1 圆管传热试验段

盐析层热阻测量与计算方法如下:

(1)在未发生盐析状态下,由传热试验段外壁面贴片热电阻测得外壁面温度 T_{w2},室内环境温度为 T_e(在一段试验周期内的环境温度取平均值),由式(4-1)、式(4-2)分别求得外壁面因辐射及空气自然对流而产生的热损失 q_1,q_2。

$$q_1 = \varepsilon C_0 \varphi \pi d_2 L \left[\left(\frac{T_{w2}}{100} \right)^4 - \left(\frac{T_e}{100} \right)^4 \right] \tag{4-1}$$

式中,q_1 为辐射产生的热损失,W;ε 为黑度,取 $\varepsilon = 0.8$;C_0 为黑体辐射系数,取 $C_0 = 5.67$ W/($m^2 \cdot K^4$);φ 为角系数,取 $\varphi = 1$;d_2 为试验段圆管外径,m;L 为试验段长度,m。

$$q_2 = h_n \pi d_2 L (T_{w2} - T_e) \tag{4-2}$$

式中,q_2 为空气自然对流产生的热损失,W;h_n 为自然对流传热系数,W/($m^2 \cdot °C$),由定性温度 $T_f = (T_{w2} + T_e)/2$ 下的瑞利数 Ra、空气物性参数及水平圆管的几何外形确定。

（2）测量未结盐状态下的主流温度 T_b 和外壁面温度 T_{w2}，由式（4-3）列出主流至外壁面的总散热速率 q（由于钢管壁的热导率非常大，如 60 ℃ 时约为 50 W/（m·℃），故不计入管壁的热传导热阻）。

$$q = \frac{T_b - T_{w2}}{\dfrac{1}{\pi d_1 L h}} \tag{4-3}$$

式中，q 为总散热速率，W；d_1 为试验段圆管内径，m；h 为盐析过程的对流传热系数，W/（m²·℃）。

由于总散热速率等于全部的热损失，故

$$q = q_1 + q_2 \tag{4-4}$$

由式（4-1）、式（4-2）、式（4-3）可求得盐析过程的对流传热热阻及系数 h。

（3）在盐析状态下，同样测得主流温度 T_b、试验段外管壁温度 T_{w2} 及环境温度 T_e，此时总散热速率为

$$q = q_1 + q_2 = \frac{T_b - T_{w2}}{\dfrac{1}{\pi d_1 L h} + \dfrac{1}{2\pi L k_f}\ln\dfrac{d_1}{d_f}} \tag{4-5}$$

式中，k_f 为盐析层导热率，W/（m·℃）；d_f 为盐析层所在圆柱面内径，m。

鉴于盐析过程的缓慢性和试验工况保持恒定，认为盐析状态下介质的对流传热系数未变化。

由式（4-6）即可求得盐析层热阻 R_f：

$$R_f = \frac{1}{2\pi L k_f}\ln\frac{d_1}{d_f} = \frac{T_b - T_{w2}}{q} - \frac{1}{\pi d_1 L h} \tag{4-6}$$

二、在线测量系统

为获得盐析层热阻的变化规律，以江苏大学能源与动力工程学院流体机械实验室内搭建的盐析过程传热专用试验台为例，说明在线测量系统的组成。试验系统如图 4-2 所示，试验台如图 4-3 所示。

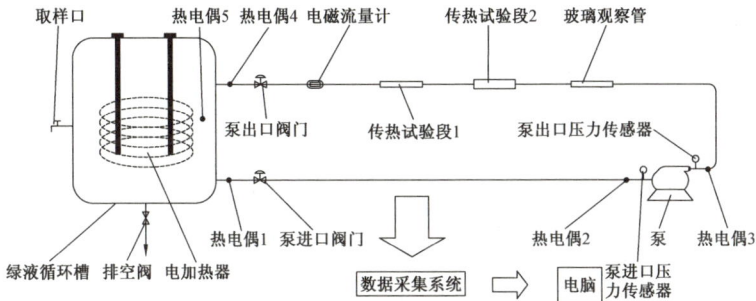

图 4-2　盐析过程传热试验系统

图 4-3　盐析过程传热试验台

盐析过程传热试验系统主要包括绿液循环槽、电加热器、循环泵、玻璃观察管、传热试验段、电磁流量计、压力传感器、沿程温度监测热电偶、数据采集系统等仪器设备。主要仪器设备型号见表 4-1。

表 4-1　试验系统主要仪器设备型号

主要仪器设备	规格型号
绿液循环槽	$\phi 1\ 450\ mm \times 1\ 500\ mm$
电加热器	LGD – 60
循环泵	IH65 – 50 – 125

主要仪器设备	规格型号
玻璃观察管	硼化硅玻璃管,耐压 0.4 MPa,耐温 180 ℃
传热试验段 1	$\phi50$ mm $\times \phi57$ mm $\times 1\,000$ mm
传热试验段 2	$\phi80$ mm $\times \phi89$ mm $\times 1\,000$ mm
电磁流量计	PRMAG
进口压力传感器	PMC71
出口压力传感器	PMP131
沿程监测热电偶	TC 10 + TMT165

使用电加热器、温度补偿控制系统、电磁流量计和进出口压力传感器保证试验工况稳定。采用自行设计的计算机监测系统采集温度、流量、压力的数据,控制界面如图4-4所示。

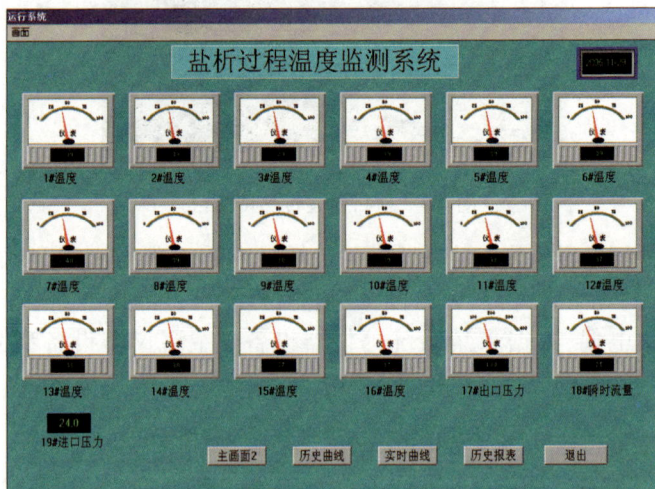

图4-4　数据采集系统控制界面

三、典型盐类溶液的盐析层增长特性

制浆造纸碱回收工艺流程中的绿液及过饱和硫酸钠盐溶液具

有典型的盐析特性,将其作为输送介质,利用前述的盐析过程传热试验台并建立盐析层热阻测量与计算方法,阐述典型盐析层热阻随盐析进程的变化规律,进而说明盐析层增长的基本特性。

1. 绿液的盐析层增长

(1)绿液理化特性

绿液取自某纸业有限公司碱回收分厂苇浆绿液澄清槽上层清液,采用容量分析法,应用酸碱滴定管来确定绿液成分(含碱量以NaOH 计)。主要成分和主要离子的浓度如下:

主要成分:SiO_2, 16. 71 g/L;Na_2CO_3, 100. 22 g/L;NaOH,35. 46 g/L;总碱 135. 6 g/L,其中 Na_2CO_3 和 NaOH 均以总碱计,NaOH 中含有少量 Na_2S。

主要离子的浓度见表4-2。

表4-2 绿液主要离子的浓度

离子	OH^-	CO_3^{2-}	SiO_3^{2-}	S^{2-}	Al^{3+}
浓度/(mol/L)	0. 25	1. 20	0. 15	0. 08	10×10^{-6}

分别采用国产 SNB – 1 型数字黏度计和 MDMDY – 200 型全自动密度仪对绿液的黏度和密度进行测定。绿液的黏度及密度:动力黏度 $\mu_1 = 2. 583 \times 10^{-3}$ Pa·s,密度 $\rho_1 = 1. 183\ 0$ g/cm³。

由流体动力学基本理论可知,绿液流动中沿程阻力系数 λ 要大于清水流动,这使得绿液在管道中的水力损失大大增加。随之带来壁面(包括固体壁面和液固两相交界面)剪切应力相应增加,由此造成绿液流动在径向的速度梯度和在各个方向上的湍动度的加大,并直接导致湍流传质系数的增大。因此,从绿液本身的物理属性来看,其有利于主流与壁面的物质交换,即盐析层在壁面发生、发展直至最终堵塞过流断面。

(2)绿液盐析层热阻

针对绿液介质,分别进行两种主流速度 3. 54 m/s,1. 38 m/s 下的盐析层热阻研究。图 4-5、图 4-6 分别为不同温度和不同速度对盐析层热阻变化的影响。

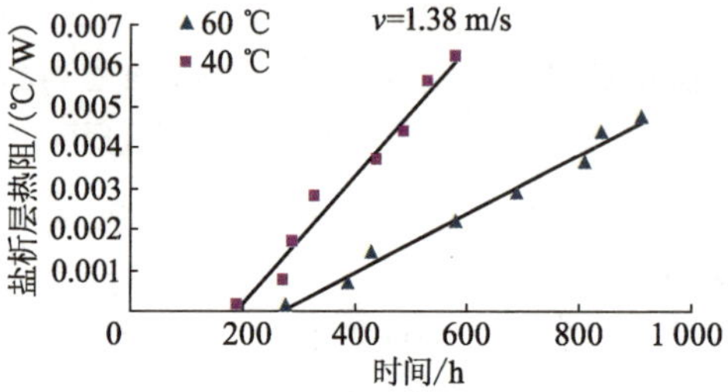

图 4-5　不同温度对盐析层热阻的影响

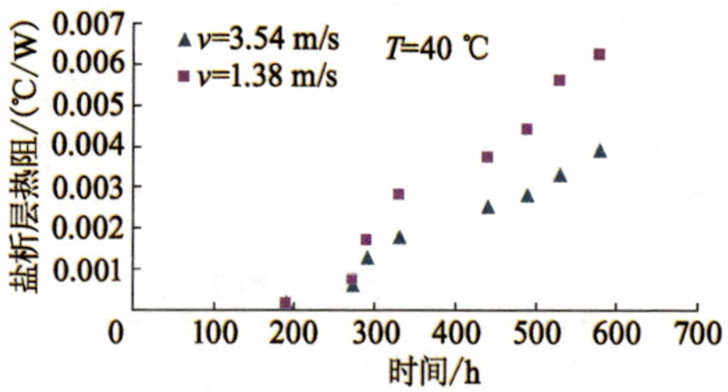

图 4-6　不同速度对盐析层热阻的影响

由图 4-5 可知,速度保持一致(同一试验管段),主流温度较高时,盐析层热阻较低温时变化缓慢,即高温时盐析现象发生、发展较缓,这符合具有正向溶解度特性的盐类溶液盐析过程的特点;低温时盐析层热阻增长速率比高温时快很多,并且随着时间的增加,二者的差距在加大,说明主流温度会对绿液盐析过程产生较大影响;同时,两种温度下盐析层热阻变化的趋势线均为线性增长方式,与现场实际观测结果相符。

由图 4-6 可知,温度相同时,不同速度下(不同的试验管段)盐析层的增长方式仍基本为线性增长;低速时盐析层热阻的增长速率快,反映了不同速度弛豫过程对盐析现象的影响。

2. 硫酸钠盐析层增长

硫酸钠溶液的盐析问题对于盐析机理的研究具有一定的代表性。试验采用自配的硫酸钠过饱和溶液。硫酸钠溶解度见表 4-3。

表 4-3　硫酸钠溶解度

温度/℃	10	20	30	40	50
溶解度/（g/100 g 水）	9.0	19.4	40.8	48.6	46.7

（1）盐析延迟时间

过饱和溶液中析出晶核的从无到有的时间间隔,称为延迟期。系统的延迟时间受溶液温度、流速等因素的综合影响。试验中通过阀门调节循环泵的流量,可获得不同流速下延迟时间的变化规律;通过电阻加热装置调节溶液的温度,并保持流量稳定,可获得不同温度对延迟时间的影响规律。

图 4-7 是保持溶液浓度 340 g/L、温度 40 ℃不变的条件下,不同流速对盐析延迟时间的影响。流速对盐溶液成核的影响由两方面因素决定。一方面,由晶体生长动力学中的溶质边界层理论可知,盐析时管内流动的溶液分成两个区域:其一是远离盐析层表面的溶液主流区域,可以认为这一区域溶质的浓度不随盐析过程而改变;其二是紧靠盐析层表面溶质浓度随盐析过程急剧变化的溶质边界层区域,溶质边界层区域是一极薄的液体层,该层中的溶质盐析受分子扩散作用控制。另一方面,盐析层表面受流体剪切力作用,流速的增大相应加强了流体的剪切作用,使刚生成的盐析颗粒脱离壁面,不利于表面盐析颗粒的黏结。

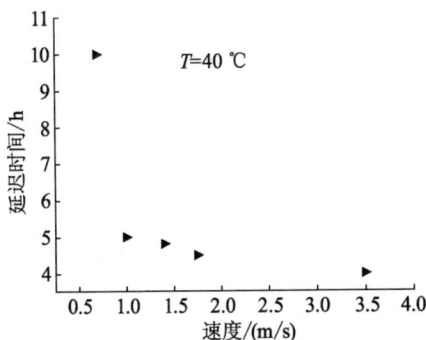

图 4-7　延迟时间随流速变化

由图 4-7 可知,在低流速下,随着流速的增加,溶质边界层厚度减小,加强了传质作用,有利于溶液中的离子向管壁盐析层传递;但在低流速下,流体的剪切力较小,对盐析层表面的影响可以忽略不计,由于溶质边界层较厚,离子的传递速率低,不能为盐析提供足够的驱动力,所以其延迟期持续时间较长。当流速小于 1 m/s 时,随着流速的逐渐增大,延迟时间从 0.5 m/s 时的 10 h 迅速缩短至 1 m/s 时的 5 h,其主要原因是在流速小于 1 m/s 的工况下,流体的剪切力对盐析层表面的影响没有起决定作用,盐析晶体的成核主要受传质过程控制,随着流速的增加,溶液中离子的传质速率增大,成核速率随之增大,使得延迟时间明显缩短;当流速大于 1 m/s 后,随着流速增大,延迟时间缓慢降低,其主要原因是流体的剪切作用随着流速的增加相应加强,不利于过流通道表面的晶体颗粒的聚集和生长,由于传质和剪切的同时作用,使得流速对延迟时间的影响不再明显。

图 4-8 是设计工况下不同温度对盐析延迟时间的影响。

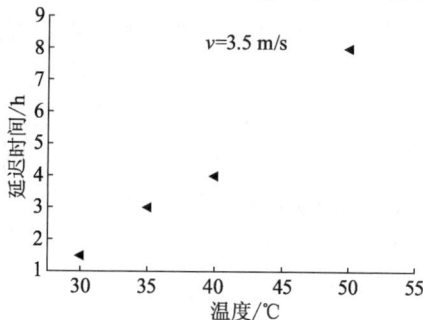

图 4-8　延迟时间随温度变化

由图 4-8 可以看出,保持泵稳定运行在设计工况下,即保持 $v = 3.5$ m/s 不变,随着温度的升高,溶液中析出晶核的时间明显变长。50 ℃时的饱和溶液盐析延迟期最长,40 ℃以下的饱和溶液延迟时间随温度的下降而逐渐缩短。由硫酸钠的溶解度规律(见表 4-3)可知,溶液温度大于 40 ℃时,硫酸钠的溶解度随温度变化幅度不大且有下降趋势,原饱和溶液温度下降使得过饱和度减小,所以短时间内不易析出晶体。温度在 40 ℃ 以下时,硫酸钠的溶解度随温度的下降而急剧下降,低于 40 ℃ 的硫酸钠饱和溶液由于温度下降产生较大的过饱和度,为溶液盐析提供了驱动力,延迟时间随之缩短。

（2）盐析层热阻

图 4-9 为不同初始浓度的硫酸钠溶液的盐析层热阻随时间的变化。为了做比较,每次试验的初始温度都为 40 ℃,并保持溶液流速 3.5 m/s 不变。

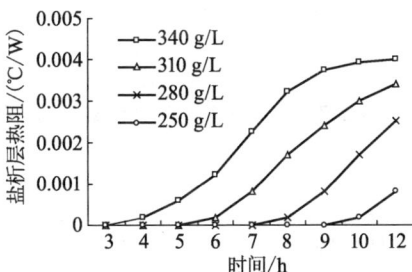

图 4-9 不同初始浓度下盐析层热阻变化

在延迟期内,溶液中还未出现大量的晶体颗粒,即图 4-9 中盐析层热阻为 0 的时间段。从图 4-9 中可以看出,随着硫酸钠浓度的增大,试验测试管壁表面上硫酸钠成核速率加快,盐析层厚度增长速率加快,盐析延迟期缩短。在延迟期内,由于管壁和外界有热量的交换,壁面温度下降使得壁面附近溶液过饱和,这是壁面盐析的主要原因。过饱和度的定义为 $s = [Na^+]^2[SO_4^{2-}]/K_{sp}$,即试验中 Na^+ 与 SO_4^{2-} 的浓度积与 Na_2SO_4 的溶度积 K_{sp} 之比。溶液浓度的增大使 Na^+ 与 SO_4^{2-} 的浓度积变大,溶液的过饱和度增加,管壁盐析驱动力相应增大,使得盐析成核速率加快,延迟期缩短。

选择气温相差较大的两天进行试验,观察在相同流速、溶液浓度为 340 g/L、溶液温度不变的条件下,不同的环境温度对管壁上盐析的影响。从图 4-10 中可以看出,气温较低时的盐析速率略快于气温较高时的速率。因为管壁对环境有辐射传热,辐射热流量正比于温度四次方之差,在其他操作条件相同的情况下,环境温度低,管壁向环境辐射热流量大,壁面的温度相应较低,管壁与溶液的温度差较大,使得壁面过饱和度增大,成核速率随之增大。

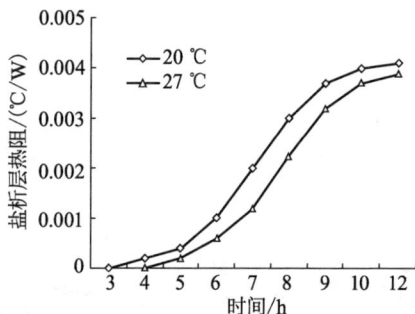

图 4-10 不同环境温度下盐析层热阻随时间变化趋势

第二节 台阶盐析流动

主流中盐析晶体颗粒与流场的相互作用,在一定程度上也会影响盐析速率。本节通过经典的台阶流动,揭示复杂湍流流动条件下,盐析晶体颗粒的运动规律、相间作用及其盐析特性。

一、台阶流动物理模型

台阶模型的二维几何形状如图4-11所示。台阶流道截面为矩形,台阶前后流道高度为$2H$,台阶高度为H。台阶上游流道长度为$10H$,台阶下游流道长度为$28H$,保证了进口和出口流动都已充分发展。数值无量纲化,定义轴向特征长度为X/H,纵向特征长度为Y/H,横坐标$X/H=0$代表试验段的台阶中间轴截线处,纵坐标$Y/H=0$表示流道下壁面。

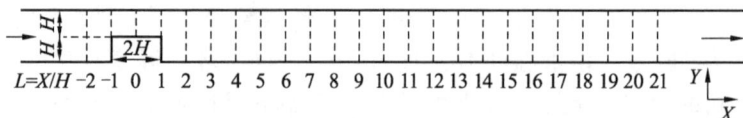

图 4-11 台阶流道二维几何模型示意图

台阶流动为流体力学基础流动问题研究常用的物理模型,虽然几何结构简单,但流动结构复杂,可用于考察不同流动结构下的盐析两相流中的相间作用过程。

台阶流动的基本流动结构如图4-12、图4-13所示。图4-12为台阶管道流动速度矢量图。由图4-12可以看出,黏性流体进入台阶管道内,在台阶的壁面底角附近和台阶上壁面附近产生旋涡,且绕过台阶时在台阶下游形成回流区,其形状与 Re 的大小有关。流体绕过台阶后流道扩散,造成逆向压力梯度,产生边界层分离,并在台阶下游形成自由剪切层和旋涡回流区,以及再附着的黏性流动,之后逐渐调整为充分发展阶段。台阶下游的回流区长度约为 $8H$。图4-13为台阶流场结构特征示意图。下游的平均流场结构可分为主流区、上壁面低速区、角涡区、回流区、再附着区和边界层再发展区六个区域。

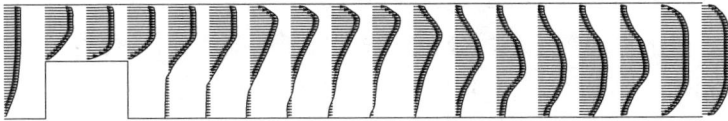

图4-12 台阶管道流动速度矢量图

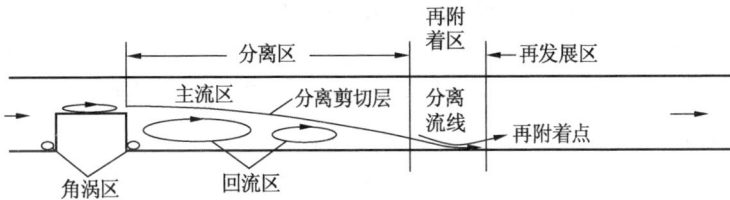

图4-13 台阶流场结构特征示意图

二、台阶盐析流场的 PDPA 实测结果

介质采用20 ℃的过饱和 Na_2SO_4 盐溶液。利用 PDPA 能够同时测量粒子速度和粒径大小这一功能,可以同时获得液固两相的运动特性。图4-14为 PDPA 测量粒径统计分布结果,横坐标为颗粒粒径,单位为 μm,纵坐标为统计个数。采用分粒径法,粒径为 $0 \sim 10~\mu m$ 的跟随性比较好的测量粒子代表液相,粒径为 $20 \sim$

100 μm 的粒子代表固相。

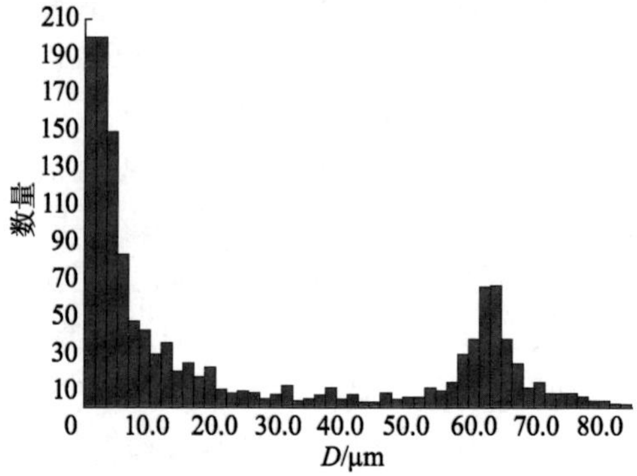

图 4-14 　PDPA 颗粒粒径测量结果

1. 时均速度和脉动速度分布

对采集的粒子采用分粒径法进行速度统计分析,可得到液固各相的平均速度 v_{mean} 和均方根脉动速度 v_{RMS} 等信息。

(1)雷诺数 Re 的影响

图 4-15 中,在轴截线 $X/H = -1$ 处,颗粒平均速度和脉动速度的分布在不同 Re 下是相似的。液固两相时均速度在靠近壁面位置均呈递减分布。低雷诺数 Re 下,液固两相平均速度几乎相同,表明颗粒具有良好的跟随性。这是由于液固两相的密度差异较小,非平衡现象不明显。相同工况下,液相的脉动强度小于颗粒相。随着雷诺数 Re 的增大,靠近台阶上壁面位置,时均速度梯度和脉动速度梯度越大,且液固两相时均速度和脉动速度差异逐渐明显。

在轴截线 $X/H = 0$ 处,液固两相流的时均速度差异不明显。在 $Y/H = -0.15$ 处,液固时均速度减小到 0,然后出现负速度,这是由于在台阶上壁面处存在旋涡区。在雷诺数较低时,旋涡区长度较小,在轴截线 $X/H = 0$ 处旋涡消失,这表明旋涡的长度与 Re 有关。在靠近流道上壁面位置,液固两相时均速度也稍有减小,这是由于壁面黏性阻力的作用。对于液固两相脉动速度,在台阶上壁面旋涡区脉动速度明显增大,且随着雷诺数的增大,脉动速度峰值越明显。但旋涡区液固两相脉动速度曲线随雷诺数交叉变化。

在轴截线 $X/H=1$ 处无负速度。在靠近台阶上壁面位置,时均速度减小,液相时均速度大于固相时均速度。随着雷诺数 Re 的增大,时均速度梯度越明显。在靠近台阶上壁面位置,液固两相脉动速度逐渐增大,随着雷诺数 Re 的增大,液固两相脉动速度越大。这是由于 Re 越大,湍流度越大,颗粒与流场相互碰撞,导致颗粒与壁面发生碰撞率增大,因此,颗粒相湍流脉动强度明显大于液相。

在轴截线 $X/H=3$ 处,不同雷诺数 Re 下,液固两相速度分布相似,这表明固相颗粒和液相之间的跟随性较好,颗粒(平均粒径为 $60~\mu m$)对流场结果没有明显影响。由于存在壁面粗糙度,靠近壁面的液固两相的速度分布均比中心截面小。大约在 $Y/H=0.45$ 处时均速度为 0,表明此处为台阶下游回流区涡心处,在大于此位置处,时均速度出现负值。对于脉动速度,从图 4-15 中可以看出,液相的脉动速度分布和颗粒相相似,均具有双峰结构,一个峰值出现在上壁面附近,另一个峰值出现在轴线附近。这是由于台阶后流道扩散产生回流区,因而湍动能较大。随着雷诺数的增大,液固两相脉动速度均增大。颗粒在靠近流道轴线位置的脉动速度较大,在靠近上壁面处脉动速度也有所增大。脉动强度均呈主流区域小、边界区域逐渐增大的分布状态,这与流体力学理论及相关试验结果相符。

(a) $X/H=-1$ (b) $X/H=-1$

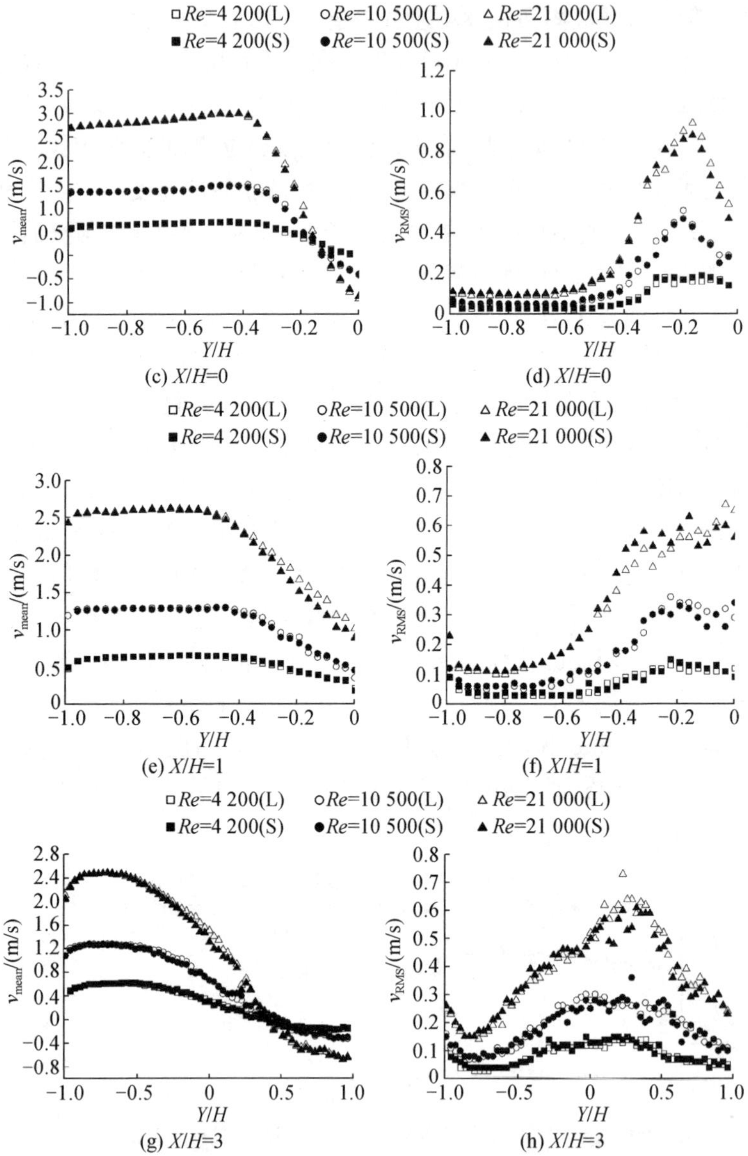

□Re=4 200(L) ○Re=10 500(L) △Re=21 000(L)
■Re=4 200(S) ●Re=10 500(S) ▲Re=21 000(S)

(c) X/H=0

(d) X/H=0

□Re=4 200(L) ○Re=10 500(L) △Re=21 000(L)
■Re=4 200(S) ●Re=10 500(S) ▲Re=21 000(S)

(e) X/H=1

(f) X/H=1

□Re=4 200(L) ○Re=10 500(L) △Re=21 000(L)
■Re=4 200(S) ●Re=10 500(S) ▲Re=21 000(S)

(g) X/H=3

(h) X/H=3

图 4-15 不同雷诺数下各轴截线处液固两相时均速度和脉动速度分布

（2）颗粒脉动速度沿轴截面分布规律

在液固两相流动中，颗粒的无规则运动有多种形式，除湍流脉动外，还具有不同于湍流脉动的其他脉动形式，如颗粒与颗粒、颗粒与固壁的碰撞产生的无规则脉动。由图 4-16 可知，不同轴截面颗粒脉动速度分布不同。颗粒脉动速度在各轴截线上呈双峰分布。在轴截线 $X/H = 0$ 处，颗粒脉动峰值最大，这是由于流体经过台阶，流动收缩，与流动方向相反的压差作用力和壁面黏性阻力使边界层内流体的动量减小，从而在上壁面处开始产生分离，形成旋涡，导致恒定的能量耗散。随着雷诺数 Re 的增大，流速增大，脉动速度也增大。在 $-1.0 < Y/H < -0.5$ 范围内，沿轴流方向颗粒脉动值逐渐增大。此外，由于存在壁面粗糙度，靠近壁面的液固两相的速度分布均比中心截面小。在台阶上壁面旋涡区和台阶下壁面回流区湍动能较大，颗粒脉动速度也较大。脉动速度峰值的位置在 $Y/H = -0.2$ 附近。液固两相的脉动速度在中心截面小，靠近壁面位置，液固两相脉动速度增大。这可能是由于颗粒与壁面的碰撞导致颗粒脉动速度增大。

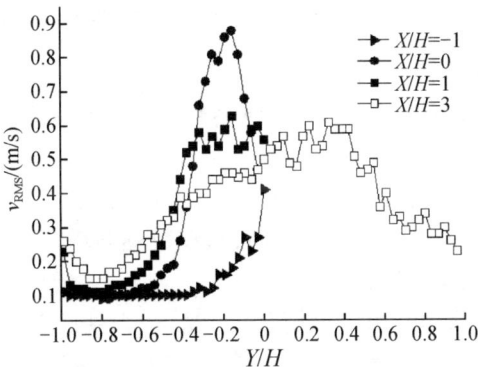

图 4-16　各轴截面上颗粒脉动速度分布（$Re = 21\,000, C_V = 0.001$）

2. 颗粒粒径和颗粒数分布

颗粒数间接反映颗粒聚并和破碎的程度，也是反映颗粒浓度分布的参数之一。

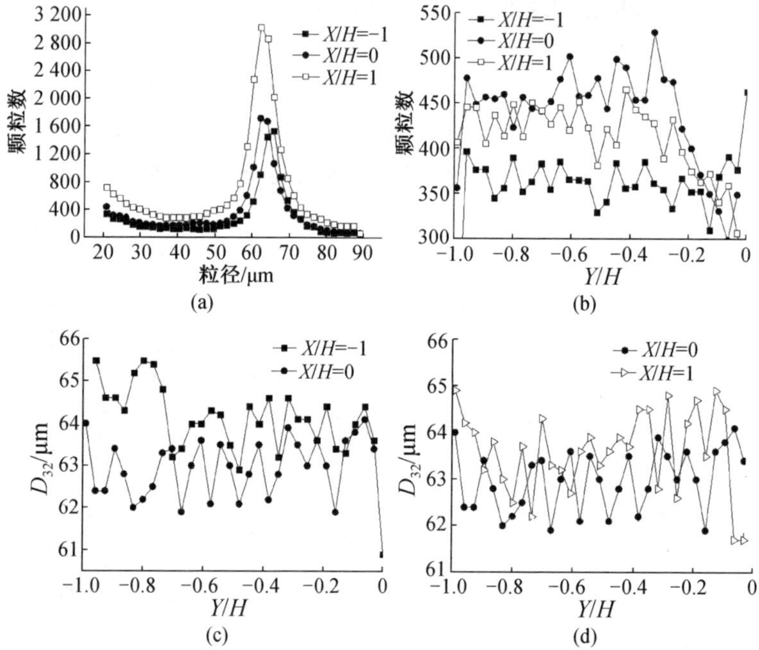

(a)

(b)

(c)

(d)

图 4-17　台阶上不同轴截线处颗粒数和粒径分布($Re = 21\ 000, C_V = 0.001$)

由图 4-17a 可知,在雷诺数 $Re = 21\ 000$ 下,颗粒粒径峰值在 $60 \sim 65\ \mu m$。轴截线 $X/H = -1$ 处各粒径数分布的峰值小于轴截线 $X/H = 0$ 处各粒径数分布的峰值。由图 4-17b 各轴截线处沿 Y 向的颗粒数分布可知,在靠近台阶上壁面位置总颗粒数分布较少,颗粒数主要分布在流道中间。沿流向,颗粒数逐渐增多。颗粒与流体、颗粒与壁面之间动量交换更剧烈。

由图 4-17c,d 可知,在轴截线 $X/H = -1$ 处沿 Y 向的颗粒索特尔粒径明显大于轴截线 $X/H = 0$ 处的颗粒索特尔粒径,且在靠近台阶前角点处,颗粒粒径明显减小。从轴截线 $X/H = 0$ 处到轴截线 $X/H = 1$ 处,颗粒粒径增大,表明颗粒发生聚并现象。在相同工况下,比较轴截线 $X/H = 0$ 处和轴截线 $X/H = 1$ 处数密度峰值可知,粒径峰值基本不变,但 $X/H = 1$ 处小粒径颗粒数明显增多,表明颗粒发生破碎现象。这可能是由于颗粒与台阶上壁面发生碰撞后破碎,导致颗粒粒径较小,小粒径颗粒数增多。

三、基于 PBM‐CFD 的盐析流场预测

1. 耦合计算方法

PBM‐CFD 耦合计算中固相采用分组法边界条件进行计算。根据 PDPA 实测的结果,将进口晶体颗粒粒径分为 10 组,记为Bin‐i ($i = 0, 1, \cdots, 9$),见表 4‐4。

表 4‐4　进口晶体颗粒粒径分组表

分组号	平均直径/μm	组分数
Bin‐0	140	9.1×10^{-6}
Bin‐1	130	4.6×10^{-2}
Bin‐2	115	1.0×10^{-1}
Bin‐3	100	1.7×10^{-1}
Bin‐4	85	1.9×10^{-1}
Bin‐5	65	2.5×10^{-1}
Bin‐6	55	1.8×10^{-1}
Bin‐7	38	5.9×10^{-2}
Bin‐8	23	2.8×10^{-3}
Bin‐9	8	3.5×10^{-7}

计算介质采用过饱和 Na_2SO_4 盐溶液。分别阐述当雷诺数 Re 为 4 200,10 500,21 000 和过饱和初始固相体积浓度 C_V 为 0.001, 0.005, 0.010 时,台阶盐析流场中颗粒数密度分布、颗粒平均粒径分布及组分数分布等特性。

2. 计算结果与讨论

(1)颗粒数密度分布

颗粒数密度(NDF)指每立方米的空间内所包含的颗粒总数, 可通过分组法求解粒数衡算方程(PBE)得到,其间接反映颗粒聚

并和破碎的程度,同时也是反映颗粒浓度分布特征的参数之一。

图 4-18 表示相同固相浓度 C_V、不同雷诺数 Re 时各轴截线的颗粒数密度分布。

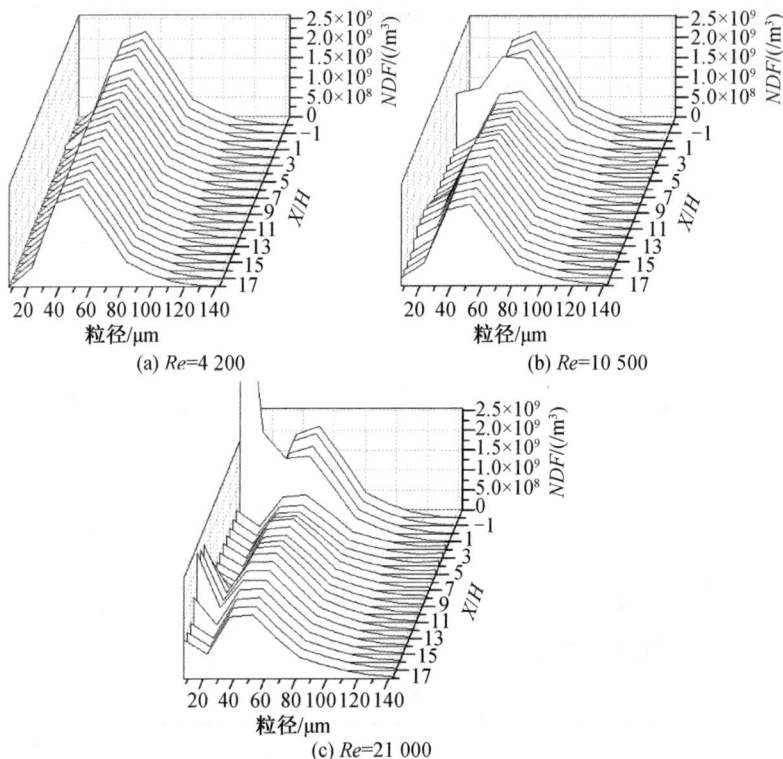

(a) Re=4 200

(b) Re=10 500

(c) Re=21 000

图 4-18 不同雷诺数 Re 时各轴截线的颗粒数密度分布($C_V = 0.001$)

由图 4-18 可知,当雷诺数 $Re = 4\ 200$ 时,各轴截线的颗粒数密度基本呈正态分布,其变化趋势基本相同。这可能是由于当 C_V 低于 0.001、雷诺数 Re 较小时,流场湍流强度较小,颗粒速度及脉动速度均不大,颗粒分布稀疏,从而使得湍流与颗粒、颗粒与壁面及颗粒间作用较弱,颗粒聚并和破碎现象不明显。随着雷诺数 Re 的增大,在 $X/H = 1$ 处,小颗粒的数密度逐渐增大,中等颗粒的数密度逐渐减小,大颗粒的数密度变化不明显。这可能是由于颗粒与台阶上壁面碰撞发生破碎,导致小颗粒数增多。随着雷诺数 Re 的增大,颗粒速度较大,颗粒受湍流剪切作用及颗粒与壁面碰撞更剧烈,破碎率增大,小颗粒数增多。在 $2 < X/H < 9$ 内,颗粒数密度分布曲线更平坦,峰值减小,大颗粒数密度稍有增大,中等颗粒数密度减小,小颗粒数密度增大。这是由于随着雷诺数 Re 的增大,颗粒流经过台阶后破碎生成的小颗粒数明显增多,且小颗粒跟随流体运动较好,均匀分布在流场中。此外,在回流区和近壁面区由于湍动强度较大,颗粒脉动速度较大,颗粒碰撞率增大,聚并率增大,中小颗粒数减少。随着 Re 的增大,湍动能越大,从而中小颗粒碰撞率越大,聚并率增大,导致随后一定范围内中小颗粒数密度减小,大颗粒数密度增大。

图 4-19 表示相同雷诺数 Re、不同固相浓度 C_V 时沿流向各轴截线的颗粒数密度分布。在不同固相浓度下,颗粒数分布的曲线差异较大。随着固相浓度的增加,不同粒径颗粒数密度在不同流动区域均非线性增大,曲线峰值升高。这是由于随着浓度的增加,晶体颗粒间平均距离减小,颗粒间碰撞概率增大,聚并率增大,大颗粒数增多。在 $2 < X/H < 9$ 内,中等颗粒数密度减小,而大颗粒数密度稍有增大,这是因为随着固相浓度的增大,越来越多的颗粒在回流涡和壁面的共同作用下进入回流区,发生聚并现象,导致中小颗粒数密度减小,大颗粒数密度增大。

（2）颗粒粒径分布

盐析发生后溶液中晶体颗粒粒径并不一致,因为其受溶液过饱和度、温度、流动条件等多种因素的影响。由粒数衡算模型可以计算颗粒平均粒径分布,颗粒的粒径分布直接反映颗粒聚并和破碎的程度。

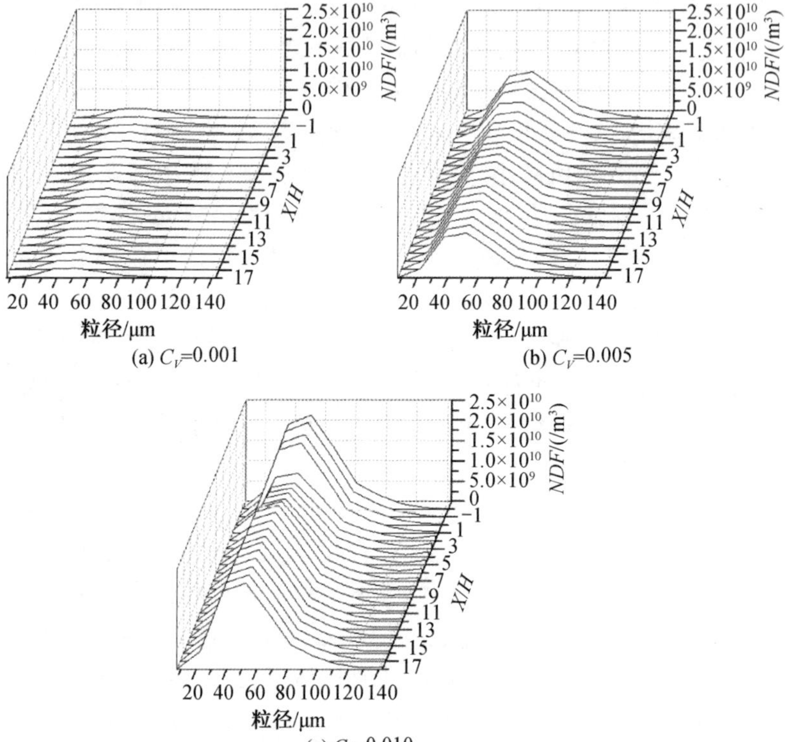

(a) $C_V = 0.001$

(b) $C_V = 0.005$

(c) $C_V = 0.010$

图 4-19　不同固相浓度 C_V 时各轴截线的颗粒数密度分布（$Re = 4\,200$）

　　图 4-20 表示相同固相浓度 C_V、不同雷诺数 Re 下各轴截线的平均粒径分布。由图可知，在雷诺数 $Re = 4\,200$ 时，在流道轴线附近的颗粒平均粒径变化较小，这可能是由于当 C_V 低于 0.001、雷诺数 Re 低于 4 200 时，湍流强度较小，颗粒分布稀疏，从而导致湍流与颗粒及颗粒间作用较弱，即颗粒聚并和破碎不明显；在轴截线 $2 < X/H < 9$ 和轴面线 $0 < Y/H < 1$ 区域内，由于台阶下游回流区和下壁面的共同作用，颗粒粒径沿涡心向周围先呈递减分布，在靠近壁面处粒径又增大。由流体力学理论及有关试验结果可知，从轴线附近到近壁面沿径向剪切力逐渐增大，湍流脉动强度均呈主流区小、边界区域逐渐增大的分布状态。在主流区颗粒间聚并主要

受湍流聚并的惯性区机理作用,颗粒脉动速度越大,颗粒碰撞率越大,颗粒聚并越明显。而在轴线附近湍动能基本不变,颗粒脉动速度也基本不变,因而颗粒粒径基本不变。随着雷诺数 *Re* 的增大,在轴线附近的平均粒径基本呈递增趋势,这是由于雷诺数越大,湍动能越大,颗粒脉动速度越大,颗粒聚并率增大。在回流区附近粒径明显增大,这是由于在回流区湍动能耗散率较大,颗粒脉动速度较大,在壁面附近湍流强度也较大,从而颗粒间碰撞概率增大,聚并率增大,导致颗粒粒径增大。

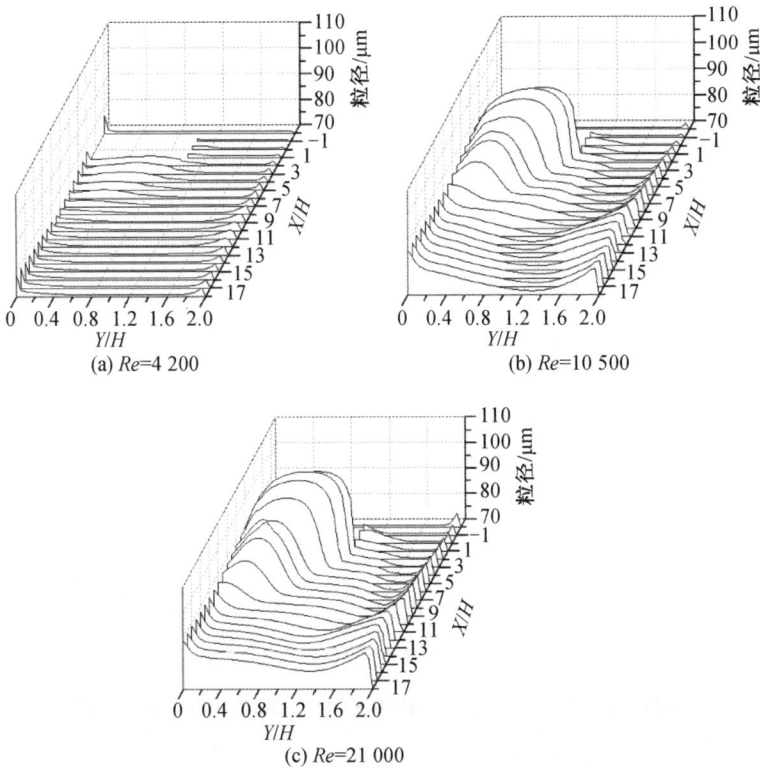

(a) *Re*=4 200　　　　　　　(b) *Re*=10 500

(c) *Re*=21 000

图 4-20　不同雷诺数 *Re* 下各轴截线的平均粒径分布($C_V = 0.001$)

图 4-21 表示相同雷诺数 *Re*、不同固相浓度 C_V 下各轴截线的平均粒径分布。由图 4-21 可知,不同固相浓度下,各轴截线的平均

粒径分布趋势基本相同,且在回流区和靠近上壁面区域的粒径明显较大。随着浓度的增加,在回流区及近壁面区的颗粒平均粒径明显增大,且从轴线附近到近壁面沿径向平均粒径呈递增趋势。这是由于随着浓度的增大,单位体积内颗粒个数增多,从而颗粒碰撞概率增大,聚并率增大,导致颗粒粒径增大。

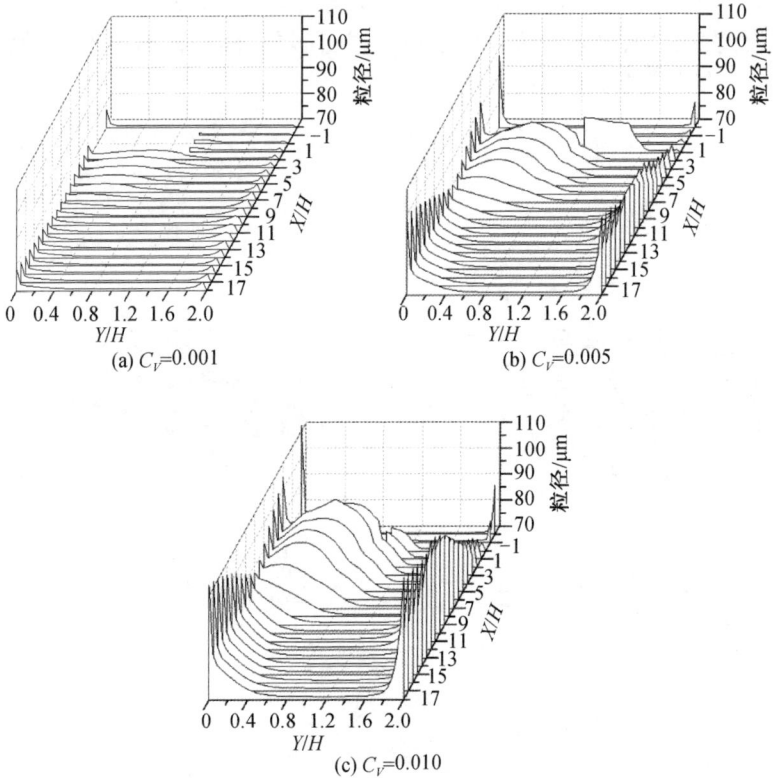

(a) C_V=0.001

(b) C_V=0.005

(c) C_V=0.010

图 4-21 不同浓度 C_V 下各轴截线上的平均粒径分布($Re = 4\,200$)

(3)各尺寸晶体颗粒组分数分布

采用分组法计算 PBM,可得到不同粒径颗粒的组分数分布,即可进一步说明不同粒径颗粒的分布特性。

图 4-22 为固相浓度 $C_V = 0.001$、不同雷诺数 Re 下不同粒径颗

粒在轴截线 $X/H=1$ 处的组分数分布。由图 4-22 可知,在雷诺数 $Re=4\,200$ 时,Bin-0 到 Bin-2 组分数分布规律基本相同,Bin-3 到 Bin-6 组分数分布规律基本相同,Bin-7 到 Bin-9 组分数分布规律基本相同。可用 Bin-0,Bin-5,Bin-8 分别代表大、中、小三种粒径颗粒。由 Bin-0 分布曲线可知,在不同径向位置组分数分布差异较大。在 $1.4<Y/H<1.9$ 内,不同粒径颗粒的组分数分布基本不变;在 $1.0<Y/H<1.2$ 和 $1.9<Y/H<2.0$ 内,大颗粒组分数增大。由 Bin-5 分布曲线可知,其组分数变化趋势与大颗粒组分数变化趋势相反。小颗粒组分数在轴截线上变化不明显。随着雷诺数 Re 的增大,组分数变化趋势基本不变,但组分数变化范围沿径向增大,且组分数变化更明显。

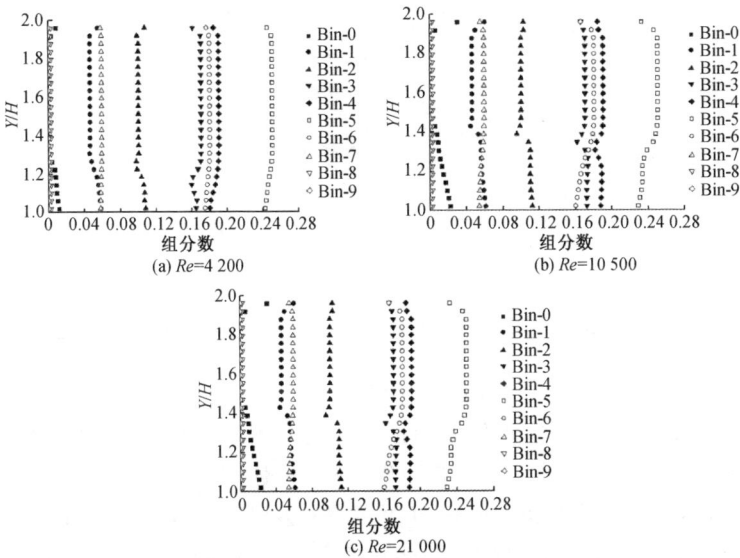

图 4-22　不同雷诺数 Re 下轴截线 $X/H=1$ 处组分数分布($C_V=0.001$)

图 4-23 为固相浓度 $C_V=0.001$、不同雷诺数 Re 下不同粒径颗粒在轴截线 $X/H=3$ 处的组分数分布。

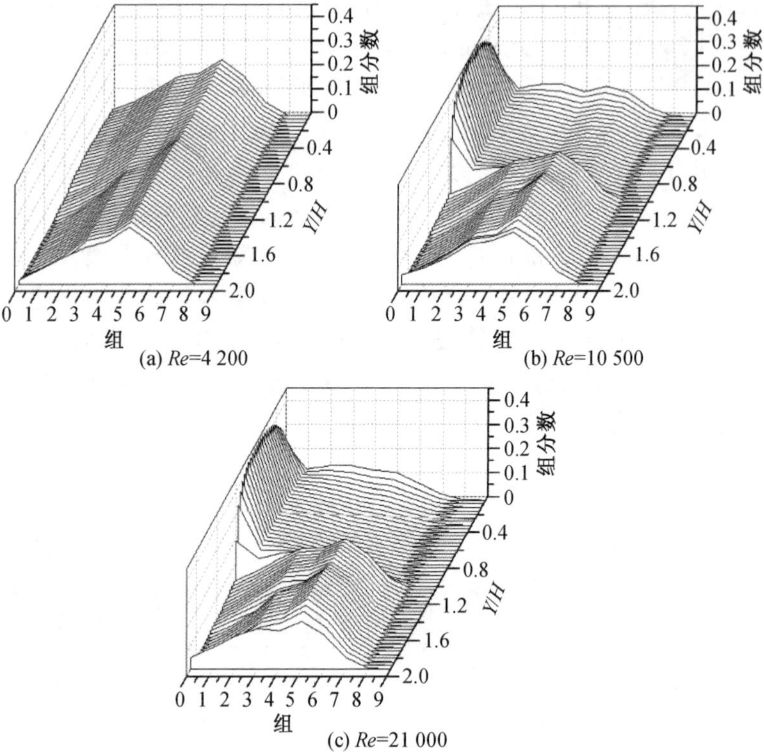

(a) Re=4 200

(b) Re=10 500

(c) Re=21 000

图 4-23　不同雷诺数 Re 下轴截线 X/H = 3 处组分数分布(C_V = 0. 001)

由图 4-23 可知,在相同固相浓度 C_V、不同雷诺数 Re 下轴截线 X/H = 3 处各组分数分布差异很大。这是由于不同粒径颗粒在流场中分布规律不同。在雷诺数 Re = 4 200 时,不同粒径颗粒的组分数在 X/H = 3 处变化不明显,基本呈正态分布。随着 Re 的增大,在 0 < Y/H < 1 内,大颗粒组分数明显增大,从 Bin-0 到 Bin-9 组分数呈递减分布,且峰值基本不变,表明颗粒聚并和破碎达到平衡状态;在 1 < Y/H < 2 内,各组分数基本呈正态分布。随着雷诺数 Re 的增大,大颗粒组分数明显增大,而中小颗粒组分数明显减小。这可能是由于雷诺数越大,回流区内湍动能越大,颗粒脉动速度越大,从而聚并率增大,大颗粒数增多,大颗粒组分数增大。

图 4-24 为相同雷诺数 Re、不同固相浓度 C_V 下在轴截线 $X/H=1$ 处不同粒径颗粒组分数分布。由图 4-24 可知,在不同初始固相浓度下,不同粒径颗粒的组分数分布趋势不同。这是由于不同粒径颗粒在流场中的分布规律是不同的。由 Bin-5 分布曲线可知,在 $1.25<Y/H<1.9$ 内,不同粒径颗粒的组分数分布基本不变;在 $1.0<Y/H<1.25$ 和 $1.9<Y/H<2.0$ 内,中等颗粒组分数小于主流区组分数。由 Bin-0 分布曲线可知,其组分数变化趋势与中等颗粒组分数变化趋势相反。小颗粒组分数在轴截线上变化不明显。在恒温条件下,随着固相浓度的增大,各组分数变化趋势基本不变。

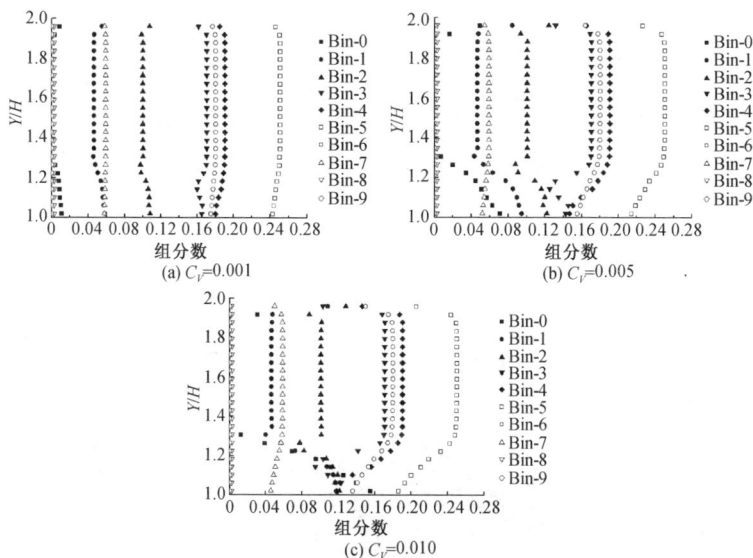

图 4-24 不同固相浓度 C_V 下轴截线 $X/H=1$ 处组分数分布($Re=4\,200$)

图 4-25 为相同雷诺数 Re、不同固相浓度 C_V 下在轴截线 $X/H=3$ 处不同粒径颗粒组分数分布。由图 4-25 可知,在不同流动区域内各组分数分布差异较大。在雷诺数 $Re=4\,200$ 时,浓度低于 0.001,在轴截线 $X/H=3$ 处不同粒径颗粒的组分数基本不变且分布趋势基本相同。随着浓度的增大,在 $0<Y/H<1.0$ 内大颗粒组

分数明显增大,峰值升高。在 $1.0 < Y/H < 1.9$ 内各粒径的组分数基本呈正态分布趋势,且随浓度变化不明显。这表明在流速比较稳定的区域内,各组分在主流区的分布规律相同,颗粒聚并和破碎不明显。在 $1.9 < Y/H < 2.0$ 内,随浓度增大,大颗粒组分数逐渐增大,中小颗粒组分数逐渐减小。这是由于随着浓度的增大,单位体积内颗粒数增多,从而颗粒碰撞概率增大,聚并率增大,大颗粒数增多,大颗粒组分数增大。

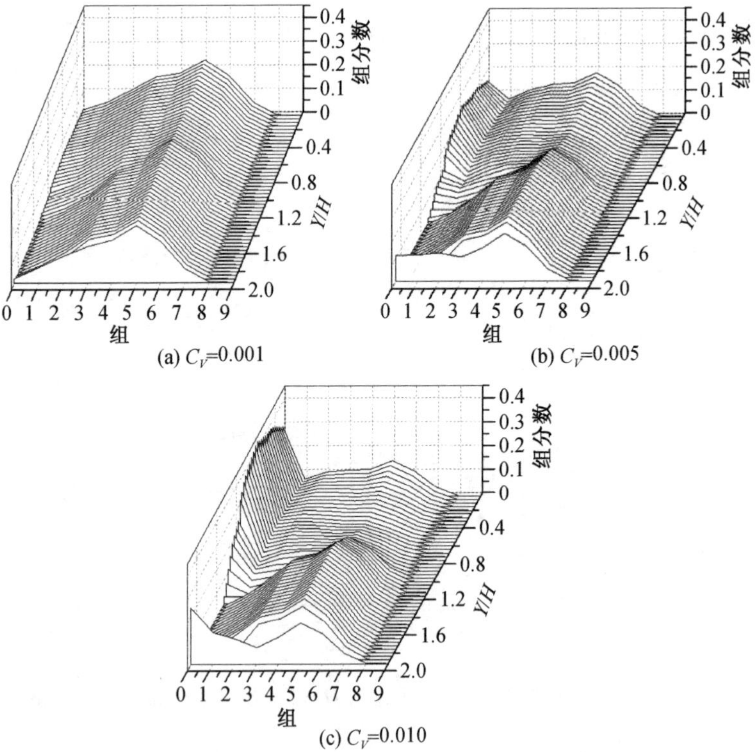

组分数
0 0.1 0.2 0.3 0.4
Y/H
0.4 0.8 1.2 1.6 2.0
组
0 1 2 3 4 5 6 7 8 9
(a) C_V=0.001
(b) C_V=0.005
(c) C_V=0.010

图 4-25　不同固相浓度 C_V 下轴截线 $X/H = 3$ 处组分数分布($Re = 4\ 200$)

第三节 绿液盐析流动

绿液盐析过程具有代表性,在不同温度、速度、浓度条件下,湍流流动结构有着细微的差别;同时,管道内部湍流场的演化又会对盐析作用产生逆向影响。这种流动与结盐内在的互相联系、互相制约的关系,在整个绿液输运体系中同时存在、共同发展,直接决定了盐析过程中盐析晶体的产生、生长与变化的规律。本节运用PDPA测试系统和一定的试验方法,按照不同的温度、速度、浓度这些影响盐析体系的主要参数,详细分析矩形管和圆管内湍流状态下盐析过程的机理,展示盐析过程中的湍流结构特性和相应的绿液盐析演变过程。

一、试验方案

1. 试验装置

为研究不同温度、不同速度、不同浓度条件下的绿液盐析机理、湍流输运结构及二者的相互关系,设计如图 4-26 所示的试验装置。

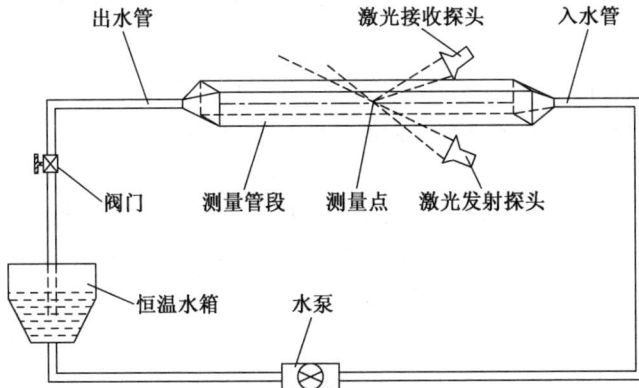

图 4-26 绿液盐析试验装置

　　测量分别在有机玻璃矩形管和圆管上进行,图 4-27、图 4-28 分别为矩形管测量段、圆管测量段(为补偿圆管曲率对光路的影响,外部加矩形水槽)。矩形管尺寸为 23 mm × 23 mm × 1 200 mm,圆管尺寸为 ϕ30 mm × 1 200 mm,壁厚均为 3 mm。出口管路阀门调节管内主流速度,恒温水箱保证测量温度。绿液主要成分在专用配制槽中完成配制后灌入恒温水箱。绿液中的溶质,除主要溶质 Na_2CO_3 外,均按实际浓度配比,Na_2CO_3 为无水碳酸钠试剂。为较快析出盐析晶体,主要溶质 Na_2CO_3 选择较大的过饱和度,具体数值见试验条件部分。

图 4-27　矩形管测量段　　　　　　图 4-28　圆管测量段

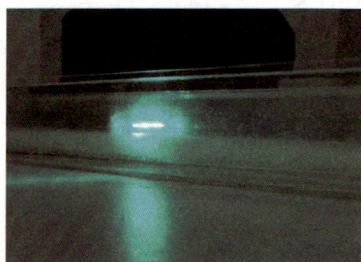

　　2. 测量部位

　　测量管段的坐标系统:沿轴向(即水流方向或称纵向)为 x 轴,与激光探头垂直的方向(也称横向)为 z 轴。若将坐标系的原点设在测量管段的中心(即测量管段中间断面的中心点),则矩形管内绿液盐析试验的测量部位为过坐标系原点且与水流方向垂直的中间断面,圆管内绿液盐析试验的测量部位为过坐标系原点与激光探头平行的中心线。同时还要考察矩形管从中间断面至进口处共六个矩形断面上(即以中间断面为起点,每隔 100 mm 为一个测量断面,六个断面互相平行)的湍流流动状况,以确定湍流充分发展区域。测量断面如图 4-29 所示。

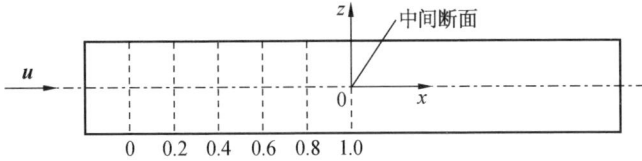

图 4-29 矩形管测量断面示意(二维)

3. 试验条件

矩形管、圆管试验条件分别见表4-5、表4-6。

表 4-5 矩形管试验条件

主流温度/℃	主流最大速度/(m/s)	Na_2CO_3 浓度/(g/L)
30,25,20,15	1.85,1.45,1.25,0.85,0.65,0.60	140,170,210

表 4-6 圆管试验条件

主流温度/℃	主流最大速度/(m/s)	Na_2CO_3 浓度/(g/L)
30,25,20,15	0.52,0.42,0.32	140,170,210

表4-5和表4-6中的主流最大速度是指常温清水状态下中间断面上的主流最大速度。整个试验是以某种主流最大速度为准,分别进行不同主流温度、不同溶质浓度下盐析过程中液相、颗粒相的流动结构测量,并由此确定相应的雷诺数。粒径小于 10 μm 的微粒能很好地跟随水流运动,对这些粒子的速度进行统计,可得到水流的平均速度和均方根脉动速度等信息。为剔除自来水中杂质对盐析晶体测量的干扰,绿液以蒸馏水配制。

二、测量结果与分析

1. 矩形管内的盐析流动

(1)同一平均速度、同一浓度,不同温度

在矩形管内,当平均速度、绿液溶质浓度保持不变,而温度由高至低形成逆向温度梯度时,盐析晶体将加速核化与析出,这种变化会对液相、颗粒相流动结构产生影响;同时,湍流流动结构的细微变化又会反作用于盐析过程,两种作用相辅相成、互为条件。为

考察盐析过程的这种特性,选择最大主流速度分别为 1.85 m/s,
0.65 m/s,在保持溶质浓度为 140 g/L 的条件下,对 PDPA 测量结
果进行分析,雷诺数分别约为 16 818 和 5 885。图 4-30 给出了温度
分别为 15 ℃,20 ℃,25 ℃,30 ℃时的相对数密度分布;图 4-32 至
图 4-35 分别给出了四种温度下的纵向湍流脉动强度分布,横向湍
流脉动强度分布,颗粒相平均粒径分布,液相、颗粒相平均速度分
布;图 4-36 给出了 15 ℃,20 ℃,30 ℃三种温度下颗粒相平均速度
分布状况的比较,并以此为根据进行了对比研究。

① 不同温度下颗粒相相对数密度分布

在主流速度、溶质浓度保持一定的条件下,由于盐类溶液在不
同温度时的溶解度不同,会造成差别较大的过饱和度。这种因温
度差异而产生的不同的过饱和度将对盐析过程中颗粒相的数密度
产生显著影响。

图 4-30 给出了 15 ℃,20 ℃,25 ℃,30 ℃四种温度下颗粒相相对
数密度分布结果,相对数密度是实际测量所获得的数密度取对数而
得到的。由图 4-30 可知,在两种最大主流速度下,颗粒相相对数密度
均呈中心区域数值大、接近上下边界处数值小的分布状态;同时,随
着温度的降低,相对数密度增大,且在数值上有一定的差距。

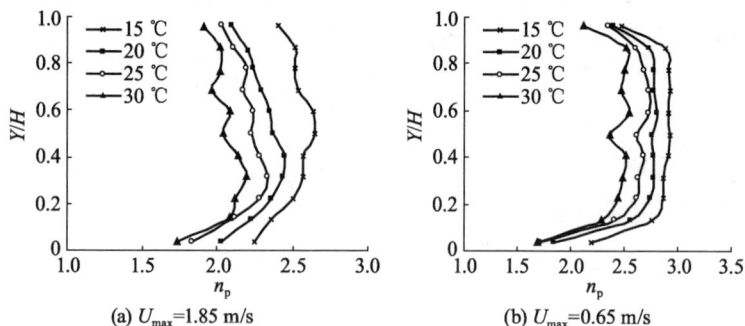

图 4-30　不同温度下颗粒相相对数密度分布

在盐类溶液体系中,压力对溶解度的影响是很小的,而温度的
影响却十分显著。温度－浓度的关系可用比较典型的溶解度曲线

表示(见图 4-31)。

曲线 AB 将整个溶液区划分为两个部分:曲线之上为过饱和区,也称为不稳定区;曲线以下为不饱和区,也称为稳定区。曲线 AB 即为溶解度曲线,也可称为饱和曲线。通过对饱和区的进一步研究发现,虽然过饱和状态在热力学上是不稳定状态,但在整个过饱和区中,不稳定的程度又是有所区别的。试验发现,在靠近溶解度曲线的区域内,稳定性要稍好一些,在这个区域内,如果没有外来的杂质或有意引入的晶核,同时也不存在其他扰动,那么溶液本身是不会自发产生晶核而析出晶体的;而在稍远离溶解度曲线的区域内,稳定性很差,即使不存在外来杂质或有意引入的晶核,溶液本身也会自发析出颗粒相。于是,为区分这两个区域(即不稳过饱和区、亚稳过饱和区),引入图 4-31 中的曲线 $A'B'$。这样整个盐类溶液区就由两条曲线分割成三个部分:曲线 AB 以下的区域为不饱和区,曲线 AB 和曲线 $A'B'$ 之间的区域为亚稳过饱和区,曲线 $A'B'$ 以上的区域即为不稳过饱和区。

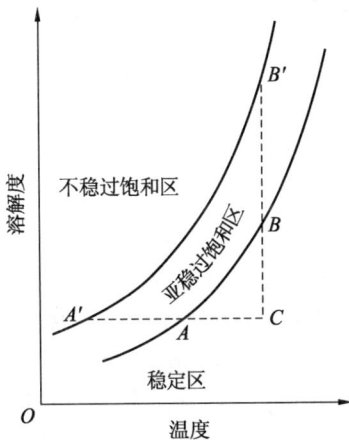

图 4-31 溶解度曲线

盐析晶体从溶液中析出,必要条件是溶液处于过饱和状态。从图 4-31 可以看出,要使处于点 C 的不饱和溶液达到过饱和,有两种方法:其一是经过点 A 到达点 A',即保持溶液浓度不变,通过降低温度使溶液达到过饱和;其二是经过点 B 到达点 B',即保持溶液的温度不变,通过提高溶液的浓度使溶液达到过饱和。

由试验测得的溶解度温度曲线的斜率 K 则反映了运用第一种方法使溶液达到过饱和状态的难易程度。溶解度温度曲线的斜率 K 称为溶解度温度系数,由下式确定:

$$K = \frac{\Delta W}{\Delta T} \tag{4-7}$$

式中,ΔW 为物质在溶剂中溶解的变化量;ΔT 为温度变化量。

由式(4-7)可得到溶解度温度系数 K 的定义,即在一定压力下,物质在溶剂中溶解的变化量与温度变化量的比值。K 为正值或负值分别表示溶解度随温度的升高而增大或减小。由以上盐类溶液中晶体析出理论可以看出,作为以具有正向溶解度性质的 Na_2CO_3 溶质为主要成分的绿液在管内输运过程中,随着主流温度的降低,其过饱和度将大大增加,析出单体核的概率也将极大增加。单体核遵循非均相成核的演化规律,不断形成初级粒子和生长为盐析晶体颗粒。因此,只要主要溶质浓度保持不变,无论在高速或是低速条件下,温度越低,颗粒相越易析出。图 4-30 的试验结果反映了这种规律。

② 不同温度下湍流脉动强度分布

以 U_{RMS},V_{RMS} 分别表示沿主流方向与沿垂线方向的湍流脉动强度。在盐析两相流动中,湍流脉动强度应包含液相及颗粒相两种脉动强度。湍流状态下,绿液在输运过程中由于晶体不断析出,因此,不断变化的颗粒相数密度将给湍流脉动强度带来一定的影响,并且随温度的变化湍流脉动强度也将做出相应的反应;反之,脉动强度的变化又会对盐析过程造成影响,这些问题均为揭示盐析机理的重要环节。图 4-32、图 4-33 分别为四种温度下液相、颗粒相沿流向的纵向脉动强度分布和横向脉动强度分布。

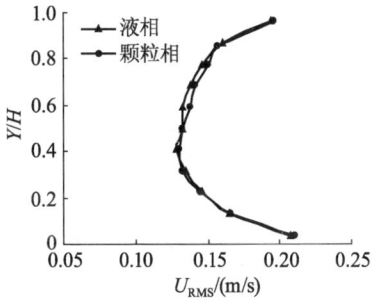

(a) U_{max}=1.85 m/s, T=30 ℃

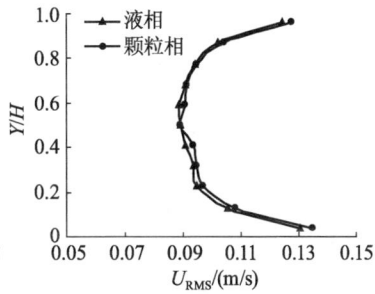

(b) U_{max}=0.65 m/s, T=30 ℃

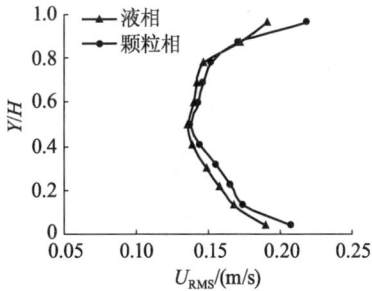

(c) U_{max}=1.85 m/s, T=25 ℃

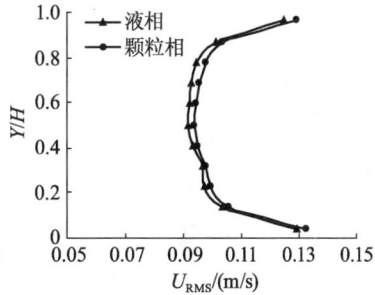

(d) U_{max}=0.65 m/s, T=25 ℃

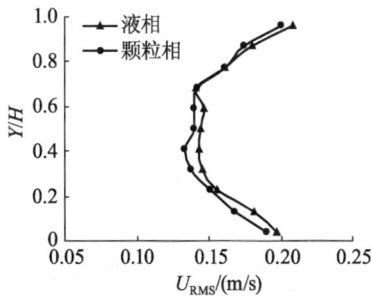

(e) U_{max}=1.85 m/s, T=20 ℃

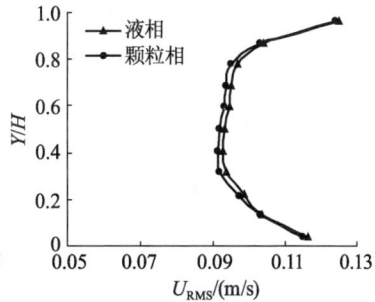

(f) U_{max}=0.65 m/s, T=20 ℃

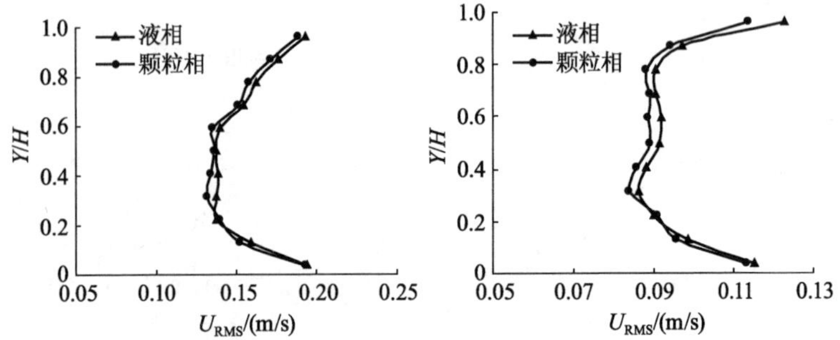

(g) U_{max}=1.85 m/s, T=15 ℃

(h) U_{max}=0.65 m/s, T=15 ℃

图 4-32 不同温度下液相、颗粒相纵向脉动强度分布

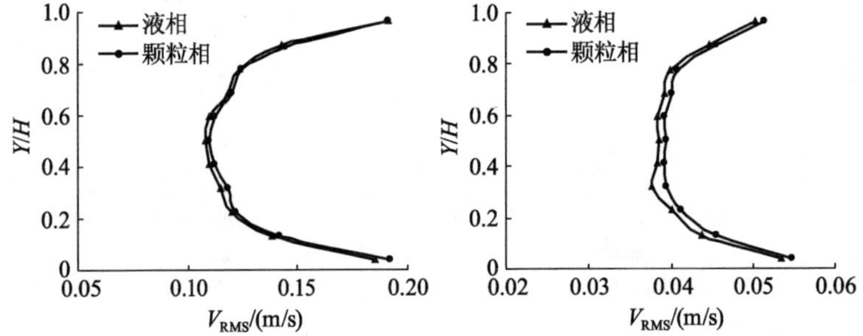

(a) U_{max}=1.85 m/s, T=30 ℃

(b) U_{max}=0.65 m/s, T=30 ℃

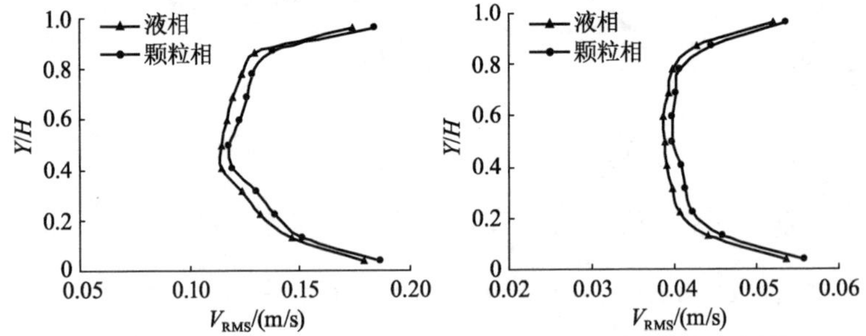

(c) U_{max}=1.85 m/s, T=25 ℃

(d) U_{max}=0.65 m/s, T=25 ℃

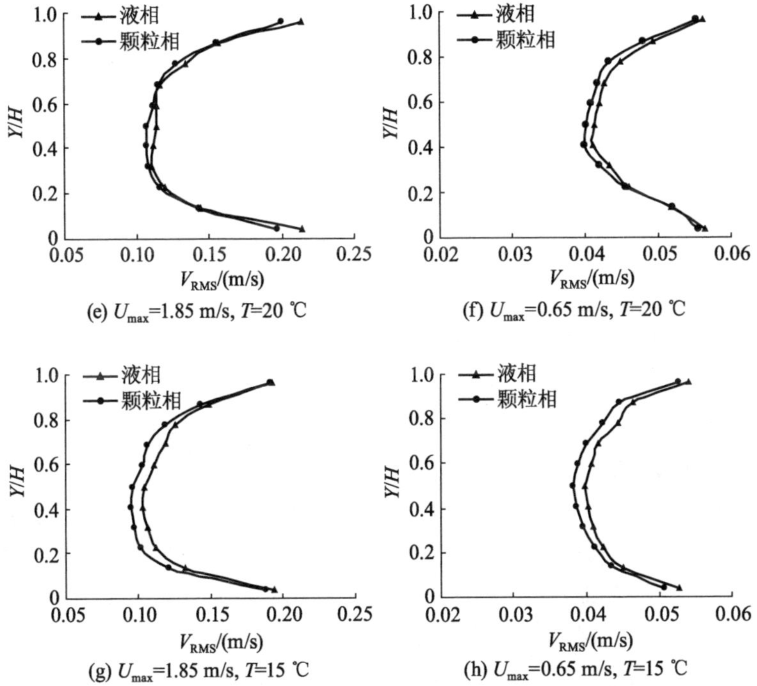
液相
颗粒相
Y/H
V_{RMS}/(m/s)
(e) U_{max}=1.85 m/s, T=20 ℃
(f) U_{max}=0.65 m/s, T=20 ℃
(g) U_{max}=1.85 m/s, T=15 ℃
(h) U_{max}=0.65 m/s, T=15 ℃

图 4-33　不同温度下液相、颗粒相横向脉动强度分布

根据图 4-32、图 4-33 的结果可知，纵向、横向湍流脉动强度均呈主流区域大、边界区域逐渐减小的分布状态，这与流体力学理论及有关试验结果相符；两种最大主流速度下，在 30 ℃，25 ℃时颗粒相的湍流脉动强度值要大于液相，并且 25 ℃时二者在数值上的差异较大；随着温度的下降，颗粒相的湍流脉动强度减弱并小于液相。

向做湍流流动的流体中加入颗粒后，湍流是增强了还是削弱了，长期以来一直是两相流研究的热点。人们对此问题有着截然相反的答案。根据刘大有的分析，人们在研究两相流动时尚局限于流体力学两种流动制式（或流态）的框架内，把分子热运动以外的所有脉动都称为湍流脉动；同时，由于各自的试验研究又与湍流的具体流动参数有关,于是就造成了这一结果。他认为,在液固两相流动中,颗粒的无规则运动有多种形式,除了跟随水流紊动的湍流脉动之外,还具有不同于湍流脉动的其他脉动形式。如颗粒与颗粒、颗粒与固壁的碰撞产生的无规则脉动,就是一种不同于湍流脉动的颗粒脉动形式,刘大有称之为准层流脉动。运用此理论回答上述问题,他认为,颗粒的引入将削弱湍流脉动,但将加强准层流脉动;认为颗粒的引入会加强湍流的,则是将准层流脉动纳入湍流脉动的结果。

从 PDPA 的试验结果看,在 30 ℃,25 ℃时,无论是纵向或是横向颗粒相湍流脉动强度均大于液相脉动强度,这与刘大有的三种流动制式理论相吻合。处于过饱和状态下的绿液在输运过程中不断有单体核析出,在浓度场、温度场、速度场的共同作用下,单体核转化为初级粒子。为数众多的单体核和初级粒子在流场中相互碰撞,其结果直接导致了颗粒相湍流强度的增加,而并不呈现颗粒对液相紊动的跟随性这一特点。在边壁处颗粒还与壁面发生碰撞,因此,此处的颗粒相湍流脉动强度明显大于液相。

随着温度降低至 20 ℃,过饱和度大为增加,单体核、初级粒子及在此基础上聚并而成的盐析晶体颗粒数目及平均粒径也大增,这一结论由所测得的颗粒相相对数密度得到证明。正是由于颗粒相相对数密度及平均粒径的显著增加,使得颗粒相体积百分数及等效黏性系数增大,导致颗粒相湍流脉动强度减弱并小于液相。同时,由于边壁处受非均相成核的影响,这种现象在其附近表现得更为突出。

③ 不同温度下颗粒相平均粒径分布

在盐析过程中,无论是颗粒相、液相或是固相都存在不同模式的输运过程,这些输运过程主要包括能量、质量和动量的输运,各种输运过程之间又是相互联系的。造成各种不同形式的输运的原因,是系统内各部分"输运势"不相等。在系统达到平衡状态之前,在各种"输运势"的作用下,盐析晶体经历着从晶核到初级粒子再到最终颗粒的生长过程。宏观上,表现为颗粒相数密度及平均粒径的增大。因此,平均颗粒相的粒径是研究湍流状态下盐析过程演化、发展的重要指标。基于以上考虑,详细考察各种条件下的颗粒相平均粒径 D_{mean} 的变化状况是有意义的。图 4-34 给出了两种最大主流速度下,四种不同温度时的颗粒相平均粒径分布。

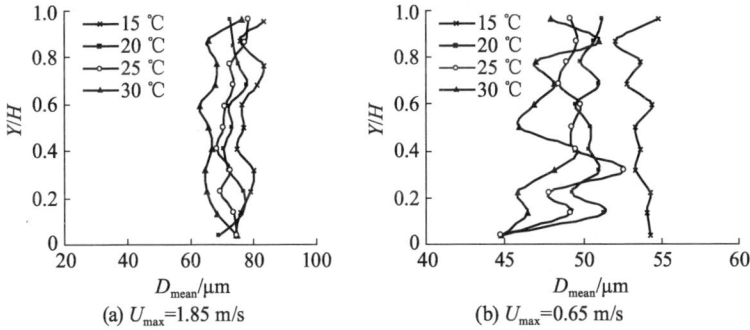

图 4-34　不同温度下颗粒相平均粒径分布

根据图 4-34 可知,在两种最大主流速度下,颗粒相平均粒径分布具有一定的非均匀性,同一温度下其数值大小沿垂线方向有差别;同时,两种流速下平均粒径均随温度的降低而增大,且在高速时其值普遍大于低速时。

晶核生长在实际过程中存在几种形式:单核生长、外延生长、表面反应生长和聚并生长。绿液在输运过程中,在温度逆向梯度的影响下,一方面由于晶体析出而降低了系统的过饱和度,另一方面由于温度降低又大大增加了其过饱和度,二者都会对盐析晶体的生长产生影响。共同作用的结果仍然是随着温度的降低,过饱和度加大,使得颗粒相相对数密度增大。正是由于颗粒数的增加,使得聚并生长成为颗粒生长的主要方式。聚并发生的原因就是单体核、初级粒子及颗粒间的相互碰撞,颗粒数的增加极大地强化了这一机制。又由于这种机制的随机性,受各种流动参数的影响很大,因此造成颗粒相平均粒径大小沿垂线方向分布不均匀。一般来说,同一尺寸的颗粒间因其动力学特性相同而造成直接碰撞的概率要小于不同尺寸的颗粒。据此可以看出,盐类溶液输运过程中,粒径分布的非均匀性使得颗粒相互间的碰撞概率大增。

碰撞聚并机制受到湍流脉动强度的正向影响,湍流脉动强度越大,越易聚并,传质系数也越大。因此,一方面,温度降低造成的湍流脉动强度加大导致了颗粒相平均粒径的增大,但在温度降低到一定程度时,随着颗粒相体积百分数的增加,湍流脉动强度开始减弱,也就弱化了两相间的传质;另一方面,在温度降低到一定程度时,较大的过饱和度又强化了两相间的传质,此时较大的过饱和度产生较大的相变驱动力占据着主导地位,因而颗粒相仍然在生长。同时,由于高速时的湍流脉动强度绝对值比低速时要高,导致其颗粒相平均粒径也大。

④ 不同温度下液相、颗粒相平均速度分布

在逆向温度梯度的驱动下,颗粒相的体积百分数不断增加,平均粒径不断增大,将直接影响到液相、颗粒相的平均流速。图 4-35 给出了温度分别为 15 ℃,20 ℃,25 ℃,30 ℃条件下,最大主流速度分别为 1.85 m/s,0.65 m/s 时的液相、颗粒相平均速度分布。

根据图 4-35 可知,主流速度、溶质浓度保持恒定,在不同温度下,液相、颗粒相平均速度分布具有明显的特点,即在盐析过程中,矩形管内液相、颗粒相平均速度沿垂线方向基本呈对称分布;在矩形管中心区域,颗粒相速度小于液相速度且随着温度的降低,两者的速度差有增大的趋势;在上、下边壁处,两种主流速度下,液相、颗粒相间的速度差呈不稳定状态,某种温度下液相速度大于颗粒相速度,另一种温度下又正好相反。

一般的液固两相流动理论认为,两相的密度不同,对外界作用常常有不同的响应,从而导致非平衡现象的出现。密度差越大,则加速度差越大,非平衡现象越严重。如果两相在流动中受到一个不变的压强梯度作用(假设液固两相密度不变),则在流动开始阶段,两相的加速度不同,二者的速度逐渐拉开差距;与此同时,相间阻力逐渐增大,使加速度差逐渐减小,直至两相的加速度相同,而维持一个不变的速度差。

(a) U_{max}=1.85 m/s, T=30 ℃

(b) U_{max}=0.65 m/s, T=30 ℃

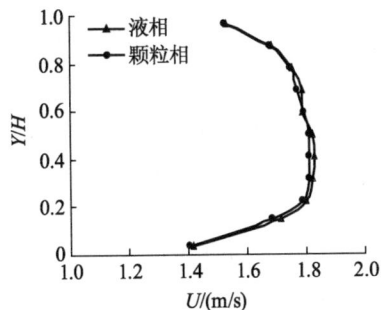

(c) U_{max}=1.85 m/s, T=25 ℃

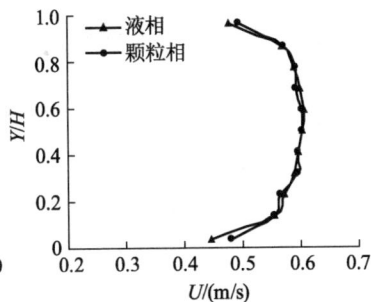

(d) U_{max}=0.65 m/s, T=25 ℃

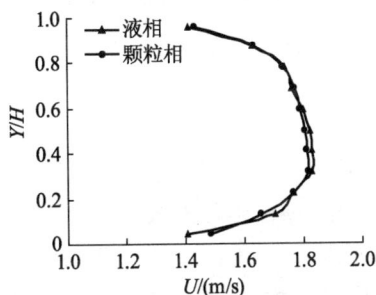

(e) U_{max}=1.85 m/s, T=20 ℃

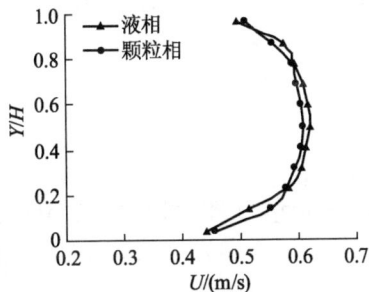

(f) U_{max}=0.65 m/s, T=20 ℃

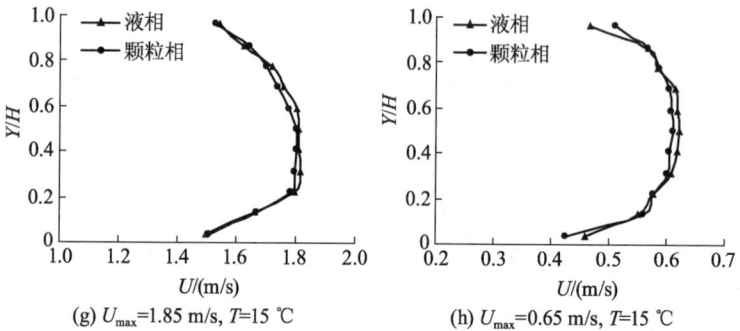

(g) U_{max}=1.85 m/s, T=15 ℃　　　　(h) U_{max}=0.65 m/s, T=15 ℃

图4-35　不同温度下液相、颗粒相平均速度分布

　　根据传统的液固两相流动理论,在矩形管内湍流充分发展区域,液相与颗粒相之间存在着速度差,图4-35的试验结果符合这一规律;同时,盐析过程的湍流流动又有自身的运动特性,即随着温度的降低,液相与颗粒相的速度差在增大。这一现象可以从盐析过程的自身特点加以分析:随着温度的降低,盐溶液的溶解度减小,过饱和度加大,导致单体核及初级粒子的不断析出并因此而加大了颗粒相的湍流脉动强度;湍流脉动强度的增大又加剧了碰撞聚并效应,使液相、颗粒相间的传质系数增大,颗粒相不断生长。基于这一输运机制,温度降低,则颗粒相的数密度及平均粒径呈增大趋势。保持主流速度不变,在这一趋势的驱动下,作为连续介质来研究的控制体内颗粒相的分密度 σ_p 增加。

$$\sigma_p = \frac{\delta m_p}{\delta V} \tag{4-8}$$

式中,δm_p 为颗粒相的质量;δV 为液相、颗粒相总体积。

　　由式(4-8)可知,颗粒相的分密度 σ_p 与颗粒相数密度及平均粒径成正比。单位体积内颗粒相质量的增大,有可能导致颗粒相非平衡现象越严重,造成其跟随性变差。这就是温度越大,液相、颗粒相间的滑移速度越大的原因。当然,二者间的速度差与主流平均速度相比还是很小,仍可以把这种状态下的流动看成平衡流。

　　上、下边壁处液相、颗粒相间的速度差处于不稳定状态,可做如下分析:a. 当液相速度大于颗粒相速度时,颗粒相速度难以完全跟随液相运动,通过上述分析,这完全可以理解。b. 边壁处颗粒相速度有时又会大于液相速度,这仍需从颗粒相自身运动特性加以解释。颗粒相在主流区获得较大能量和动量,当运动到壁面时,由于壁面的不可入性瞬间与固壁发生弹性碰撞而得到较高的反向速度,于是从壁面跃起,重新在外层获得新的能量后再向壁面运动,又与固壁发生碰撞再跃起,如此反复,使得颗粒相的速度超过了液相。c. 至于为何处于不稳定状态,这直接与单体核在壁面析出及颗粒与壁面碰撞的随机性相关,而在不同壁面处的析出概率又与表面活化能及流动参数相联系;若某状态下该壁面处并无单体核或初级粒子沉积,也就不存在糊状区域,则颗粒与壁面间为弹性碰撞,那么颗粒相速度有可能比液相速度大,反之则小。

⑤ 不同温度下颗粒相平均速度分布

温度的降低,导致盐析过程中液相、颗粒相一系列动力学参数发生变化。这其中也包括颗粒相平均速度的改变,图 4-36 给出了15 ℃,20 ℃,30 ℃三种温度下颗粒相平均速度的分布情况。

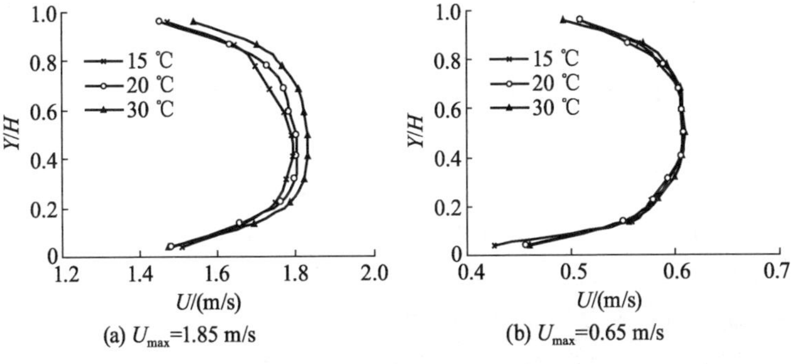

图 4-36　不同温度下颗粒相平均速度分布

根据图 4-36 可知,温度降低,颗粒相平均速度减小。可从两个方面来解释这一变化趋势:a. 随温度下降,颗粒相分密度增大,颗粒相偏离平衡状态较远,速度有可能降低。b. 温度降低造成颗粒相体积分数 α_p 增大,而液固两相流中流体黏性系数的确定需计及

颗粒相体积效应。等效黏性系数可表示为

$$\mu_{\mathrm{eff}} = \mu\exp\left(\frac{2.5\alpha_{\mathrm{p}}}{1 - S\alpha_{\mathrm{p}}}\right) \tag{4-9}$$

式中,α_{p} 为颗粒相体积分数;μ 为未计颗粒相时的液相黏性系数;S 为系数,取 $1.35 < S < 1.91$。

由式(4-9)可知,颗粒相体积分数越大,等效黏性系数越大。从等效黏性系数考虑,温度降低,也会造成颗粒相平均速度的减小。

综上所述,在同一速度、同一浓度,不同温度时,湍流状态下盐析过程的内在输运机理为:在逆向温度梯度的驱动下,溶质的溶解度下降,过饱和度增加,单体核、初级粒子大量析出并遵循非均相成核规律形成盐析晶体固相颗粒;三种形式的混合颗粒相数密度的增大,导致了其湍流脉动强度的增大;湍流脉动强度增大又强化了碰撞聚并作用,加大了两相的传质系数,造成盐析晶体颗粒不断生长,其宏观表现即为颗粒相平均粒径的增大;当温度下降到一定程度时,湍流脉动强度减弱而弱化了相间传质,但此时较大的相变驱动力作用占据优势地位,颗粒相仍然不断生长。颗粒相数密度与平均粒径的增大导致了流动结构的细微变化,其结果有二:一是液相、颗粒相平均滑移速度加大;二是低温度时的颗粒相平均速度要比高温时小。

由此也可以看出,虽然盐析晶体生长发展的基础是相平衡理论,但生长的实际过程是非平衡态过程。在整个系统中,存在不同模式的输运过程,这些输运过程主要包括能量、质量、动量的输运,各种输运过程相互联系、相互制约。

(2)同一平均速度、同一温度,不同浓度

矩形管内保持绿液平均速度、主流温度不变,通过改变溶质浓度来考察不同浓度下的盐析过程中不同流动参数的变化状况。在最大主流速度为 1.25 m/s(清水,常温下)、温度保持一定,溶质浓度分别为 140 g/L,170 g/L,210 g/L 的条件下,运用 PDPA 对管内流动状态进行测量。图 4-37 至图 4-41 分别给出了 15 ℃,20 ℃,

25 ℃,30 ℃四种温度下的颗粒相相对数密度分布、纵向湍流脉动强度分布、横向湍流脉动强度分布、平均粒径分布及平均速度分布。

① 颗粒相相对数密度分布

颗粒相相对数密度是某种输运状态下表征盐析速率快慢的重要的外在标志。图 4-37 为主流平均速度、温度保持一定时,三种浓度下的颗粒相相对数密度分布。

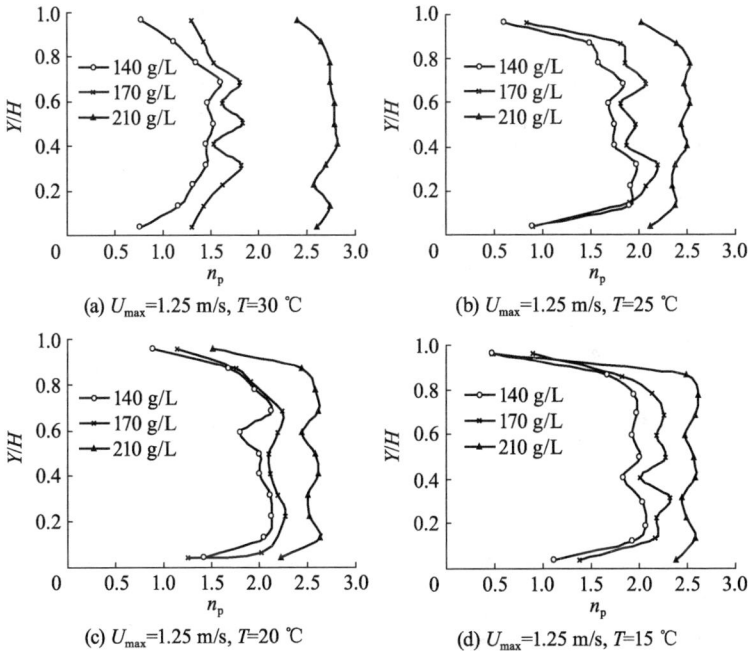

图 4-37 不同浓度下颗粒相相对数密度分布

根据图 4-37 可知,在溶质浓度不同、温度保持一定的条件下,颗粒相相对数密度均呈现出主流区域较大、接近边壁处较小的分布状态,且较为对称;大部分情况下矩形管上边壁处的数密度大于下边壁处;其变化趋势也均表现为随溶质浓度的降低而减小。

颗粒相相对数密度在主流区域较大且较为对称,说明在此区域内盐析晶体成核速率高，并且沿垂线方向成核概率大体相当。大部分情况下矩形管上边壁处的数密度大于下边壁处，可能的原因是受重力的影响，接近下壁面处部分颗粒落于管底，测量结果表现出来的即是如此。

在等温等压的条件下，绿液中的溶质浓度越大，生成盐析晶体时系统的吉布斯自由能下降越大，其相变驱动力也就越大，成核速率也相应加快。因此，当浓度较高时，绿液在输运过程中的成核速率较浓度低时有所提高，并在此基础上通过碰撞聚并机制形成较多的颗粒。

② 颗粒相纵向及横向湍流脉动强度分布

溶质浓度变化引起相应的颗粒相数密度变化，进而影响其湍流脉动强度的响应。图 4-38、图 4-39 分别为一定主流速度、温度条件下，颗粒相纵向、横向湍流脉动强度分布。

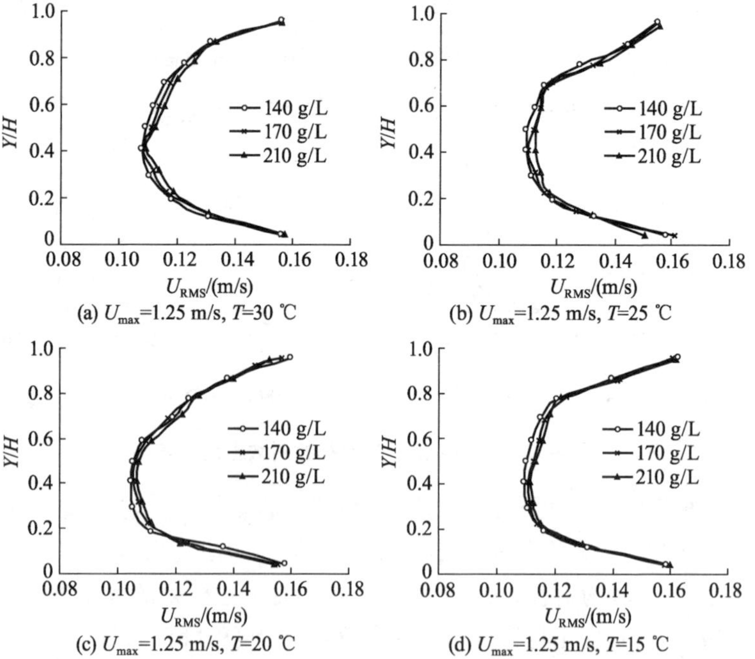

1.0
0.8
0.6
0.4
0.2
0
Y/H
0.08 0.10 0.12 0.14 0.16 0.18
U_{RMS}/(m/s)
140 g/L
170 g/L
210 g/L
(a) U_{max}=1.25 m/s, T=30 ℃
(b) U_{max}=1.25 m/s, T=25 ℃
(c) U_{max}=1.25 m/s, T=20 ℃
(d) U_{max}=1.25 m/s, T=15 ℃

图 4-38　不同浓度下颗粒相纵向湍流脉动强度分布

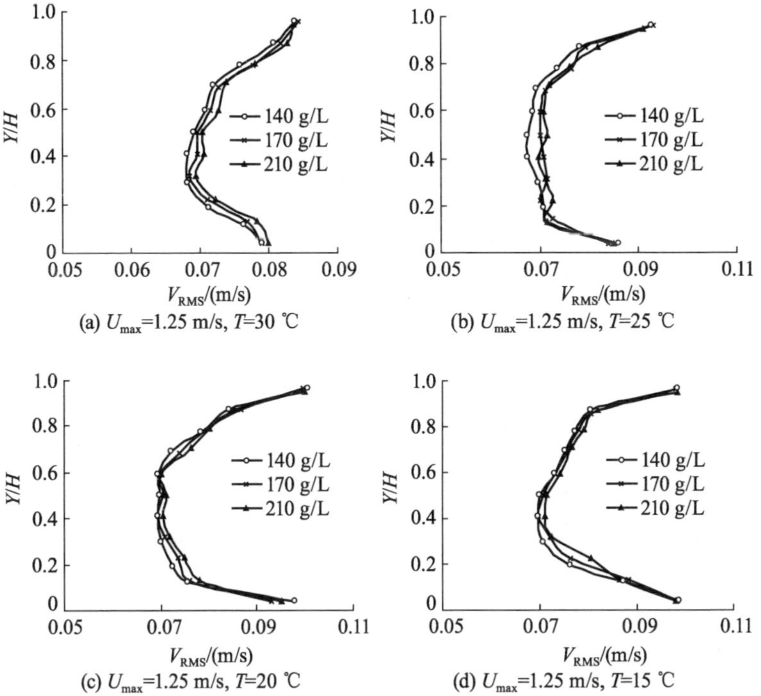

图 4-39 不同浓度下颗粒相横向湍流脉动强度分布

颗粒相纵向、横向湍流脉动强度分布基本类似于一般的液固两相流动,大致为中间大、两边小,但不像单相或液固两相那样分布均匀;总体变化趋势是随浓度降低而减小,但在部分子图上也有反例,尤其在上、下边壁处,往往是低浓度时湍流脉动强度大。

盐析过程有自身特点,即成核速率受外界条件影响很大,对系统的速度、温度、浓度及平衡常数等参数非常敏感。沿垂线方向成核速率的差异会导致一系列的结果,包括湍流脉动强度分布的不均匀性。在边壁处,高浓度条件下由于较大过饱和度的影响,颗粒相会较快沉积下来与壁面生成的颗粒一起成为盐析层。新生成的盐析颗粒在向壁面运动时,往往被嵌入该区域。因此,高浓度情况下颗粒与壁面发生弹性碰撞的概率大大小于低浓度情况下,颗粒在接近壁面处经历着反复撞击、回弹、再撞击的过程,动量与能量不断加大,也就有可能在此处获得较大的湍流脉动强度。

③ 颗粒相平均粒径分布

在保持主流速度、温度不变的情况下,浓度梯度会影响到颗粒相的数密度、湍流脉动强度,进而影响其生长速率。而从晶核析出生长至盐析颗粒,粒径变化是外在表现。图 4-40 为不同浓度下的盐析晶体颗粒平均粒径分布。

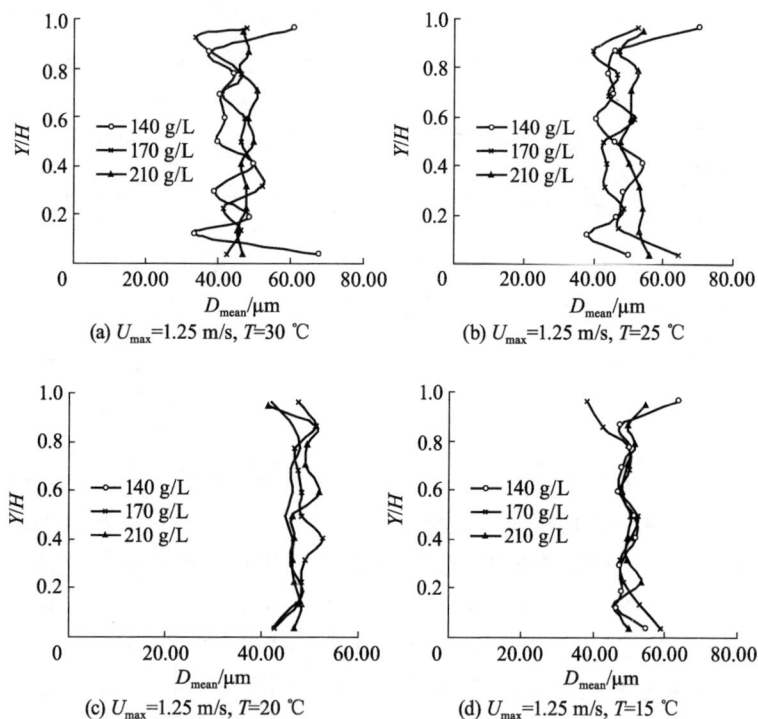

图 4-40　不同浓度下颗粒相平均粒径分布

根据图 4-40 可知,颗粒相平均粒径沿垂线方向分布并不均匀,呈现出一定的粒度非均匀性,但同种浓度下其值大小基本保持在一定的范围内;多数状态下接近壁面处的粒径值要大于主流区域,但也有例外,如图 4-40b 所示,总体变化趋势为随浓度降低粒径减小。

溶质的过饱和浓度是等温、等压条件下造成相变驱动力的主要原因。但在盐析过程中，在流场中某个过流断面内，过饱和浓度不可能处处相等，不过也不会相差很大。不同质点处的成核速率因此受到约束，也就影响到晶体颗粒的生长。

一方面，联系湍流脉动强度分布，在壁面处湍流强度值无论纵向或是横向一般都大于主流区域，因此与主流区域相比，晶核、颗粒在此处的碰撞聚并得到强化而较迅速生长；另一方面，联系颗粒相相对数密度分布，壁面处颗粒数少于主流区，重要的原因之一可能是颗粒聚并的结果。同时，湍流状态下的盐析过程极为复杂，盐析晶体颗粒的生长过程不仅仅受到流体动力学参数的制约，还受到诸如晶体生长驱动力、表面活化能、成核功及临界半径等晶体生长动力学参数的影响，因此在不同状态下可表现出不同的生长速率。

高浓度下的粒径值要大于低浓度下，主要原因在于较大的过饱和度产生较强的晶体生长驱动力进而加快其生长。而在平衡状态下，粒径值又是盐析晶体生长速率的宏观反映。

④ 颗粒相沿流向平均速度分布

盐析过程中，在两相流体动力学、晶体生长动力学各种参数的制约下，温度场、速度场、浓度场互相联系、互相影响，浓度的变化必然造成主流速度的改变。图 4-41 给出了三种溶质浓度下颗粒相沿流向的平均速度分布。

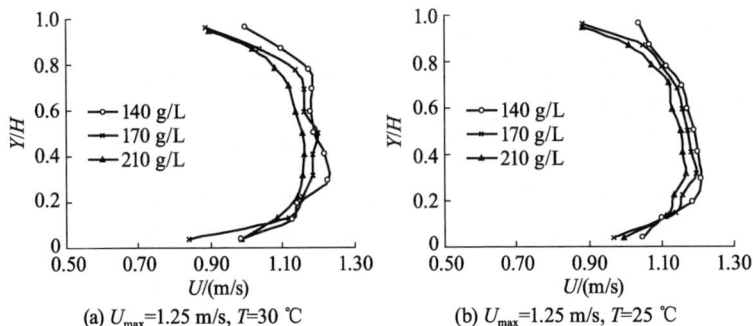

(a) U_{max}=1.25 m/s, T=30 ℃　　　　(b) U_{max}=1.25 m/s, T=25 ℃

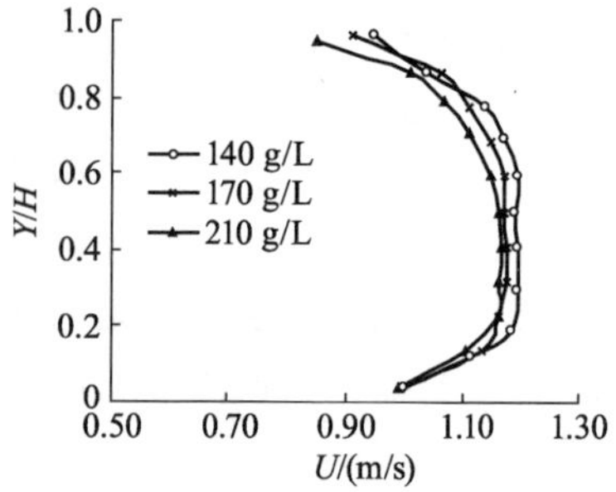

(c) U_{max}=1.25 m/s, T=20 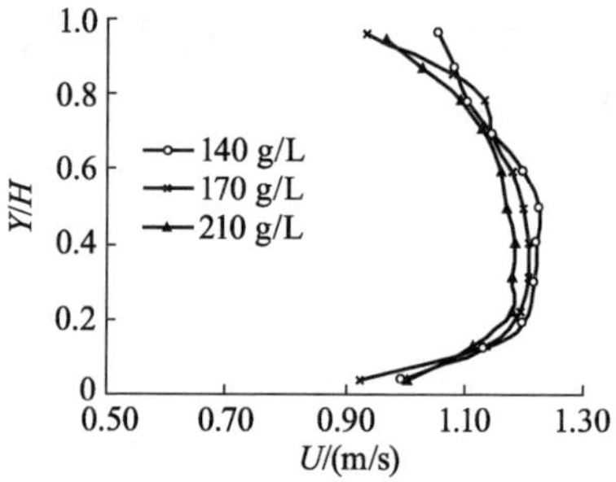 ℃   (d) U_{max}=1.25 m/s, T=15 ℃

图4-41 不同浓度下颗粒相沿流向平均速度分布

由图4-41可知,颗粒相沿流向平均速度在垂线方向基本为对称分布,在中心区域(大约在相对距离 $Y/H=0.2$ 至 $Y/H=0.8$ 处)随浓度的增加基本呈下降的趋势;在除此之外的接近边壁区域则较为紊乱,并不一定随浓度增加而下降。

随着溶质浓度的增加,一方面,因加大过饱和度而加速盐析晶体的生长,进而加大湍流脉动强度;另一方面,由于颗粒相体积百分数的增大而增大绿液输运的等效黏度,强化了增阻效应,其结果是导致中心区域沿流向平均速度呈下降趋势。但在接近边壁处,一方面,不同浓度下颗粒相相对数密度相差不大;另一方面,此区域颗粒的粒度不均匀性较中心区域大得多,颗粒尺寸差别大,相互间碰撞的概率也大大增加,造成颗粒相获得更多的动量从而弱化了增阻效应,并且不同相对位置处的溶质浓度也存在着细微的差别。这些因素综合的结果就是接近边壁区域平均速度较为紊乱,并不一定随浓度的增加而下降。

(3)同一主流温度、同一溶质浓度,不同平均速度

湍流状态下的盐析过程是一个异常复杂的伴有传热、传质、传动在内的强制对流扩散过程,各种流体动力学参数、晶体动力学参数共同规定着盐析现象的发生、发展与演化。在此过程中,伴随着晶核的析出与盐析晶体颗粒的生长,液相与颗粒相、液相与固相、颗粒相与固相之间相互作用,温度场、速度场、浓度场之间既相互联系又相互制约。速度场肯定会对盐析过程产生重要的影响,因

此有必要探讨速度与晶体颗粒生长的内在联系。图 4-42 给出了 15 ℃,20 ℃,25 ℃,30 ℃四种温度下,颗粒相沿流向速度平均值对平均粒径影响的试验结果及其拟合曲线。图中,纵坐标取测量断面上所测得的颗粒相粒径平均值的自然对数,横坐标取测量断面上所测得的沿流向速度平均值(单位为 cm/s)的自然对数;拟合曲线取二次多项式

$$y = ax^2 + bx + c \qquad (4\text{-}10)$$

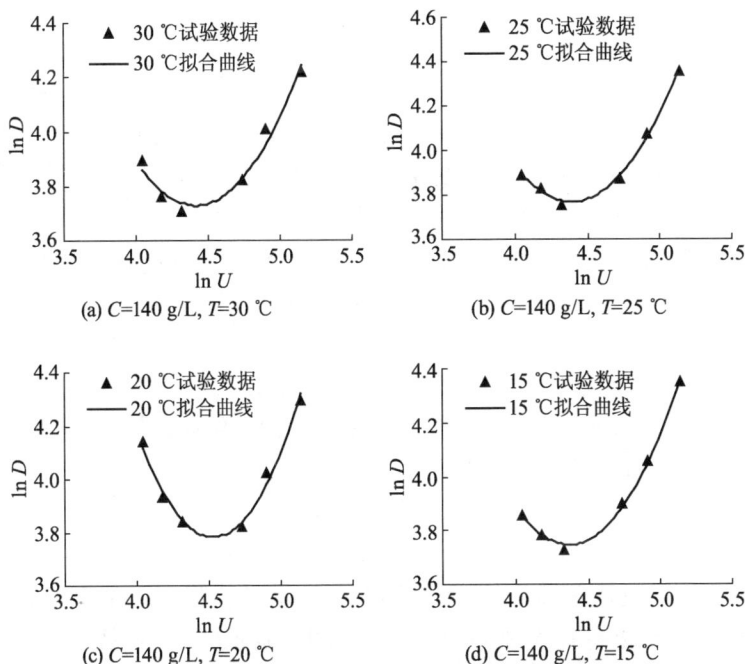

(a) C=140 g/L, T=30 ℃

(b) C=140 g/L, T=25 ℃

(c) C=140 g/L, T=20 ℃

(d) C=140 g/L, T=15 ℃

图 4-42　颗粒相沿流向速度平均值对平均粒径的影响

图 4-42 中,拟合曲线与试验数据吻合较好,基本反映了颗粒相沿流向速度平均值对平均粒径影响的变化趋势。根据图 4-42 可知,不同温度下这种变化趋势相似,但数值上有差距;同时,在任何温度条件下均存在着某一临界平均速度,大于此速度时粒径随速度增大而增大,小于此速度时粒径随速度减小而增大。此临界速

度值相当于二次曲线中的拐点。

以图4-42c为例,任取三对试验数据求得二次多项式的表达式为

$$y = 0.95x^2 - 8.28x + 21.84 \qquad (4-11)$$

式(4-11)两边对 x 求导,即

$$\frac{\mathrm{d}y}{\mathrm{d}x} = 1.9x - 8.28 \qquad (4-12)$$

令式(4-12)等于0并代入式(4-11),可得 $x = 4.36, y = 3.79$。将 x, y 值代入

$$x = \ln U, \ y = \ln D \qquad (4-13)$$

可得 $U = 78.26 \ \mathrm{cm/s}, D = 44.26 \ \mu\mathrm{m}$,此点即为临界速度点。

由以上部分可以看出盐析过程的复杂性。平均速度降低,相应的湍流脉动强度会减弱,导致盐析晶体的生长变缓,在此平均速度区域范围内,在温度、浓度保持不变的条件下,就是速度场在起主导作用;但当速度降低到某一临界值后,盐析晶体颗粒的生长速度又会加快,这可能是由于在某个平均速度区域范围内,液相、颗粒相间的传质过程受到其他机制的约束,或者在某个湍流尺度范围内,传质的强弱受到各种综合因素的制约。例如,尽管不同温度下的变化趋势相似,但临界速度点并不相同。

2. 圆管内的盐析流动

在圆管内,当主流速度、盐溶液溶质浓度保持不变,而温度由高至低形成逆向温度梯度时,颗粒相流动结构将产生细微变化。图4-43至图4-47分别给出了圆管内中间截面水平中心线上,最大主流速度为0.42 m/s(清水,常温下),溶质浓度为140 g/L,温度分别为15 ℃,20 ℃,25 ℃,30 ℃时,颗粒相相对数密度分布,颗粒相平均粒径分布,液相与颗粒相的纵向、横向湍流脉动强度分布,液相、颗粒相主流平均速度分布状况。图4-48给出了15 ℃,20 ℃,30 ℃三种温度下的颗粒相主流速度分布,做比较分析。

由图4-43、图4-44可知,随着温度的降低,颗粒相的相对数密度及平均粒径值均呈增大的趋势。其中,图4-44显示在15 ℃时,

颗粒相平均粒径显著增大。这种分布状态与矩形管一样,反映了在过饱和度增加的情况下盐析晶体颗粒的不断析出与生长。15 ℃时颗粒相平均粒径的显著增大,是过饱和梯度快速增加的结果。

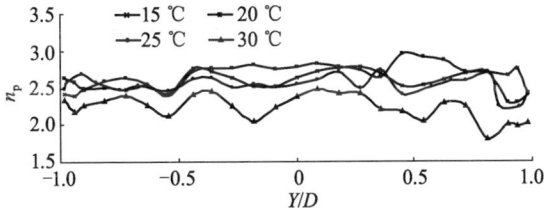

图 4-43　不同温度下颗粒相相对数密度分布

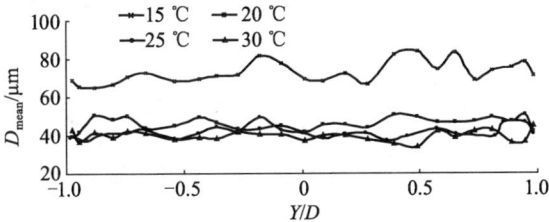

图 4-44　不同温度下颗粒相平均粒径分布

图 4-45、图 4-46 分别为相应温度下的液相、颗粒相纵向和横向湍流脉动强度分布。这些分布曲线具有以下特点:① 相同温度下,液相的脉动强度值低于颗粒相;② 液相在接近上、下边壁的小区域内,湍流脉动强度值减小,而颗粒相不呈现这种状况;③ 纵向湍流脉动强度值明显大于横向;④ 从 30 ℃到 25 ℃,两个方向的湍流脉动强度略微增大,此后则明显减弱。

形成第一个与第四个特点的原因与矩形管的分析一样,这里略述。第二个特点表明,在接近壁面处,液相的脉动强度会受到壁面的影响而减小,但颗粒相的脉动强度却是越接近边壁越大。第三个特点则反映了圆管内盐析过程中,湍流具有明显的各向异性。

图 4-45　不同温度下液相、颗粒相纵向湍流脉动强度分布

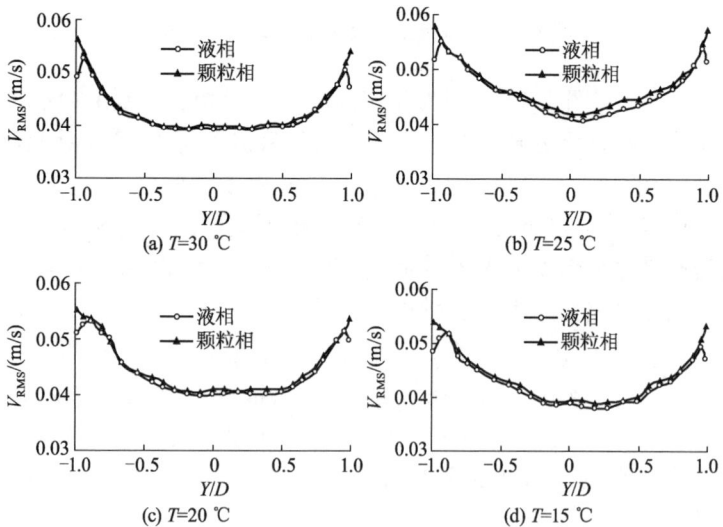

图 4-46　不同温度下液相、颗粒相横向湍流脉动强度分布

　　由图4-47可知,各种温度下,液相平均速度均大于颗粒相平均速度;由图4-48可知,随着温度的降低,颗粒相主流平均速度相应减小。这些分布特征形成的根本原因均与矩形管内盐析过程一致。

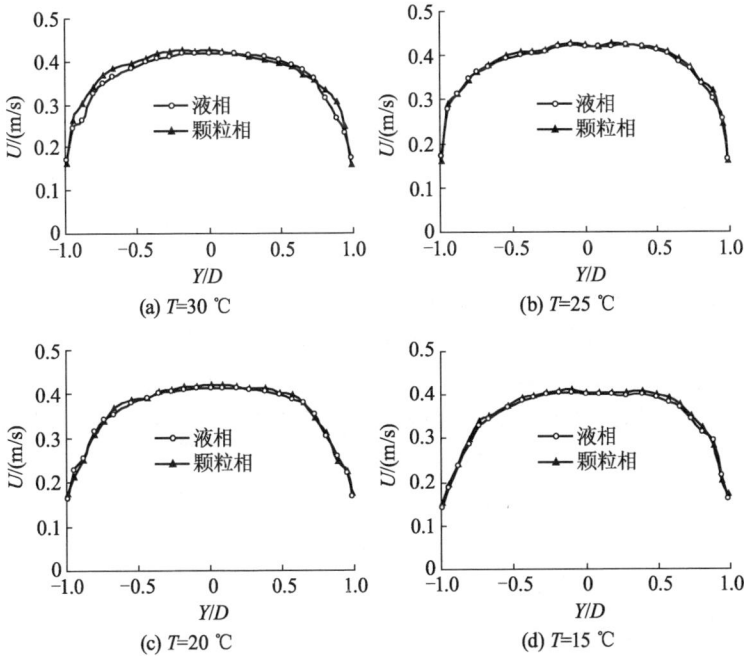

(a) T=30 ℃

(b) T=25 ℃

(c) T=20 ℃

(d) T=15 ℃

图4-47　不同温度下液相、颗粒相主流平均速度分布

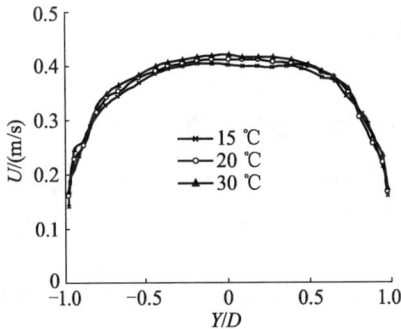

图4-48　不同温度下颗粒相主流平均速度分布

第五章 离心泵内盐析流动

离心泵是盐类溶液通用输送设备。随着盐析过程的不断演化,晶体颗粒的从无到有、晶体颗粒的不断生长等过程都影响着离心泵的性能。同时,叶轮内部的复杂的三维湍流又影响着盐析晶体颗粒的生长。对其盐析特性的阐述,从外特性基础试验出发,掌握泵扬程、功率及效率随盐析进程的变化规律,讨论泵出口安放角对泵输送盐类溶液时性能的影响。继而深入泵内部流场,通过粒子图像速度场仪(PIV)实现泵内典型的盐析两相流场的可视化,揭示盐析晶体颗粒的基本分布特征。最后以第三章建立的数学模型为基础,分别引入粒数衡算模型和离散元模型,通过对离心泵内部盐析两相流场 PBM - CFD 的耦合求解,获得泵内不同尺寸盐析晶体颗粒的粒径分布、组分数变化规律;通过 DEM - CFD 的耦合求解,分析晶体颗粒在叶片进口边附近的聚并过程,揭示不同工况下晶体颗粒与壁面接触力分布等颗粒动力学行为。

第一节 离心泵的外特性

一、盐析进程对泵性能的影响

采用第四章中的盐析过程传热试验台(见图 4-3)来考察盐析进程对离心式循环泵性能的影响。

1. 泵外特性

利用电阻加热装置将溶液箱中的硫酸钠溶液加热至 40 ℃,考察试验系统中离心泵的外特性随盐析晶体生长不同阶段的变化规律。

　　由图 5-1 可以看出,在同一流量下,输送硫酸钠溶液时泵的扬程低于输送清水介质时;由于溶液的密度及黏度比同等条件下的清水大,使得系统输送硫酸钠溶液时的功率较输送清水时要大,泵的效率有所下降,如图 5-2、图 5-3 所示。在系统稳定运行 4 h 后,离心泵的性能才发生变化,由前述延迟时间的分析,本书认为这 4 h 盐析过程处于延迟阶段,溶液中没有析出大量晶体。在系统运行 5 h 后,离心泵的扬程较前一阶段明显下降,功率显著增大,效率进一步下降;从取液口取出溶液进行化学分析,发现溶液中存在大量晶体。在之后的 1 h 内,离心泵的扬程、功率及效率基本在一个很小的范围内上下波动。初步分析,认为这一阶段溶液中晶体的析出速度和沉积速度相近,基本保持了溶液中的晶体数量稳定。在系统稳定运行 10 h 后,系统的流量有所下降,其最大流量只有 28.8 m³/h,离心泵的效率进一步降低。待停机拆开试验系统,检查发现叶轮的压力面中间附近吸附了大量晶体颗粒,叶轮进口处被堵塞了近 1/4;在蜗壳流道内,从第 Ⅰ 断面到第 Ⅷ 断面流道壁面上吸附的晶体颗粒逐渐增多;系统中的管道内壁面上均不同程度地吸附了大量晶体颗粒,部分弯头和管道连接处有所堵塞,这些现象均是造成系统流量降低的原因。

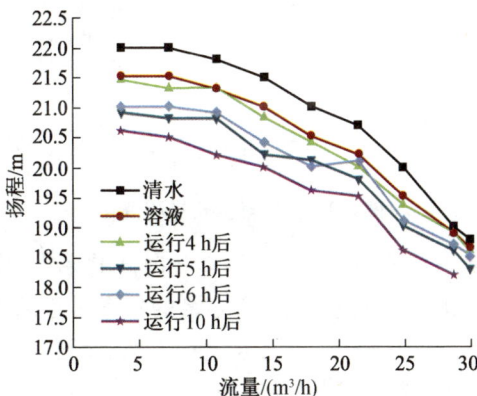

图 5-1　扬程随盐析进程变化

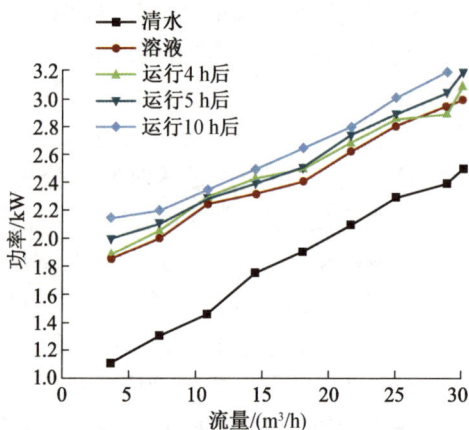

图 5-2　功率随盐析进程变化

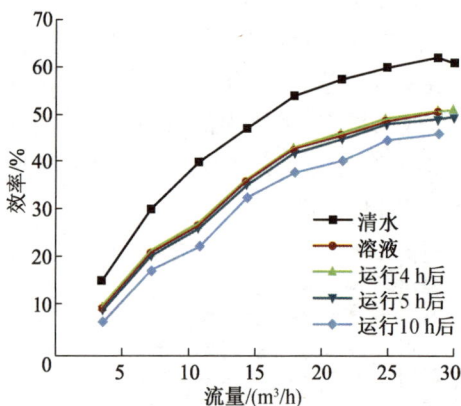

图 5-3　效率随盐析进程变化

　　设计流量下泵的功率及效率随盐析时间的变化如图 5-4 所示，可以看出在盐析的整个过程中，离心泵的功率呈逐渐增大的趋势，效率呈逐渐下降的趋势，在系统运行 10 h 后，泵转转所需功率比开机时增加了 7.5% 左右，效率降低约 5%。

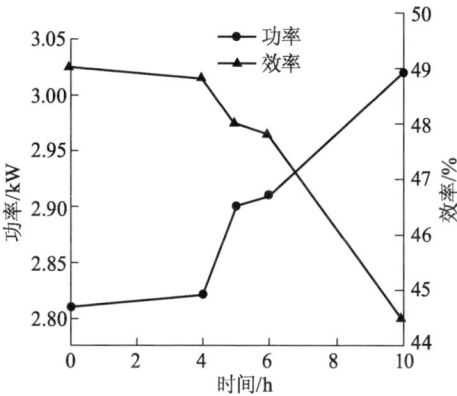

图 5-4 设计流量下离心泵的功率及效率随时间的变化

2. 泵性能变化分析

由图 5-1 可以看出,随着盐析过程的发生,离心泵的扬程逐渐降低,分析如下:

由晶体颗粒相对运动方程可得

$$K_1(\rho_c - \rho) = (W_c^2 - W_1^2) - K_2 \int f_{dl} \, dl \tag{5-1}$$

$$K_1(\rho_c - \rho) = (W_{cr}^2 - W_{1r}^2) - K_2 \int f_{dr} \, dr \tag{5-2}$$

$$K_1(\rho_c - \rho) = (W_{cu}^2 - W_{1u}^2) - K_2 \int f_{dlu} \, du \tag{5-3}$$

$$K_1 = \frac{2(P - P_1)}{\rho \rho_c \left(1 + A \dfrac{\rho}{\rho_c}\right)} \tag{5-4}$$

$$K_2 = \frac{(1 - C_V)\rho + C_V \rho_c}{C_V(1 - C_V)\rho \rho_c \left(1 + A \dfrac{\rho}{\rho_c}\right)} \tag{5-5}$$

式中,C_V 为盐析溶液中晶体颗粒的体积浓度;ρ,ρ_c 分别为溶液和晶体的密度;f_d 为单位体积两相流中液相相对固相的摩阻力;W_1,W_c 分别为溶液和晶体的相对速度。

当 f_d 的方向和晶体颗粒运动方向相同时为正,反之为负。由式(5-4)和式(5-5)可以看出，$K_1 > 0, K_2 > 0$。

由式(5-1)可以看出，若$\rho_c > \rho$，则必有$W_c > W_1$，因为如果晶体颗粒相对速度W_c小于溶液相对速度W_1，则溶液对晶体的阻力方向与晶相运动方向相同，$f_d > 0$，式(5-2)等号右边为负值，与等式左边符号相反，等式不成立。同理有$\rho_c < \rho$，则$W_c < W_1$。

与式(5-1)的分析相同，若$\rho_c > \rho$，则晶体颗粒相对速度径向分量大于溶液相对速度径向分量，即$W_{cr} > W_{lr}$；晶体颗粒相对速度圆周分量大于溶液相对速度圆周分量，即$W_{cu} > W_{lu}$。若$\rho_c < \rho$，则$W_{cr} < W_{lr}, W_{cu} < W_{lu}$。

通过上述分析可以得到叶轮出口处晶体颗粒和液相的速度三角形之间的关系(见图5-5)。当泵抽送密度较大的晶体颗粒时，在同样的流量下，其扬程小于抽送清水时的扬程，主要原因之一就是$\rho_c > \rho$时，$W_{cu} > W_{lu}$，使得晶体颗粒的绝对速度圆周分量V_{cu}小于液相的绝对速度圆周分量V_{lu}。

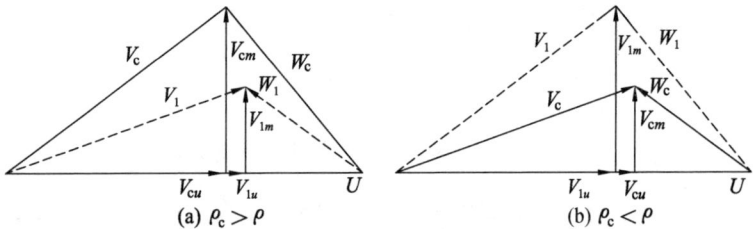

图5-5　叶轮出口速度三角形比较

二、叶片出口安放角对泵性能的影响

叶片出口角对离心泵内伴有盐析的固液两相流动影响的理论研究是利用流体力学基本理论，分析离心泵最优工况性能参数，即流量、扬程、轴功率、效率随叶片出口角的变化规律。确切地说，就是在保持叶轮其他几何参数不变的条件下，改变叶片出口角，研究离心泵最优工况性能随叶片出口角的变化情况。根据叶片出口角对泵效率的影响情况，可以找出最高泵效率所对应的叶片出口角，即最优叶片出口角。因此，叶片出口角对离心泵性能影响的理论研究实际是离心泵叶片出口角优化设计过程。

1. 叶片出口安放角对理论扬程的影响

叶片出口安放角的选择对离心泵能量性能的影响较大,一般选择范围不超过 40°。为分析叶片出口安放角对泵扬程的影响,现以 Stodola 理论扬程修正为出发点,考察不同叶片出口安放角对泵理论扬程的影响。

假定液流在叶轮进口无旋,则泵的理论扬程为

$$H_t = \frac{1}{g} u_2 v_{u2} \tag{5-6}$$

式中,u_2 为叶轮出口圆周速度;v_{u2} 为叶轮出口绝对速度的圆周分量。

设叶轮叶栅满足 Stodola 法有关条件,则在轴向旋涡影响下,叶轮出口速度三角形如图 5-6 所示。

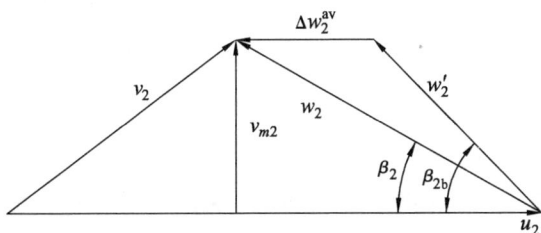

图 5-6　叶轮出口速度三角形

由图 5-6 可知,绝对速度圆周分量为

$$v_{u2} = u_2 - \Delta w_2^{av} - \frac{v_{m2}}{\tan \beta_{2b}} \tag{5-7}$$

式中,β_{2b} 为叶片出口安放角;v_{m2} 为叶轮出口绝对速度的轴向分量,$v_{m2} = \dfrac{Q_t}{\pi D_2 b_2 \psi_2}$;$\Delta w_2^{av}$ 为轴向旋涡运动在叶轮出口处的相对运动速度,$\Delta w_2^{av} = \dfrac{1}{2} \omega t_2 \psi_2 \sin \beta_{2b}$,其中叶轮出口处叶片间距 $t_2 = \dfrac{2\pi r_2}{Z}$($Z$ 为叶片数),叶轮出口的排挤系数 $\psi_2 = \dfrac{t_2 - S_{u2}}{t_2}$($S_{u2}$ 为叶轮出口处叶片

的圆周厚度），由此可得 $\Delta w_2^{\mathrm{av}} = u_2 \dfrac{\pi}{Z}\psi_2 \sin \beta_{2b}$。

将以上关系式代入式(5-7)，所得结果再代入式(5-6)，则得

$$H_{\mathrm{t}} = \frac{u_2}{g}\left(u_2 - u_2\,\frac{\pi}{Z}\psi_2 \sin \beta_{2b} - \frac{Q_{\mathrm{t}}}{\pi D_2 b_2 \psi_2 \tan \beta_{2b}} \right) \qquad (5\text{-}8)$$

式中，D_2 为叶轮出口直径；b_2 为叶轮出口宽度。

ψ_2 可以写成

$$\psi_2 = 1 - \frac{ZS_2}{\pi D_2}\sqrt{1 + \left(\frac{\cot \beta_{2b}}{\sin \lambda_2}\right)^2} \qquad (5\text{-}9)$$

式中，λ_2 为轴面截线与轴面流线的夹角，对于低比转速离心式叶轮，$\lambda_2 = 90°$。

将式(5-9)代入式(5-8)后，可知理论扬程 H_{t} 是叶轮主要几何参数的函数，即

$$H_{\mathrm{t}} = f(D_2, \delta_2, Z, b_2, \beta_{2b})$$

例如，离心泵设计理论流量 $Q_{\mathrm{t}} = 20\ \mathrm{m^3/h}$，扬程 $H = 10\ \mathrm{m}$，转速 $n = 1\,450\ \mathrm{r/min}$，经水力计算可得叶轮出口直径 $D_2 = 185\ \mathrm{mm}$，出口宽度 $b_2 = 10\ \mathrm{mm}$，厚度 $S_2 = 7\ \mathrm{mm}$，叶片数 $Z = 5$ 不变，得到一条叶片出口安放角与理论扬程的关系曲线（见图5-7）。在其他条件不变的情况下，H_{t} 随 β_{2b} 的变化存在一个极大值，从图5-7可以看出，在以上离心泵参数下，当 β_{2b} 为 $30°$ 左右时，理论扬程达到极大值。

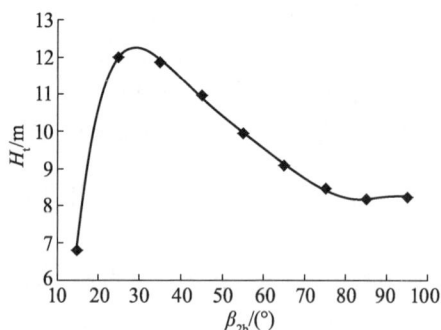

图5-7　叶片出口安放角与理论扬程的关系曲线

2．试验分析

（1）试验泵简介

试验泵参数如前所述，即 $Q = 20 \ m^3/h$，扬程 $H = 10 \ m$，转速 $n = 1\ 450 \ r/min$，三个叶轮的叶片出口安放角分别为 $30°,40°,50°$，包角均为 $120°$，叶片型线对比及叶轮流道三维造型分别如图 5-8 和图 5-9 所示。

图 5-8　叶片型线对比

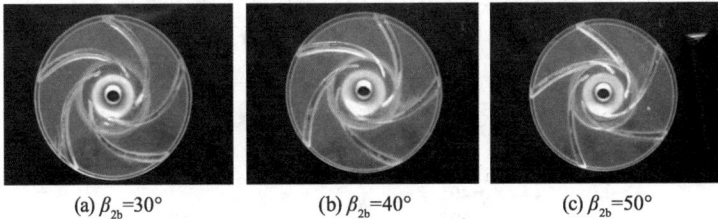

(a) $\beta_{2b} = 30°$　　　　(b) $\beta_{2b} = 40°$　　　　(c) $\beta_{2b} = 50°$

图 5-9　离心泵叶轮实物图

（2）试验结果分析

试验分别以清水及不同温度下的过饱和硫酸钠溶液为介质，考察不同叶片出口安放角对离心泵输送性能的影响规律，试验在盐析两相流专用试验平台上进行。

由图 5-10 清水时不同叶片出口安放角的离心泵外特性比较可以看出，随着叶片出口安放角的增大，扬程曲线是上移的，在设计工况点 $\beta_{2b} = 50°$ 的叶轮的扬程高于其他叶轮。功率随叶片出口安放角的增大而不断增大。在设计流量点，泵的扬程随叶片出口安放角的增大而增大，但设计点的效率不是随叶片出口安放角的增大而减小,这证明了大出口角叶轮流道的扩散损失使泵的效率降低。

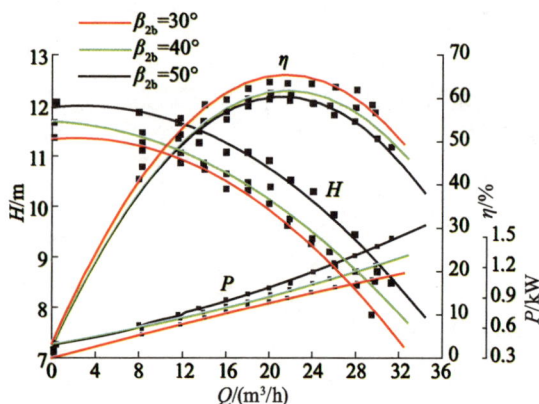

图 5-10　清水时不同叶片出口安放角的离心泵外特性比较

对比图 5-10、图 5-11 和图 5-12,清水时及盐溶液温度为 40 ℃和 34 ℃时不同叶片出口安放角的离心泵外特性变化情况可以看出,在相同流量下,泵输送盐溶液的扬程、效率低于输送清水,而消耗的功率高于输送清水,这是由于盐溶液的黏度大于清水。

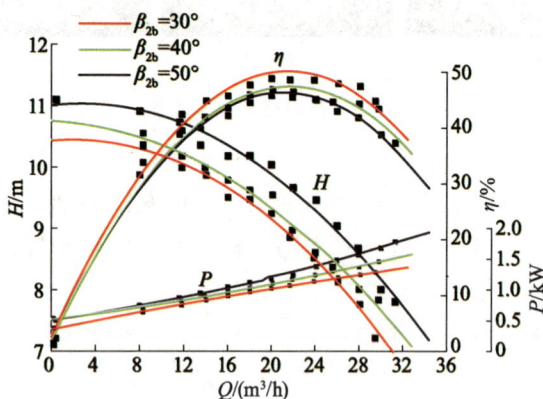

图 5-11　盐溶液温度为 40 ℃时不同叶片出口安放角的离心泵外特性比较

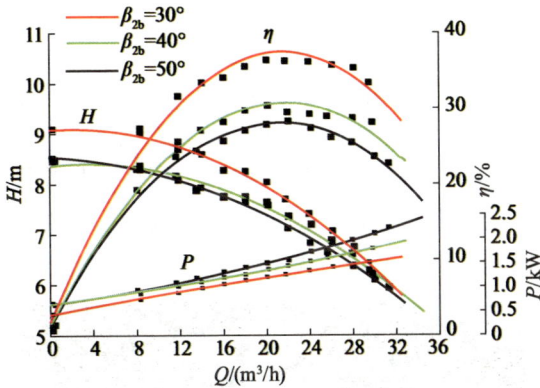

图 5-12　盐溶液温度为 34 ℃时不同叶片出口安放角的离心泵外特性比较

　　随着盐析颗粒的长大,泵输送盐溶液的扬程和效率都下降,轴功率上升,这是温度下降及固相颗粒生成时盐溶液中的液相和固相的黏度下降的结果。通过比较可以看出,三种情况下泵的外特性随叶片出口安放角变化规律类似,都是随着泵出口角的增大,扬程增大、效率减小而轴功率上升。

第二节　离心泵内盐析两相流场的可视化

　　为揭示离心泵输送盐类溶液时的内部流动特征,采用粒子图像速度场仪(PIV)对离心泵叶轮内的盐析晶体颗粒在不同运行工况、溶液温度及固相体积分数下的流场进行可视化测量,从而获得盐析晶体颗粒的运动及分布规律,试验结果一方面可用于后续数值计算模型适用性和计算结果准确性的验证,另一方面也可为离心泵的防结盐优化设计提供依据。

一、试验系统及方案

1. 试验系统

PIV 测量试验中所用泵为第一节中的离心泵模型,叶轮如图

5-9b 所示。

　　采用美国 TSI 公司的 PIV 系统,包括双 YAG 型脉冲激光器(工作频率为 15 Hz,单脉冲最大功率为 120 mJ,脉冲间隔为 200 ns ~ 0.50 s)、CCD 相机(型号为 PIVCAM13 - 8,分辨率为 1 280 × 1 024,图像采集速度为 8 帧/s)、610015 - NW 型光臂、片光源光学元件(由 FL1 000 mm 球面镜和 FL25 mm 柱面镜组成)、轴编码器、分频器、同步控制器及 Insight 5.0 软件等,如图 5-13 所示。

图 5-13　PIV 测量系统及试验回路

　　由于测试的是旋转流场,所以测量的关键就是要保证同步性,保证 CCD 相机每次采集的图像均为同一个流道,这样才能获得叶轮内部正确的流场分布。在试验过程中需要使用轴编码器和分频器。轴编码器与电机轴相连,发出脉冲信号。轴编码器发出的脉冲信号频率远高于 CCD 相机和激光的频率,因此需要对信号进行分割后再触发同步控制器,保证触发信号的频率不高于相机和激光的频率。同步控制器控制 CCD 相机的触发和激光的发射,激光经过由柱面镜和球面镜组成的光学元件后形成片光,照亮离心泵内部被测区域。CCD 相机采集激光照亮区域的粒子图像,并通过图像采集卡保存到计算机,通过对图像进行互相关处理,可以获得泵内流场的绝对速度分布。

　　2. 试验方案

　　试验选用不同温度、浓度的硫酸钠过饱和溶液作为介质。硫酸钠晶体颗粒对于光线的散射为瑞利散射,其特点是不改变入射光的频率,因此可直接利用盐析晶体颗粒作为其自身速度场的示踪粒子,而不必借助于专门用作示踪粒子的空心玻璃球等。

限于篇幅,本节仅给出单个叶轮流道的测量结果,用于讨论叶轮流道内晶体颗粒的运动规律及分布特性。本试验所选的测量区域如图 5-14 所示。

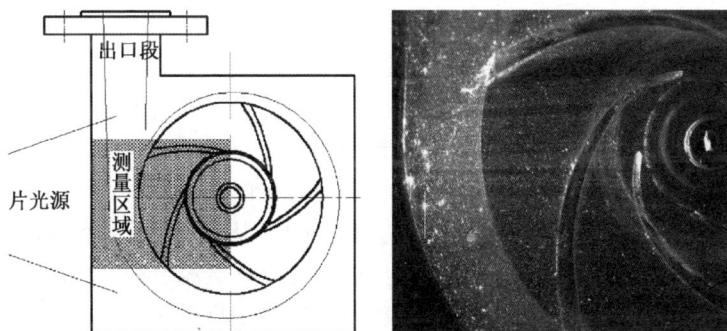

图 5-14　测量区域及跨帧模式下的图像

为了获得叶轮内部不同轴截面上粒子的运动及分布特性,试验中在叶轮的轴向布置三个断面,如图 5-15 所示。

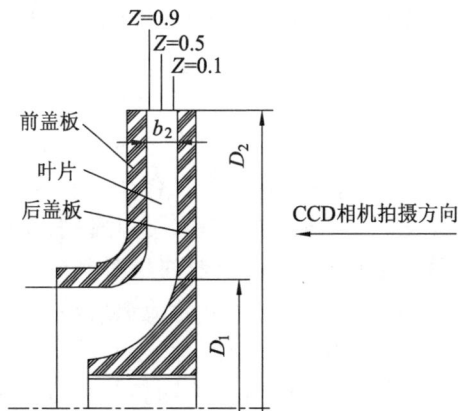

图 5-15　叶轮测量断面示意图

二、试验结果与分析

1. 晶体颗粒粒径分布特性

（1）流量对晶体颗粒粒径分布特性的影响

图 5-17 给出了不同流量下叶轮中间轴截面上盐析晶体颗粒的粒径分布，图 5-16、图 5-18 则分别为对应流量下后盖板与前盖板处轴截面上晶体颗粒的粒径分布图。由图 5-17 可以看出，设计流量下（见图 5-17b），在叶轮进口处多为小粒径颗粒，分布较均匀；沿径向逐渐有大粒径颗粒，且大部分位于压力面及其附近，吸力面及其附近区域多为小粒径颗粒，至出口处大粒径颗粒分布趋于均匀。产生这种分布特性的原因在于固相密度大于液相，在惯性力及离心力的作用下，大颗粒进入叶轮流道后逐渐偏向压力面，从而出现大颗粒聚集在叶片压力面的现象，而由于叶轮出口处混有蜗室流道中部分回流的晶体颗粒，所以部分大颗粒位于出口中间甚至靠近吸力面处。与图 5-17a，c 对比可以发现，流量不同时叶轮内颗粒分布差异较大。流量越大，大颗粒向压力面聚集的趋势越明显，颗粒平均粒径分布范围越广；且随着流量的增加，晶体颗粒数目增多，但粒径较小。分析其原因，小流量下晶体颗粒间的碰撞速率较小，使得碰撞聚并率远大于碰撞破碎率，即经碰撞后多形成大粒径颗粒；流量增加时，流速增大，提高了颗粒间的碰撞速率，碰撞聚并率降低，碰撞破碎率升高，从而影响了大颗粒生成率，使得晶体颗粒的粒径减小。

与图 5-16、图 5-18 相应流量下晶体颗粒粒径分布对比可知，在叶轮内，晶体颗粒粒径分布在轴向上也存在一定差异，但总体分布规律基本没有变化。三个轴截面相比，可以看到，晶体颗粒浓度呈现前盖板处轴截面上最小、后盖板处轴截面上最大的特点。分析认为，晶体颗粒随液相沿轴向进入叶轮流道后转向径向运动，受惯性力影响，运动轨迹偏向叶轮后盖板，直至叶轮出口处。颗粒粒径越大，偏向后盖板现象越显著，部分大颗粒与后盖板碰撞后反弹直至前盖板处，少部分颗粒需经多次碰撞才能行至出口处。所以大尺寸晶体颗粒在三个截面上的分布变化多样，而小颗粒跟随性较好，分布较规则。

（2）固相体积分数对晶体颗粒粒径分布特性的影响

图 5-19、图 5-20 和图 5-21 分别为不同固相体积分数下三个轴截面上的晶体颗粒粒径分布。由图可知,固相体积分数改变时,叶轮内晶体颗粒分布趋势没有较明显变化,但晶体颗粒浓度及其粒径变化较大。以叶轮中间轴截面(见图 5-20)为例,固相体积分数越高,同一区域大粒径颗粒数目越多。如第四章所述,这是因为固相体积分数较小时,晶体颗粒间平均距离较大,碰撞概率较小,因此由碰撞生成的大颗粒数较少;固相体积分数的提高,大大增加了颗粒间的碰撞概率,为大颗粒的生成提供了良好的条件,所以大粒径颗粒增多。

（3）温度对晶体颗粒粒径分布特性的影响

图 5-22 ~ 图 5-24 为不同温度下三个轴截面上的晶体颗粒粒径分布。由图可知,介质溶液温度升高,晶体颗粒粒径及数目均明显减小。这是因为当 Na_2SO_4 过饱和溶液温度从 35 ℃升至 43 ℃时,Na_2SO_4 的溶解度随之增大,加速了晶体颗粒的溶解速率,在一定程度上抑制了大颗粒的生成,所以叶轮流道内不仅颗粒粒径变小,而且颗粒浓度也比温度较低时小。

对比相应温度下三个轴截面上的晶体颗粒粒径分布可知,相同温度下不同轴截面上晶体颗粒的粒径分布规律没有较大变化,因此可以确定颗粒的生长和溶解受温度影响较大。

2. 晶体颗粒相对速度分布特性

晶体颗粒的速度在一定程度上影响其生长速率及聚并率,从而决定着盐析进程,掌握盐析晶体颗粒运动规律可进一步揭示泵内部流场的盐析机理。下面将给出不同工况下晶体颗粒的相对速度,并对其进行详细分析。

（1）流量对晶体颗粒相对速度分布特性的影响

由图 5-26 不同流量下的相对速度分布可知,进口处,晶体颗粒相对速度从叶片压力面至吸力面逐渐增大,最大相对速度出现在进口靠近吸力面区域,但随着半径的增大,晶体颗粒相对速度沿着叶片吸力面有减小的趋势,而压力面上的颗粒相对速度变化并不显著,但直至出口附近均小于吸力面上的颗粒相对速度。压力面与吸力面上的颗粒相对速度方向基本沿叶片方向。晶体颗粒相对速度变化较大的区域出现在叶轮流道靠近出口处,这说明此处晶体颗粒受离心力作用及蜗室内流体影响而加速。随着流量的增加,进、出口处颗粒相对速度增大,颗粒的相对液流角也增大。

图 5-26 与图 5-25、图 5-27 对比可知,对应流量下三个轴截面上晶体颗粒的相对速度分布存在明显差异,主要体现在流道中后部。中间轴截面上晶体颗粒的相对速度明显大于前、后盖板轴截面上同一区域颗粒的相对速度,且前盖板轴截面上叶轮出口靠近压力面区域颗粒相对速度与另两个轴截面相比较小。其原因在于壁面附近具有边界层效应,使得前、后盖板处晶体颗粒受到壁面的影响,相对速度较小,与中间轴截面上的颗粒相对速度存在较大差距。

（2）固相体积分数对晶体颗粒相对速度分布特性的影响

图 5-28、图 5-29 和图 5-30 分别为不同固相体积分数下三个轴截面上的晶体颗粒相对速度分布。由图 5-30 可知,固相体积分数增大,叶轮内晶体颗粒相对速度减小,相对速度较小区域扩大,在前、后盖板处轴截面上体现得尤为突出。分析其原因,当固相体积分数较小时,晶体颗粒间平均距离较大,且粒径较小,跟随性较好,故相对速度较大;随着固相体积分数的提高,大晶体颗粒增多,且分布区域较广,从而导致相对速度减小。

（3）温度对晶体颗粒相对速度分布特性的影响

图 5-31 ~ 图 5-33 给出了不同温度下三个轴截面上的晶体颗粒相对速度分布。对比显示,随着溶液温度升高,晶体颗粒相对速度增大,该现象在叶轮流道出口处更为明显。值得注意的是,不同轴截面上晶体颗粒相对速度变化规律性较差。温度较低时,中间轴截面上出口处相对速度较大;当温度升至 39 ℃时,相对速度最大值在前盖板轴截面上的出口处;而当温度升至 43 ℃时,相对速度最大值在中间轴截面的出口吸力面附近区域和后盖板轴截面出口靠近压力面的区域,但总体而言,其他区域颗粒的相对速度分布较一致。由此表明,温度对叶轮不同轴截面上出口处晶体颗粒的相对速度分布影响较大。

(a) 0.8Q　　(b) 1.0Q　　(c) 1.2Q

图 5-16　不同流量下叶轮 Z = 0.1 轴截面晶体颗粒粒径分布

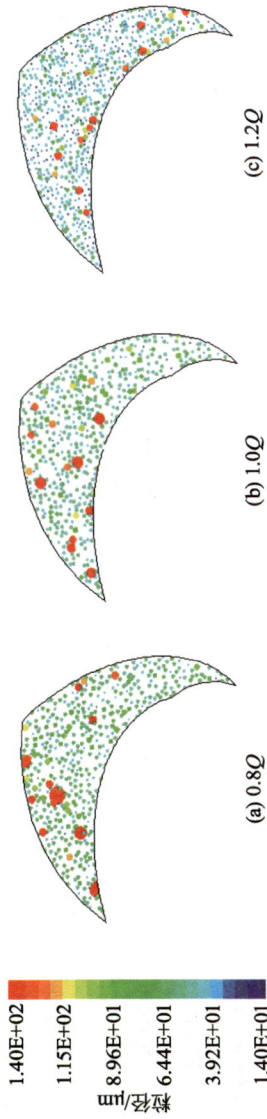

(a) 0.8Q　　(b) 1.0Q　　(c) 1.2Q

图 5-17　不同流量下叶轮 Z = 0.5 轴截面晶体颗粒粒径分布

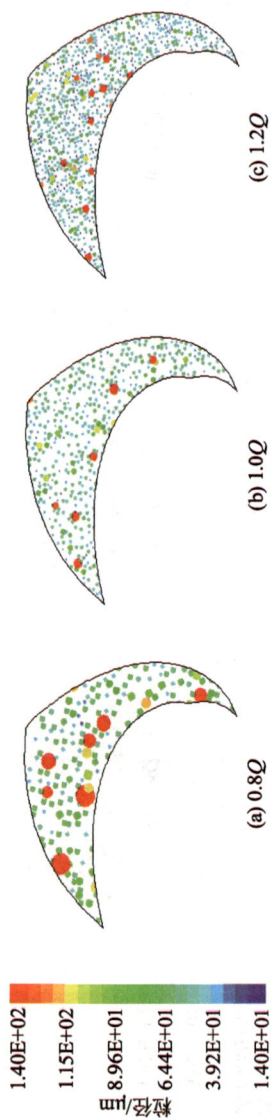

图 5-18 不同流量下叶轮 $Z = 0.9$ 轴载面晶体颗粒粒径分布

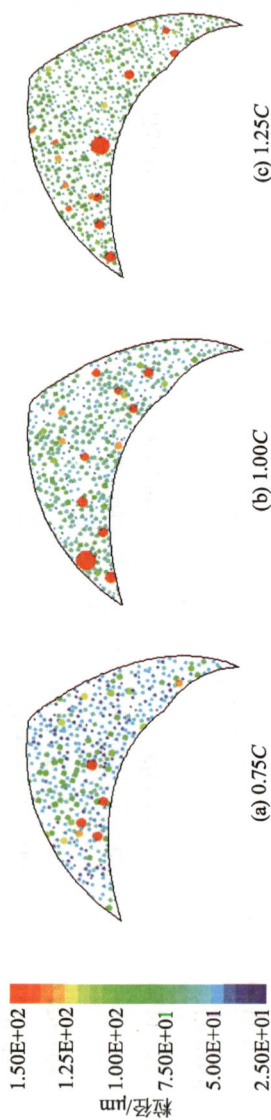

(a) 0.8Q　　(b) 1.0Q　　(c) 1.2Q

图 5-19 不同固相体积分数下叶轮 $Z = 0.1$ 轴载面晶体颗粒粒径分布

(a) 0.75C　　(b) 1.00C　　(c) 1.25C

粒径/μm
1.40E+02
1.15E+02
8.96E+01
6.44E+01
3.92E+01
1.40E+01

粒径/μm
1.50E+02
1.25E+02
1.00E+02
7.50E+01
5.00E+01
2.50E+01

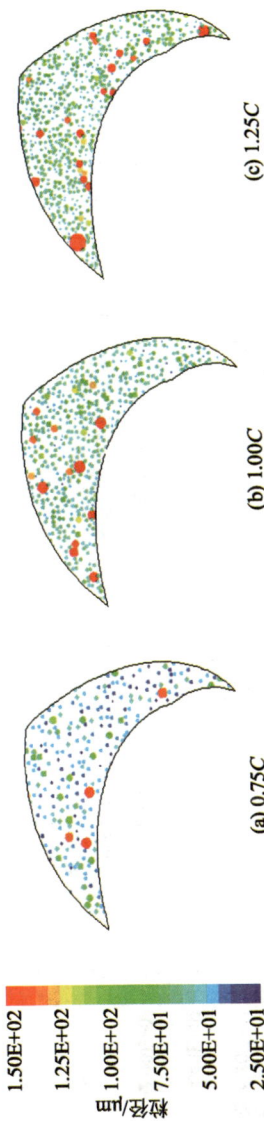

图 5-20　不同固相体积分数下叶轮 $Z=0.5$ 轴截面晶体颗粒粒径分布

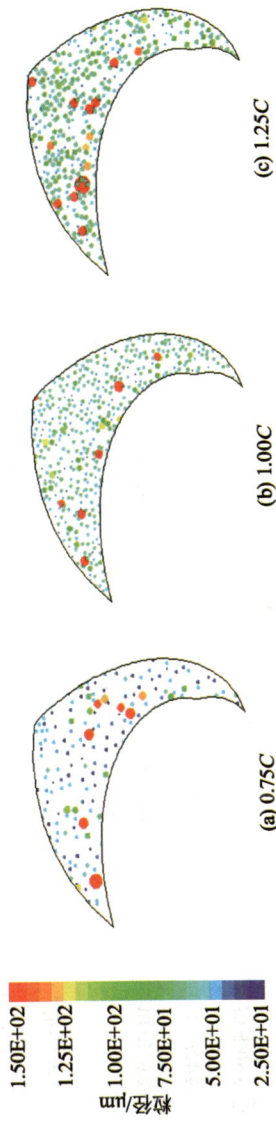

(a) 0.75C　　(b) 1.00C　　(c) 1.25C

图 5-21　不同固相体积分数下叶轮 $Z=0.9$ 轴截面晶体颗粒粒径分布

(a) 0.75C　　(b) 1.00C　　(c) 1.25C

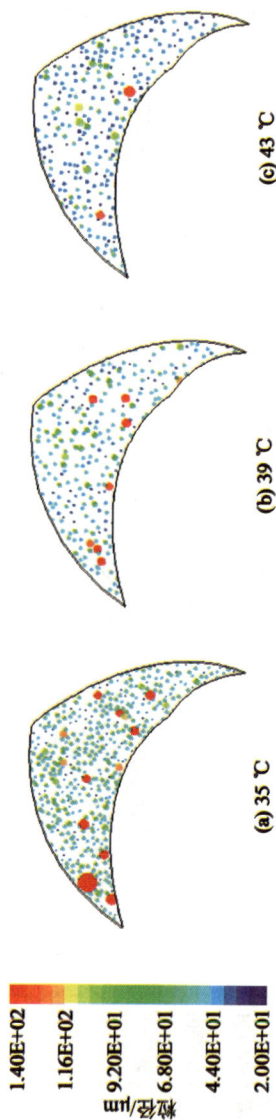

(c) 43 ℃

(b) 39 ℃

(a) 35 ℃

图 5-22 不同温度下叶轮 $Z = 0.1$ 轴截面晶体颗粒粒径分布

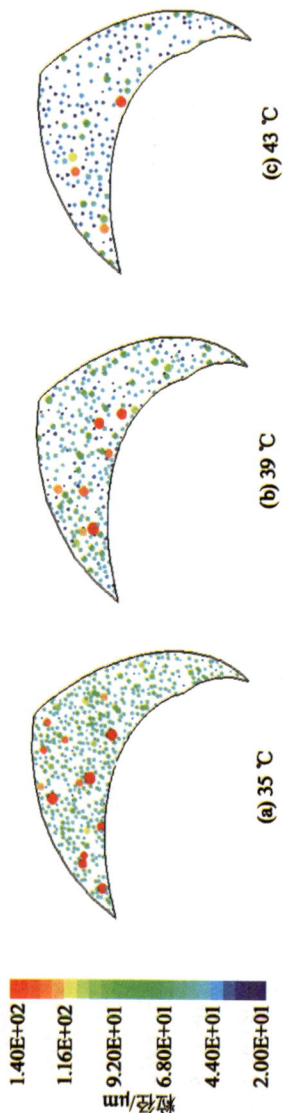

(c) 43 ℃

(b) 39 ℃

(a) 35 ℃

图 5-23 不同温度下叶轮 $Z = 0.5$ 轴截面晶体颗粒粒径分布

(c) 43 ℃

(b) 39 ℃

(a) 35 ℃

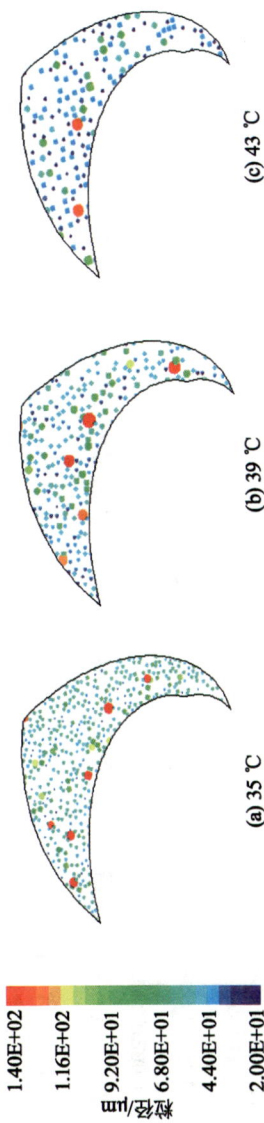

图 5-24　不同温度下叶轮 Z = 0.9 轴截面晶体颗粒粒径分布

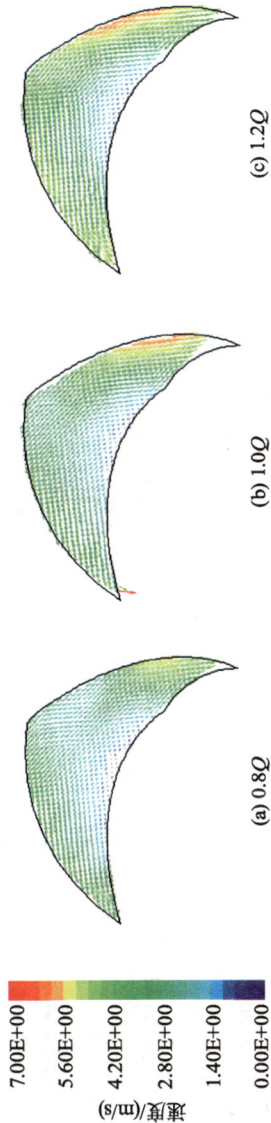

(c) 1.2Q

(b) 1.0Q

(a) 0.8Q

图 5-25　不同流量下叶轮 Z = 0.1 轴截面晶体颗粒相对速度分布

粒径/µm

1.40E+02
1.16E+02
9.20E+01
6.80E+01
4.40E+01
2.00E+01

速度/(m/s)

7.00E+00
5.60E+00
4.20E+00
2.80E+00
1.40E+00
0.00E+00

(a) 0.8Q　　　　(b) 1.0Q　　　　(c) 1.2Q

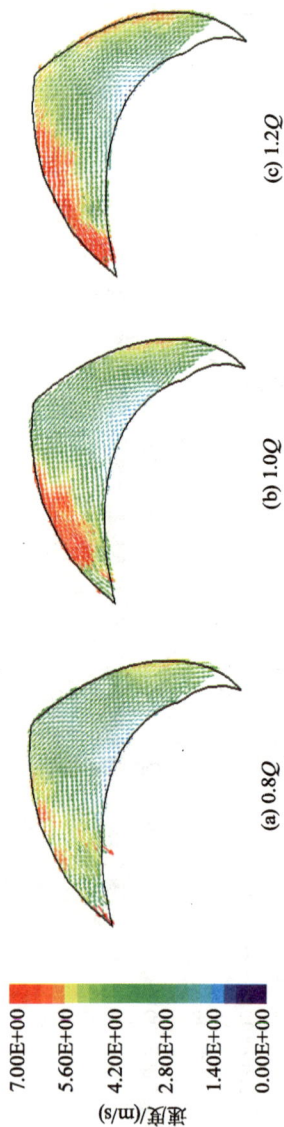

图 5-26　不同流量下叶轮 Z = 0.5 轴截面晶体颗粒相对速度分布

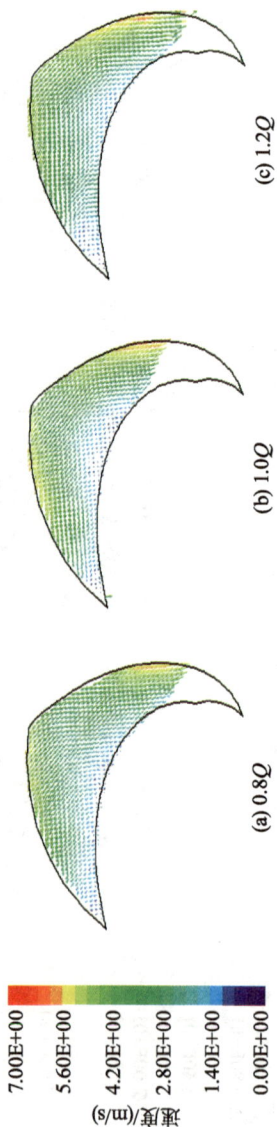

(a) 0.8Q　　　　(b) 1.0Q　　　　(c) 1.2Q

图 5-27　不同流量下叶轮 Z = 0.9 轴截面晶体颗粒相对速度分布

速度/(m/s)

7.00E+00
5.60E+00
4.20E+00
2.80E+00
1.40E+00
0.00E+00

速度/(m/s)

7.00E+00
5.60E+00
4.20E+00
2.80E+00
1.40E+00
0.00E+00

(a) 0.75C　　(b) 1.00C　　(c) 1.25C

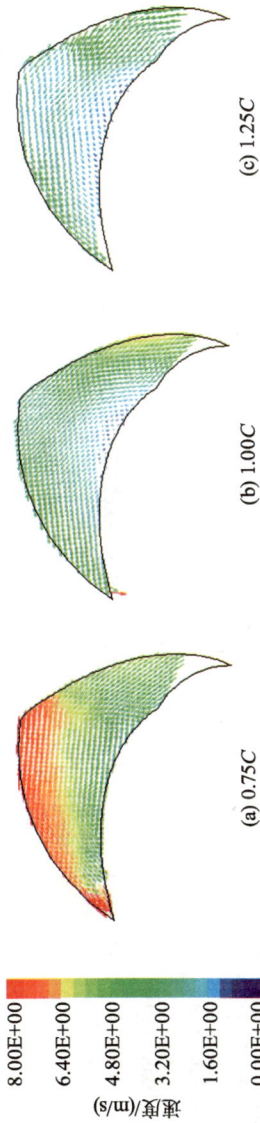

图 5-28　不同固相体积分数下叶轮 Z = 0.1 轴截面晶体颗粒相对速度分布

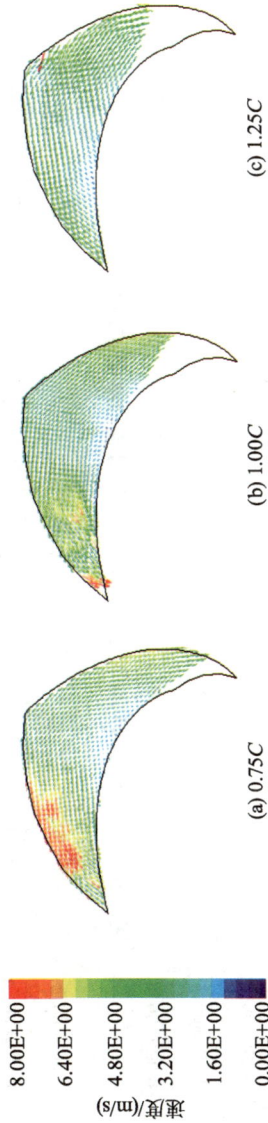

(a) 0.75C　　(b) 1.00C　　(c) 1.25C

图 5-29　不同固相体积分数下叶轮 Z = 0.5 轴截面晶体颗粒相对速度分布

143

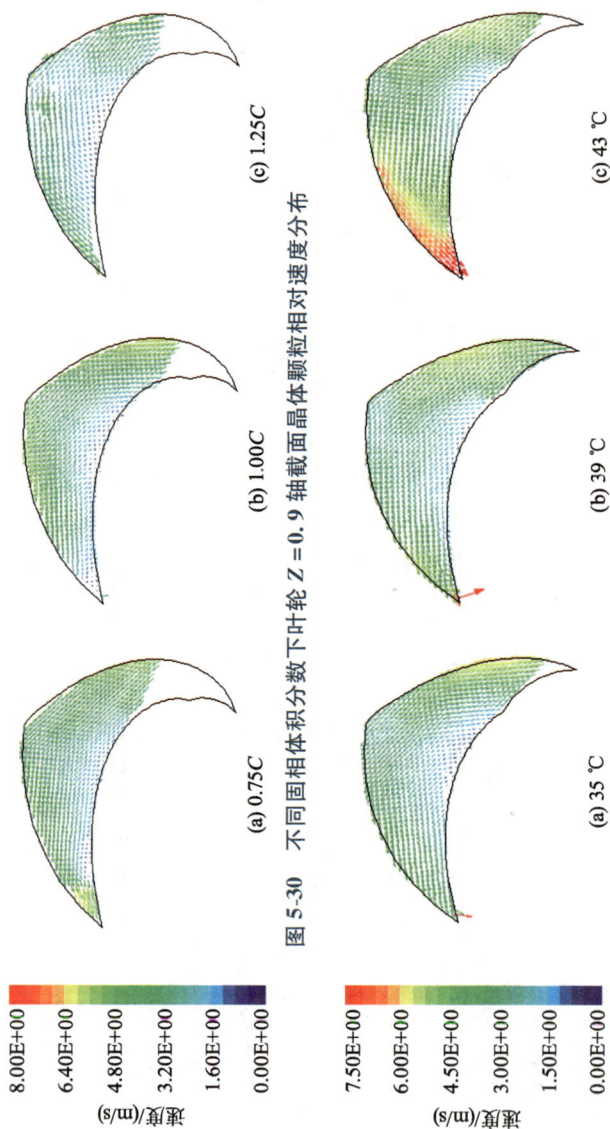

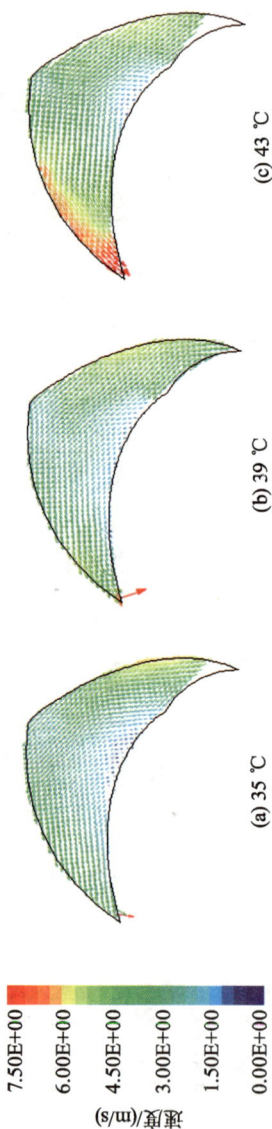

(a) 0.75C   (b) 1.00C   (c) 1.25C

图 5-30 不同固相体积分数下叶轮 Z = 0.9 轴载面晶体颗粒相对速度分布

(a) 35 ℃   (b) 39 ℃   (c) 43 ℃

图 5-31 不同温度下叶轮 Z = 0.1 轴载面晶体颗粒相对速度分布

(a) 35 ℃　　(b) 39 ℃　　(c) 43 ℃

图 5-32　不同温度下叶轮 Z = 0.5 轴截面晶体颗粒相对速度分布

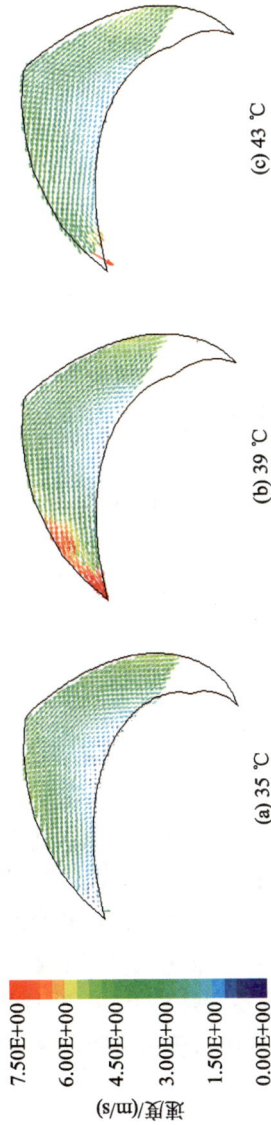

(a) 35 ℃　　(b) 39 ℃　　(c) 43 ℃

图 5-33　不同温度下叶轮 Z = 0.9 轴截面晶体颗粒相对速度分布

3. 不同叶片出口安放角对盐析晶体颗粒相粒径分布的影响

图 5-34、图 5-35 分别给出了过饱和硫酸钠溶液温度为 43 ℃和 35 ℃时，不同叶片出口安放角叶轮流道内颗粒粒径分布。可以看出，温度是盐析发生的关键因素。43 ℃时溶液中盐析晶体的直径大部分都在 50 μm 以下，这是在较低的相变驱动力的作用下，过饱和溶液中形成晶核并逐渐生长的结果。这时的晶体结构不十分稳定，盐析颗粒会由于流体运动而产生碰撞或与过流通道固体壁面碰撞而发生破碎。随着温度降低，盐析晶体在溶液中长大，当溶液温度降至 35 ℃时，部分盐析颗粒的直径达到 100 μm。这是由晶体生长动力决定的，随着温度的降低，溶液过饱和度增加，促进了晶体的生长。在这一过程中，晶体经历了聚结、破碎和老化等二次过程，盐析晶体已在溶液中形成了稳定的结构，并随着温度的降低继续生长。

由图 5-34 和图 5-35 可以看出，不同叶片出口安放角叶轮流道内，大的盐析颗粒集中出现在叶片压力面附近，随着叶片出口安放角的增大，压力面的颗粒数和颗粒直径都有所增大，且大颗粒出现的区域有向叶片压力面出口处移动的趋势。这主要有两方面原因：一方面是流道内盐析颗粒受到周围流体的剪切力作用，在流体边界层内存在的强剪应力能将一些附着于晶体之上的粒子扫落，而剪应力较小，小的粒子会并入正在生长中的晶体，加速其生长。在低速区颗粒受到的剪切力要小于高速区，在靠近叶片压力面附近，液相相对速度相对较低，溶液的剪切力也相应较小，在相同的晶体生长推动力下，此处的晶体更容易长大，所以盐析晶体颗粒粒径较大。另一方面是由盐析颗粒相和液相在流道内相对运动决定的，叶片出口安放角越大，固液两相的相对速度夹角越大，大的盐析颗粒相更容易脱离液相，向叶片压力面运动。而由于叶片形状改变，使大叶片出口安放角叶轮颗粒集中的区域更靠近流道的出口处。

图 5-34 溶液温度为 43 ℃时不同叶片出口安放角叶轮流道内颗粒粒径分布

(a) $\beta_{2b}=30°$

(b) $\beta_{2b}=40°$

(c) $\beta_{2b}=50°$

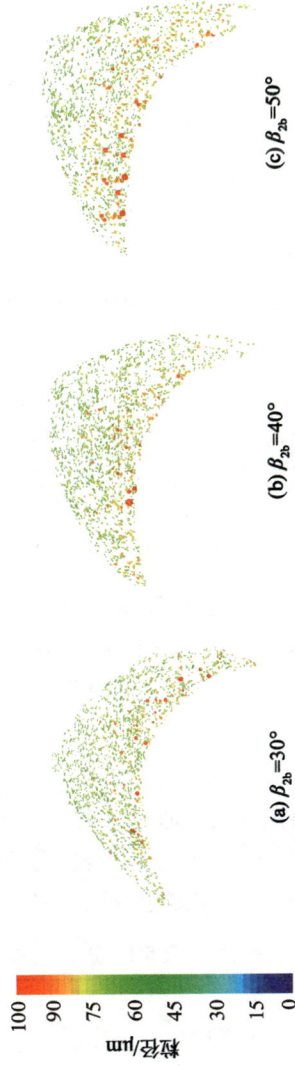

图 5-35 溶液温度为 35 ℃时不同叶片出口安放角叶轮流道内颗粒粒径分布

(a) $\beta_{2b}=30°$

(b) $\beta_{2b}=40°$

(c) $\beta_{2b}=50°$

第三节　考虑晶体颗粒行为的流场计算

盐析晶体颗粒在主流中的聚并、破碎等动力学行为可以通过粒数衡算模型(PBM)和离散元模型(DEM)两种方法描述,并分别与 CFD 耦合计算,从而获得更为真实的晶体颗粒粒径、浓度、碰撞力分布等特性。两种计算模型各有优势,本节将介绍如何利用这两种方法开展盐析流场计算,并分析计算后的流场特征。

一、基于 PBM – CFD 的盐析流场数值计算

1. 计算方法

进口边界条件设置为进口无旋,即径向速度和切向速度为 0,进口湍流通过湍流强度和水力直径来描述,湍流强度设置为 5%,水力直径为叶轮进口直径 D_1,即 75 mm。出口边界条件设定为自由出流。壁面采用无滑移边界条件,近壁区采用标准壁面函数处理。

Na_2SO_4 过饱和溶液中的固相体积分数与试验值保持一致,参考固相体积分数 $C = 1.00 \times 10^{-3}$,分别计算 $0.75C, 1.00C, 1.25C$ 三种体积分数;计算温度分别为 35 ℃,39 ℃和 43 ℃,析出晶体颗粒均为无水 Na_2SO_4,不同温度体现为不同粒径盐析晶体颗粒的初始体积分数及溶液物理属性(密度、黏度等)的差别。

不同颗粒尺寸通过分组法计算,盐析晶体颗粒粒径分为10 组:Bin-$i(i = 0, 1, \cdots, 9)$,每组表示相同尺寸晶体颗粒的粒径,从 Bin-0 至 Bin-9 粒径依次减小,见表5-1。

表5-1　进口晶体颗粒粒径分组表

组数	粒径/μm	组分数		
		35 ℃	39 ℃	43 ℃
Bin-0	142.5	9.1×10^{-6}	3.0×10^{-6}	2.3×10^{-6}
Bin-1	127.5	4.6×10^{-2}	2.8×10^{-3}	3.2×10^{-3}

组数	粒径/μm	组分数		
		35 ℃	39 ℃	43 ℃
Bin-2	112.5	1.1×10^{-1}	7.2×10^{-2}	6.2×10^{-2}
Bin-3	97.5	1.7×10^{-1}	1.5×10^{-1}	1.3×10^{-1}
Bin-4	82.5	1.9×10^{-1}	2.0×10^{-1}	1.3×10^{-1}
Bin-5	67.5	2.5×10^{-1}	3.1×10^{-1}	2.8×10^{-1}
Bin-6	52.5	1.8×10^{-1}	1.8×10^{-1}	2.4×10^{-1}
Bin-7	37.5	5.9×10^{-2}	7.7×10^{-2}	1.3×10^{-1}
Bin-8	22.5	2.8×10^{-3}	5.7×10^{-3}	2.6×10^{-2}
Bin-9	7.5	3.5×10^{-7}	2.5×10^{-5}	6.2×10^{-5}

2. 计算结果与分析

（1）晶体颗粒平均粒径分布特性

图 5-37 为不同流量下叶轮中间轴截面上盐析晶体颗粒的平均粒径分布,图 5-36、图 5-38 则分别为对应流量下后盖板与前盖板处轴截面上晶体颗粒的平均粒径分布图。由图 5-37 可以看出,设计流量下(见图 5-37b),在叶轮进口处颗粒平均粒径较小,分布较均匀;沿径向颗粒平均粒径逐渐增大,且叶轮内同一半径上从压力面至吸力面颗粒的平均粒径递减,至出口处颗粒平均粒径分布趋于均匀。产生这种粒径分布的原因在于颗粒相密度大于液相,大粒径颗粒受惯性力及离心力的影响显著,进入叶轮流道后有向压力面聚集的趋势,致使叶片压力面颗粒平均粒径大于吸力面颗粒平均粒径,而叶轮出口处混有蜗室流道中部分回流的晶体颗粒,故此处颗粒平均粒径分布梯度减小。图 5-37b 与图 5-37a、c 对比显示,不同流量下叶轮内颗粒平均粒径分布差异较大。流量越大,大粒径颗粒聚集趋势越明显,颗粒平均粒径梯度越大;且随着流量增加,颗粒平均粒径减小。其原因是小流量下晶体颗粒速度较小,致使颗粒间的碰撞速率较小,能更好地与周围的液相进行相间传质,利于晶体的生长;流量增加时,流速提高,使得颗粒间的碰撞速度增加,碰撞聚并率降低,碰撞破碎率升高,综合影响结果即增加了

二次成核的难度,因此降低了晶体颗粒的生长速率。

对比图 5-36、图 5-38 相应流量下晶体颗粒平均粒径分布可知,在叶轮内,晶体颗粒不仅在径向存在粒径梯度,在轴向也存在一定的差异,但总体分布规律基本没有变化。可以看到,在压力面与吸力面间晶体颗粒的平均粒径梯度呈中间轴截面上最大,后盖板、前盖板附近相对较小的分布趋势。分析认为,根据流体力学边界层理论,受壁面影响,液固两相流在近壁区黏滞力起主导作用,流速相对较小,扩散力及离心力对粒子运动的影响减弱,较大颗粒向压力面聚集现象趋于缓和。随着流量的增大,不同轴截面上晶体颗粒分布变化愈加明显。因此,流量改变将引起叶轮内晶体颗粒空间分布的较大变化。

图 5-39 ~ 图 5-41 为不同温度下三个轴截面上晶体颗粒的平均粒径分布。同样以中间轴截面为例,可以看出,溶液温度升高,晶体颗粒平均粒径明显减小,压力面与吸力面间粒径梯度减小。当溶液温度为 43 ℃时,只有压力面附近颗粒平均粒径较大,大部分区域平均粒径较小。分析认为,这是由于在 35 ~ 43 ℃ 范围内,Na_2SO_4 的溶解度随温度升高而增大,故当 Na_2SO_4 过饱和溶液温度从 35 ℃升至 43 ℃时,溶液过饱和度降低,相变驱动力减小,从而减缓了晶体颗粒的生长速度,但却加速了大粒径颗粒的溶解,所以叶轮流道内平均粒径减小。达到动态平衡后,固相体积分数变小,进而从另一个角度印证了颗粒粒径变化趋势的合理性。

对比相应温度下三个轴截面上的晶体颗粒平均粒径分布,分析可知,相同温度下不同轴截面上晶体颗粒的平均粒径分布规律没有较大变化,所以可以确定温度对颗粒的粒径影响较大,而引起的粒径空间分布规律的变化可以忽略不计。

（2）晶体颗粒组分数分布特性

晶体颗粒组分数分布显示了每一组粒径颗粒在某个区域所有尺寸颗粒中所占的百分比,可进一步揭示不同粒径颗粒的分布特性。限于篇幅,本书只给出不同工况下三组晶体颗粒在中间轴截面上的组分数分布,如图 5-42 ~ 图 5-47 所示。其中,Bin-0,Bin-4,

Bin-8 分别代表大粒径颗粒、中等粒径颗粒和小粒径颗粒。

图 5-42、图 5-43 和图 5-44 给出了三组晶体颗粒的组分数在不同流量时的分布。对比设计流量下三组粒径颗粒组分数分布可以看出,不同粒径晶体颗粒组分数分布差异很大,从叶轮进口至出口,大粒径颗粒组分数逐渐增高,而中、小粒径颗粒的组分数分布趋势正好与之相反。产生这一结果是由于颗粒相存在成核、生长、聚并和破碎等微观行为及与硫酸钠溶液的相间传质作用,在过饱和度的驱动下小粒径颗粒不断吸收周围的溶质而成长为大粒径颗粒,使得不同粒径颗粒的组分数在流动过程中不断变化。由于粒径较大的颗粒进入流道后运动轨迹偏向压力面,部分大粒径颗粒与压力面发生碰撞并弹回,因此在压力面附近形成一条高组分数带,并沿径向逐渐偏向压力面,直至与压力面重合。

比较不同流量下相应组晶体颗粒的组分数分布可知,流量改变,各组颗粒组分数分布特性有明显变化。小流量时,晶体颗粒速度较小,易与液相进行相间传质,致使中、小粒径颗粒生成大粒径颗粒的速率大于大粒径颗粒溶解或破碎的速率,且在叶轮出口处容易形成回流,因此大粒径颗粒在叶轮出口处组分数最大,且分布较均匀,中、小粒径颗粒组分数分布则与之相反;大流量时,受颗粒间碰撞速率影响,大粒径颗粒生成速率降低,从而导致其组分数在各个区域均相对较低,但三组晶体颗粒的组分数分布特性没有改变。这与晶体颗粒的平均粒径分布特性一致。

图 5-45 ~ 图 5-47 为不同温度下三组晶体颗粒的组分数分布。对比显示,随着 Na_2SO_4 过饱和溶液温度的升高,大粒径颗粒的组分数明显减小,从压力面至吸力面组分数梯度增大,中、小粒径颗粒组分数值较大区域迅速扩大。分析认为,当 Na_2SO_4 过饱和溶液温度从 35 ℃升至 43 ℃时,Na_2SO_4 溶液过饱和度降低,相变驱动力减小,使得晶体颗粒的生长速度减缓,而大粒径颗粒的溶解加速,从而形成大粒径颗粒组分数减小,中、小粒径颗粒组分数相应增大的变化特点。

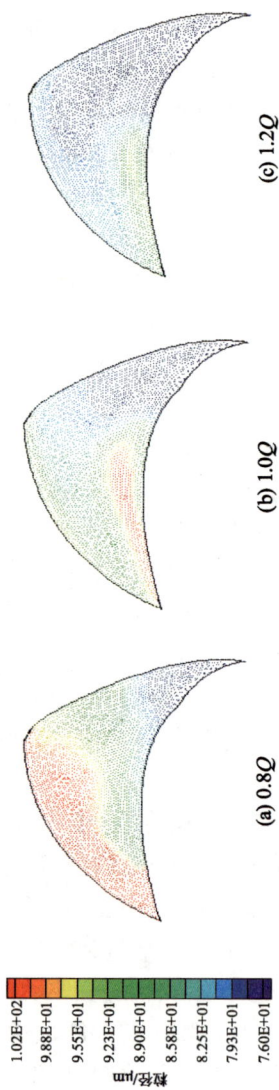

(a) 0.8Q　　(b) 1.0Q　　(c) 1.2Q

图 5-36　不同流量下叶轮 Z = 0.1 轴截面晶体颗粒平均粒径分布

(a) 0.8Q　　(b) 1.0Q　　(c) 1.2Q

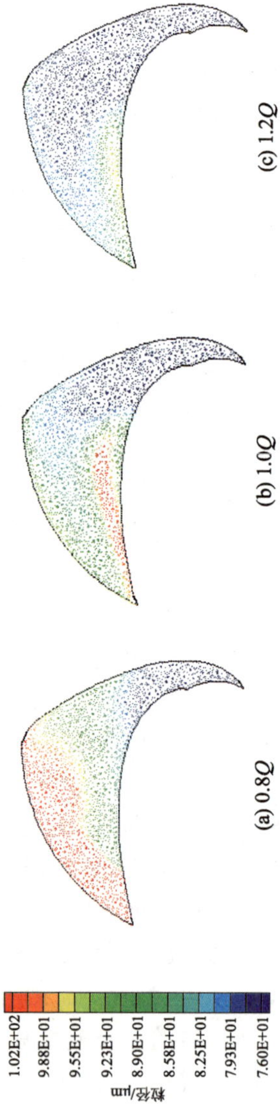

图 5-37　不同流量下叶轮 Z = 0.5 轴截面晶体颗粒平均粒径分布

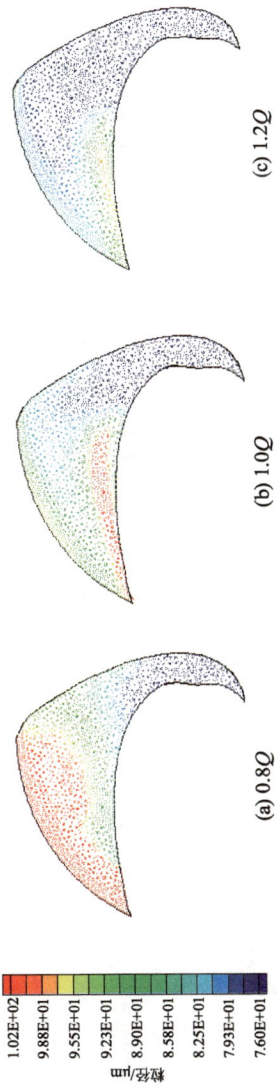

(a) 0.8*Q*　　(b) 1.0*Q*　　(c) 1.2*Q*

图 5-38　不同流量下叶轮 Z = 0.9 轴截面晶体颗粒平均粒径分布

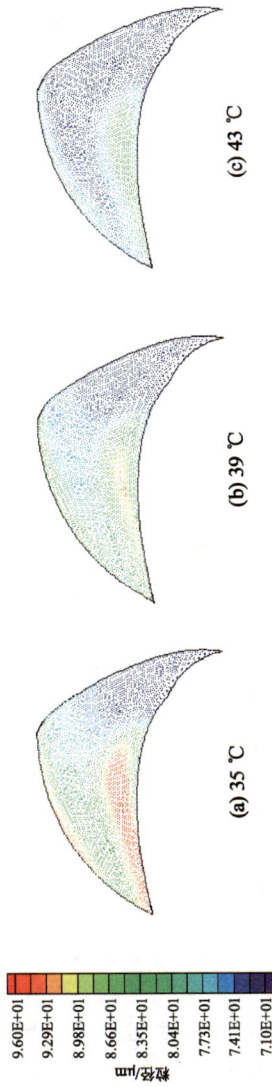

(a) 35 ℃　　(b) 39 ℃　　(c) 43 ℃

图 5-39　不同温度下叶轮 Z = 0.1 轴截面晶体颗粒平均粒径分布

153

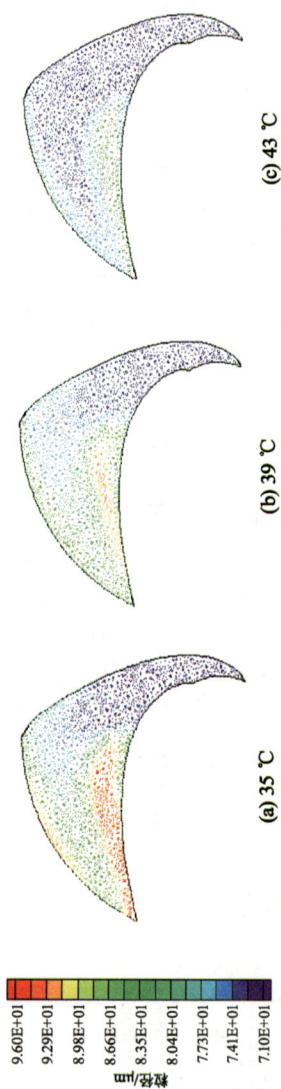

图 5-40　不同温度下叶轮 Z=0.5 轴截面晶体颗粒平均粒径分布

(a) 35 ℃　　(b) 39 ℃　　(c) 43 ℃

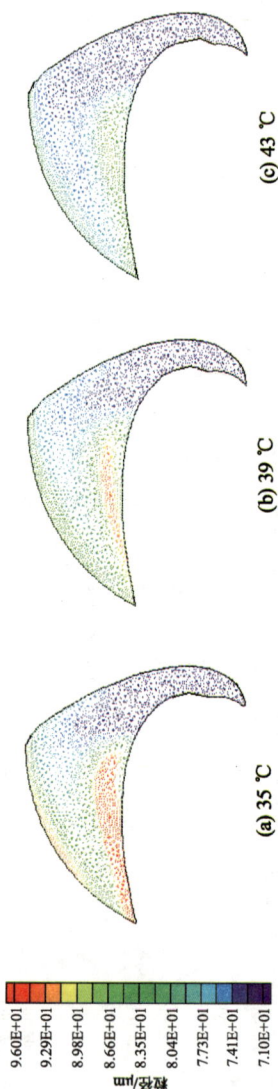

图 5-41　不同温度下叶轮 Z=0.9 轴截面晶体颗粒平均粒径分布

(a) 35 ℃　　(b) 39 ℃　　(c) 43 ℃

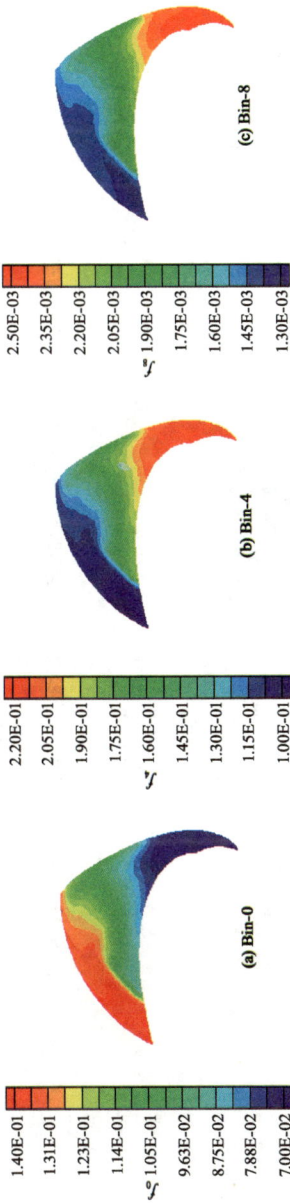

图 5-42 流量为 0.8Q 时叶轮 Z = 0.5 轴截面多尺寸晶体颗粒组分数分布

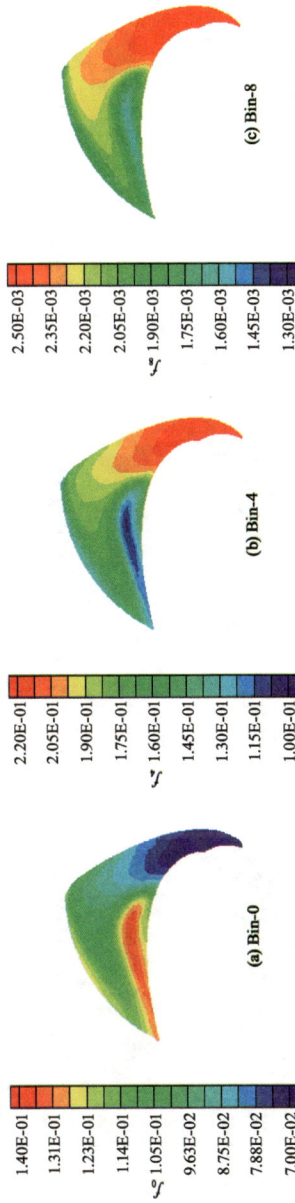

图 5-43 流量为 1.0Q 时叶轮 Z = 0.5 轴截面多尺寸晶体颗粒组分数分布

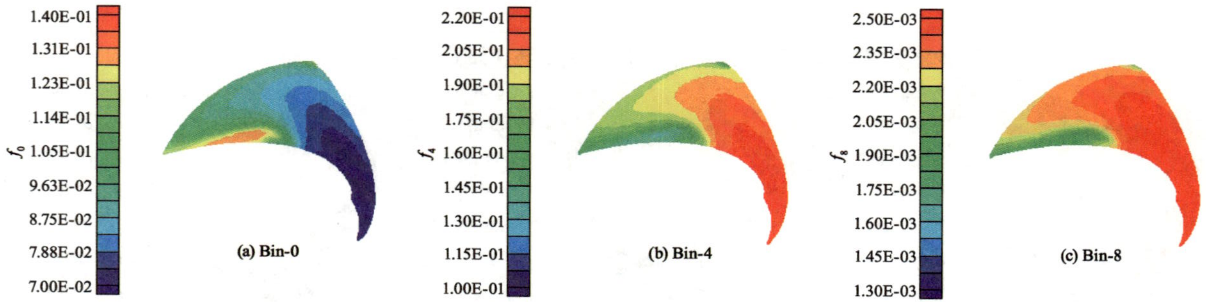

图 5-44　流量为 1.2Q 时叶轮 Z = 0.5 轴截面多尺寸晶体颗粒组分数分布

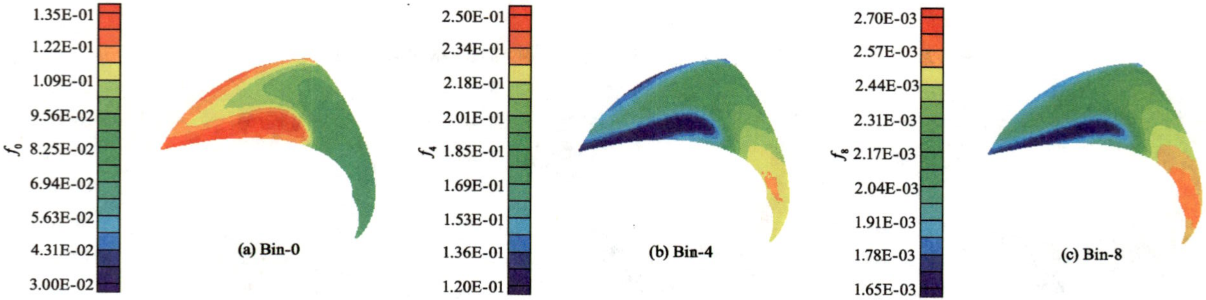

图 5-45　温度为 35 ℃时叶轮 Z = 0.5 轴截面多尺寸晶体颗粒组分数分布

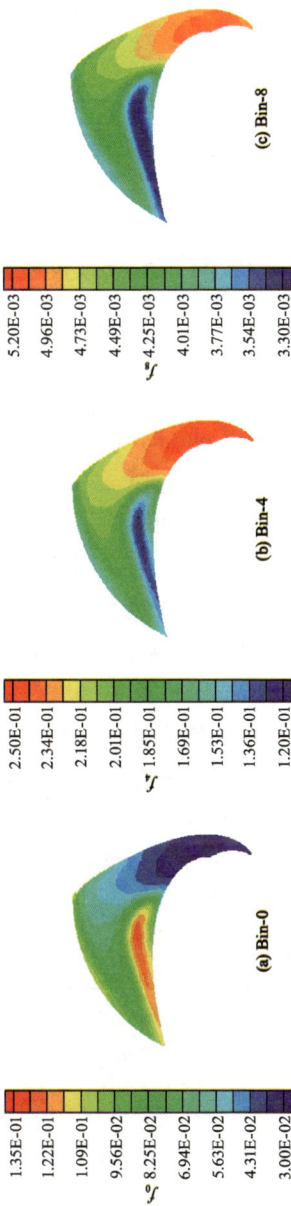

(c) Bin-8

5.20E-03
4.96E-03
4.73E-03
4.49E-03
f_s 4.25E-03
4.01E-03
3.77E-03
3.54E-03
3.30E-03

(b) Bin-4

2.50E-01
2.34E-01
2.18E-01
2.01E-01
f_s 1.85E-01
1.69E-01
1.53E-01
1.36E-01
1.20E-01

(a) Bin-0

1.35E-01
1.22E-01
1.09E-01
9.56E-02
f_s 8.25E-02
6.94E-02
5.63E-02
4.31E-02
3.00E-02

图 5-46　温度为 39 ℃时叶轮 Z = 0.5 轴截面多尺寸晶体颗粒组分数分布

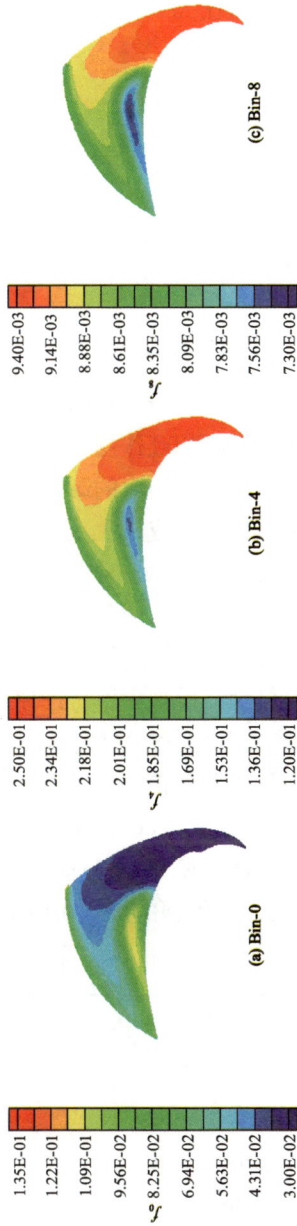

(c) Bin-8

9.40E-03
9.14E-03
8.88E-03
8.61E-03
f_s 8.35E-03
8.09E-03
7.83E-03
7.56E-03
7.30E-03

(b) Bin-4

2.50E-01
2.34E-01
2.18E-01
2.01E-01
f_s 1.85E-01
1.69E-01
1.53E-01
1.36E-01
1.20E-01

(a) Bin-0

1.35E-01
1.22E-01
1.09E-01
9.56E-02
f_s 8.25E-02
6.94E-02
5.63E-02
4.31E-02
3.00E-02

图 5-47　温度为 43 ℃时叶轮 Z = 0.5 轴截面多尺寸晶体颗粒组分数分布

二、基于 DEM – CFD 的盐析流场数值计算

1. 计算方法

在 DEM – CFD 耦合模型中,盐析颗粒被视为离散相,采用软球模型来估计颗粒 – 颗粒与颗粒 – 壁面的碰撞行为。晶体颗粒(硫酸钠)的密度取为 2 680 kg/m³;同时,根据试验研究,在泵内盐析过程中,中等大小的盐析颗粒是主体,因此根据测得的结果,取盐析颗粒直径为 82.5 μm;在泵进口处,盐析颗粒的体积分数设置为 4.5×10^{-4}。

DEM 相间耦合模型采用 Hertz – Mindlin 接触模型和 Linear Cohesion 模型。Hertz – Mindlin 无滑移接触模型是描述颗粒 – 颗粒及颗粒 – 壁面间相互作用的标准模型;Linear Cohesion 模型用来模拟颗粒在弱相互作用力的影响下,黏附相邻单元的过程,往往用来描述较小颗粒聚并成较大颗粒的行为。其中涉及的黏附力大小与黏附能量密度成比例。需要注意的是,在盐析试验中使用的离心泵模型材质为有机玻璃,并且其表面相对光滑,这导致了在离心泵盐析试验过程中,晶体颗粒并未与壁面发生黏附现象,因此颗粒与壁面间的接触在模拟中不考虑使用 Linear Cohesion 模型。

如何获得离散相的材料物理属性,尤其是与接触模型相关的参数一直是离散元模拟的关键因素之一,可参考离散元仿真数据库 Generic EDEM Material Model(GEMM)Database 提供的颗粒数据,其他参数通过工程经验估得,通过计算结果与试验结果的对比不断修正,最终得到的接触属性参数设置见表5-2。

表 5-2　接触属性参数

相互作用	颗粒 – 颗粒	颗粒 – 壁面
恢复系数	0.50	0.50
静摩擦系数	0.61	0.80
滚动摩擦系数	0.01	0.01
黏附能量密度/(J/m³)	5×10^4	—

2. 计算结果与分析

（1）颗粒轨迹

图 5-48 显示了设计工况下晶体颗粒在泵内不同时刻的运动轨迹。

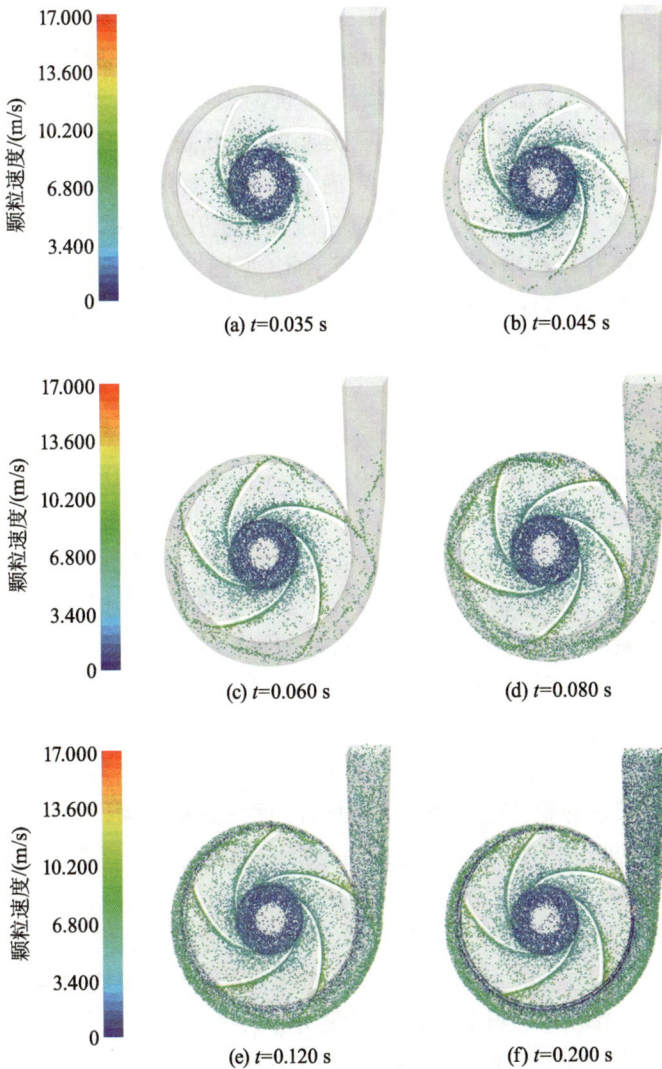

(a) t=0.035 s　　(b) t=0.045 s

(c) t=0.060 s　　(d) t=0.080 s

(e) t=0.120 s　　(f) t=0.200 s

图 5-48　不同时刻离心泵内的颗粒轨迹

　　为了更好地对叶轮及蜗壳内的颗粒分布进行观察,图 5-48 对入口管道进行了隐藏。从图 5-48 可以清晰地看出,泵内的颗粒体积经历了一个逐渐增加的阶段。观察晶体颗粒的运动细节发现:颗粒在泵进口处分布较为规则(见图 5-48a),颗粒沿着叶片压力面进入叶轮并逐渐增速(见图 5-48b ~ f)。大部分颗粒总体上趋于保持一个稳定的螺旋轨迹流向蜗壳,其轨迹大致与叶片型线贴合,如图5-48c 所示。颗粒在叶轮内获得速度,尤其是那些与叶片接触的颗粒,流出叶轮后有聚集在蜗壳内靠外侧壁面并向泵出口下游运动的趋势。然而,其中一些颗粒在碰撞后会反弹至蜗壳流道内靠里侧壁面并以相当低的速度徘徊于此(见图 5-48e ~ f)。另外,由于在蜗壳隔舌附近的蜗壳流道较窄,致使当叶片扫过隔舌后,此处的颗粒趋于弹回叶轮,同时在叶轮流道出口附近分散开来,如图5-48e ~ f所示。

　　(2)颗粒分布

　　图 5-49 为不同工况下($0.8Q = 16$ m^3/h, $1.0Q = 20$ m^3/h, $1.2Q = 24$ m^3/h)晶体颗粒在离心泵叶轮中间轴截面上的运动分布。从图 5-49b 中可以看出,大量的晶体颗粒在叶轮进口处分布趋于均匀,并沿着叶片压力面进入叶轮。很明显,叶轮流道内不同区域的颗粒浓度不同,叶片吸力面附近的颗粒浓度小,压力面附近的颗粒浓度大。图 5-49d 为图 5-49b 中一个叶轮流道的局部放大图,从中可以看出,在径向上,较大的晶体颗粒主要分布在叶片压力面附近,同时在流道出口处也均匀分布着较大的颗粒。相反,小颗粒主要分布在叶轮流道内靠近吸力面附近。分析认为,形成这种分布的原因是固相颗粒的密度大于液相。在惯性力及离心力的作用下,颗粒进入叶轮流道后,较大的颗粒由于质量大,具有的惯性也大,抵抗运动状态变化的程度相应地更强,因此相对于运动着的叶轮而言,会逐渐靠近压力面。相反,较小的颗粒由于质量小,更容易在力的作用下在叶轮流道内扩散开来。该计算结果与试验观测结果总体一致,说明 DEM – CFD 耦合方法应用于离心泵内颗粒运动的研究是可行的。

　　对比图 5-49a～c 可以看出,随着离心泵流量的增加,叶片压力面附近的颗粒越多,流道中间区域的颗粒分布越均匀。同时,随着流量的增加,反弹回叶轮流道出口处的颗粒数量也明显增加。分析其可能的原因是,在叶轮内连续相的速度会随着离心泵流量的增加而增大,从而颗粒受到的液相施加的曳力就更大,获得的能量就更多,于是在与蜗壳外壁面发生碰撞后反弹回叶轮流道的概率就相应增大。

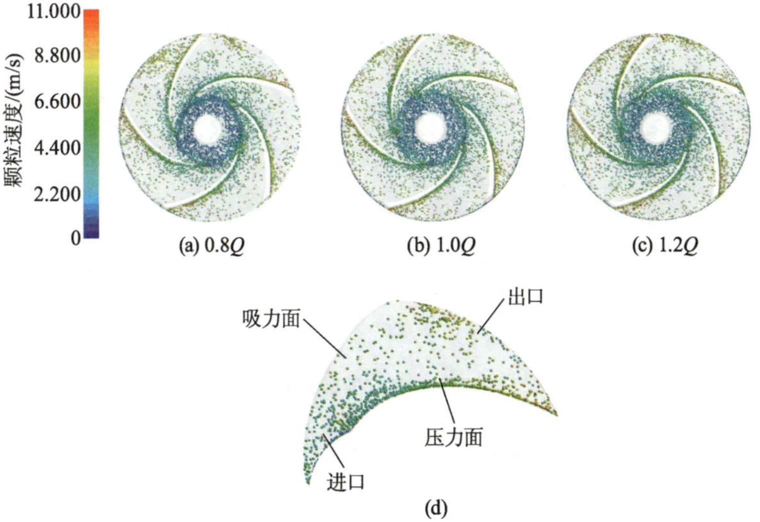

(a) 0.8Q　　　　　(b) 1.0Q　　　　　(c) 1.2Q

(d)

图 5-49　不同工况下离心泵叶轮内的颗粒分布

　　图 5-50 依次为标准工况下晶体颗粒在离心泵蜗壳第 Ⅰ－Ⅴ,Ⅱ－Ⅵ,Ⅲ－Ⅶ,Ⅳ－Ⅷ断面和对应的叶轮轴截面内的分布。可以看出,在叶轮内晶体颗粒分布在轴向上存在一定的差异,主要表现为盐析晶体颗粒的浓度在前盖板附近最小,在后盖板附近最大。分析认为,晶体颗粒在沿轴向进入叶轮流道后,由于其惯性影响,在转为径向运动时还有沿轴向运动的趋势,因此其轨迹偏向叶轮后盖板,直至叶轮出口处。并且颗粒粒径越大,偏向后盖板的现象越显著。另外,通过对比不同叶轮轴截面内的颗粒分布发现,重力

对颗粒的运动分布同样有明显的影响。在第Ⅰ,Ⅱ,Ⅲ断面对应的轴截面内,晶体颗粒与前盖板分离的趋势比其在第Ⅴ,Ⅵ,Ⅶ断面对应的轴截面内更强烈。由于受到重力的作用,晶体颗粒在沿轴向进入叶轮流道时会发生沉降,从而与第Ⅰ,Ⅱ,Ⅲ断面对应的轴截面内的前盖板分离。Ⅳ–Ⅷ断面对应的叶轮轴截面由于垂直于重力加速度方向,因此颗粒的沉降并没有影响其靠近或远离此处的盖板。

图5-50　蜗壳不同断面和对应的叶轮轴截面内的颗粒分布

图5-51为晶体颗粒在蜗壳内的分布。结合图5-50可以观察到在蜗壳流道内靠外侧壁面附近的颗粒密度较高,靠里侧壁面附近的颗粒密度较低,并且随着蜗壳断面面积的增大,颗粒分布趋向均匀。

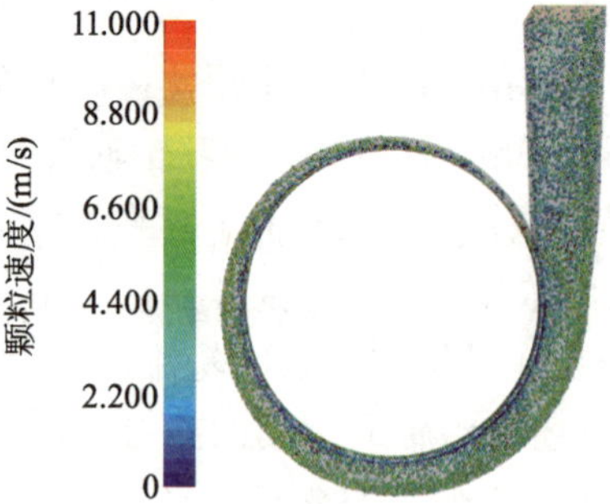

图5-51　蜗壳内的颗粒分布

（3）液相流场及其对颗粒的影响

图 5-52 为不同工况下离心泵叶轮内液体的相对速度分布。可以看出，沿叶轮径向，连续相沿着压力面附近逐渐增速，而沿着吸力面附近逐渐减速。液相在进入叶轮前是无旋的，进入叶轮后，其绝对运动仍然是无旋的，但由于叶轮是旋转的，因此存在有相对运动的旋涡运动，即轴向旋涡。在轴向旋涡的影响下，液相在压力面附近的相对速度要小于吸力面的速度。在此离心泵内液固两相流动的数值计算中，其叶轮内的速度场与单相情况下有着高度相似的规律，初步分析认为是由于此时的颗粒大小尚处于微米级别，使得晶体颗粒对液相流场的影响不大。

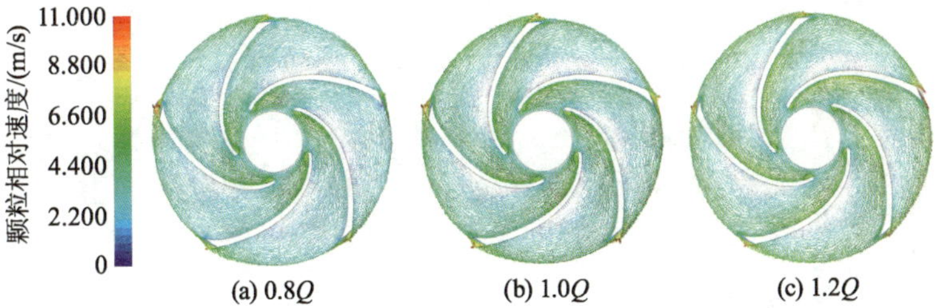

图 5-52 不同工况下离心泵叶轮内液相相对速度场

图 5-53 为不同工况下离心泵叶轮内固相相对速度场，对比图 5-52 发现，在叶轮中部区域，固相的相对速度大小及分布与液相很相似，揭示了盐析颗粒运动主要受制于液相。然而，在叶轮进、出口处，盐析颗粒与液相的运动有所不同。对比图 5-53b 和图 5-52b 发现，在叶轮进口处，液相的相对速度要相对高于晶体颗粒，液相的最大速度大致为 5.7 m/s。相反地，在叶轮出口处，固相的相对速度则要高于液相。尽管晶体颗粒在叶轮进口处仅有 2.2 m/s 的速度，但是颗粒在叶轮流道内加速明显，当颗粒到达叶轮出口处时，其最大速度约为 6 m/s。分析认为，这是由于在叶轮进口处颗粒的惯性阻碍了流体通过曳力对其加速。但是在叶轮出口处，液体由于流道的扩散导致其损失了一部分动能，而晶体颗粒由于其惯性可以保持一个相对高的速度。这些两相相互作用的结果与刘

栋的试验结果一致。在叶片压力面附近,液相流动的边界层制造了一个低速区域。因此,由于此时流体曳力的减小,颗粒的速度也相应地下降,这为较小的晶体颗粒聚并成较大的颗粒提供了机会。图 5-52 显示了叶轮流道内液相速度场随着流量逐渐增加而发生变化的一个过程,当在小流量工况 $(0.8Q)$ 运行时,在扫过蜗壳隔舌的叶轮流道内会生成一个明显的分离涡,如图 5-52a 所示。此时的分离涡在叶片压力面中部附近,会导致此处的固相速度场有一个类似的旋涡,使得较小的颗粒在流道内分布不均匀,如图 5-53a 所示。但随着离心泵流量的增加,此分离涡逐渐消失,如图 5-52c 所示。相应地,固相速度场也趋于稳定(见图 5-53c),小颗粒的分布也趋于均匀。

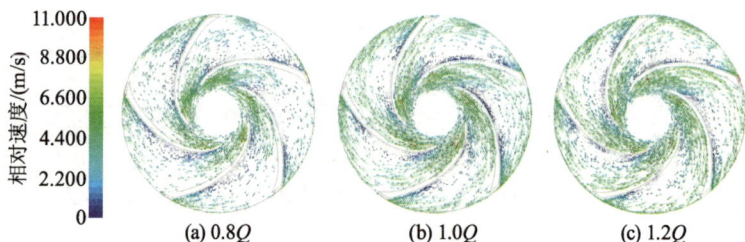

相对速度/(m/s)

(a) 0.8Q   (b) 1.0Q   (c) 1.2Q

图 5-53　不同工况下离心泵叶轮内固相相对速度场

（4）颗粒聚并

如图 5-54 所示,大量的晶体颗粒在叶片的进口边附近发生明显的聚并现象。颗粒团在进口边靠近吸力面及盖板的附近生成较多,可能的原因是此处的壁面结构和急剧的液相速度变化导致了大量颗粒聚并。由于叶片进口边处的叶轮流道狭窄,导致此处有较大的颗粒浓度。同时,液相速度在方向和大小上的剧烈变化导致了颗粒间碰撞的可能性相应加大。此结果及更进一步的研究可以为防止晶体颗粒聚并提供一些参考。

（5）颗粒与壁面碰撞

由于颗粒与壁面之间的相互作用对壁面结盐具有关键影响,因此非常有必要研究颗粒与壁面的碰撞情况,其碰撞次数、位置、接触力大小等可作为分析盐析颗粒黏附壁面的原因的有效参考数据。

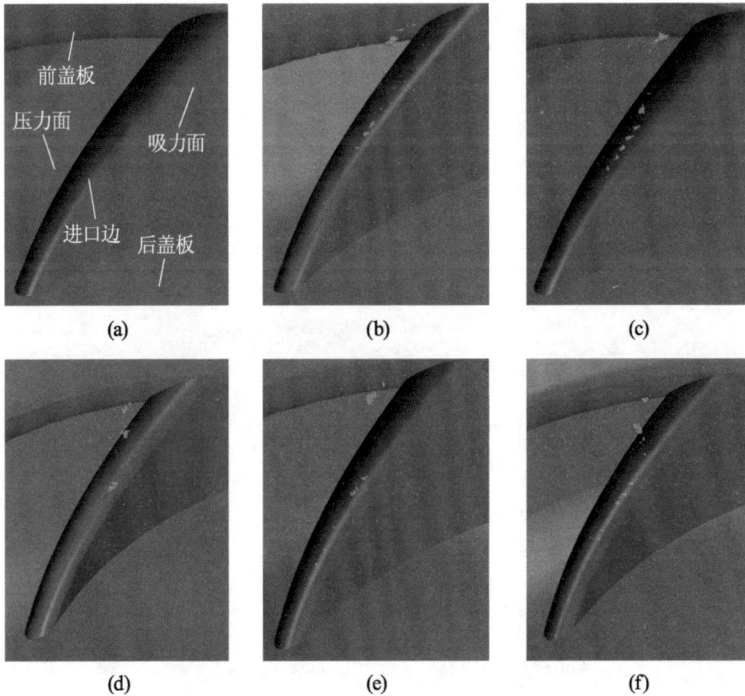

图 5-54　进口边附近的颗粒聚并

图 5-55 为不同流量下盐析晶体颗粒与叶片的接触力大小和位置分布。通过对比，可以清楚地看出，盐析晶体颗粒主要与叶片压力面发生碰撞，且碰撞位置主要分布于叶片弦长 1/3 处往后。结合图 5-53，分析可能的原因是：在叶片压力面靠近进口边的位置发生了明显的边界分离，形成了一个附着在压力面上并顺时针旋转的涡，导致晶体颗粒虽然也分布在叶片压力面 1/3 弦长内的区域附近，但没有与壁面发生真正的接触碰撞。

(a) 0.8Q

(b) 1.0Q

(c) 1.2Q

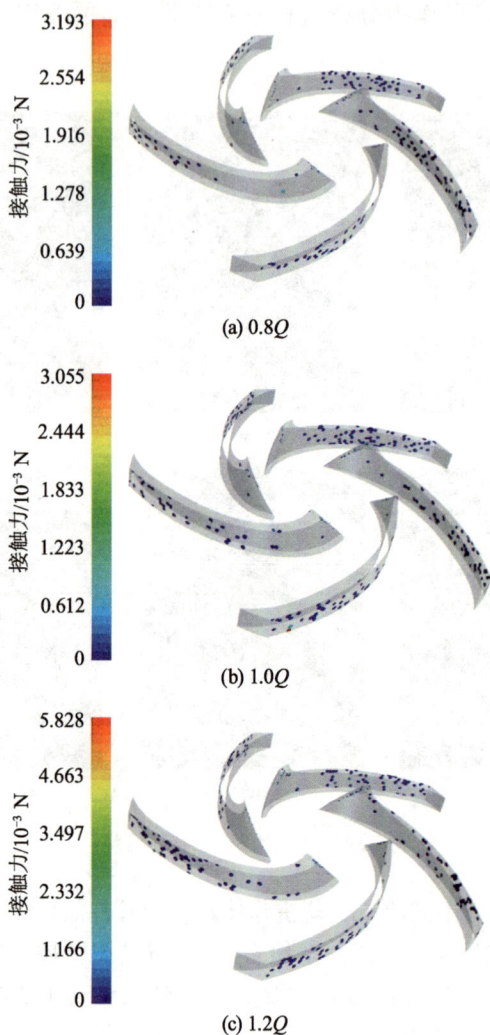

图 5-55 不同流量下盐析晶体颗粒与叶片的接触力分布

另外,在叶片进口边处,晶体颗粒与壁面的碰撞也十分明显,且接触力的大小远大于叶片压力面的接触力。结合图 5-54,发现此时叶片进口边的接触力分布位置与颗粒发生聚并的分布位置十分吻合。结合图 5-53,分析可能的原因是:一方面在进口边处颗粒的相对速度较叶轮流道内其他区域要大,使得此时的晶体颗粒的动能大,导致其与进口边碰撞的接触力也大;另一方面,由于进口边处大量的小颗粒聚并成大颗粒,而大颗粒具有的质量更大,因此其在与进口边发生碰撞时的相互作用力也越大。

随着流量的增加,晶体颗粒与叶片的碰撞次数明显增加。分析认为,这是由于在颗粒体积分数不变的条件下,离心泵流量越大,颗粒的数量就越多,相应地,发生碰撞的概率也越大。另外,随着流量的增加,叶片与颗粒间的接触力也随之增大。分析认为,这是由于流量越大,液相在叶轮流道内的相对速度就越大,相应地在曳力的影响下,颗粒的速度也就越大,导致其与壁面的碰撞也就越剧烈。

图 5-56 为不同流量下盐析晶体颗粒蜗壳壁面的接触力大小和位置分布。通过对比可以看出,盐析晶体颗粒主要与蜗壳第 Ⅰ–Ⅷ 断面内的壁面发生碰撞,尤其是流道内靠外侧壁面与靠里侧壁面。然而在蜗壳扩散段内,颗粒并没有与壁面发生碰撞。分析认为,盐析晶体颗粒在离开叶轮后由于其惯性的存在,仍然具有较大的动能,导致颗粒与蜗壳流道内靠外侧壁面发生碰撞。碰撞后的部分颗粒又反弹至蜗壳内靠里侧壁面,并再次发生碰撞。在蜗壳扩散段内,随着蜗壳断面面积的增大,液相速度减小,颗粒分布趋于均匀,降低了颗粒与壁面发生碰撞的概率。

另外,随着流量的增加,晶体颗粒与蜗壳内壁面的碰撞次数也明显增加。与叶轮内的情况相似,分析认为,在颗粒体积分数不变的条件下,离心泵流量越大,颗粒的数量就越多,发生碰撞的次数也就越多。然而与叶轮内情况不同的是,随着流量的增加,颗粒与蜗壳壁面之间的接触力并没有随之增大。分析认为,这是由于在 $0.8Q$ 与 $1.2Q$ 流量下,液相在蜗壳流道内的流场变化不大,从而液相施加给颗粒的曳力变化相应改变不大,因此颗粒速度的改变相对较小,颗粒与壁面的接触力也变化不大。

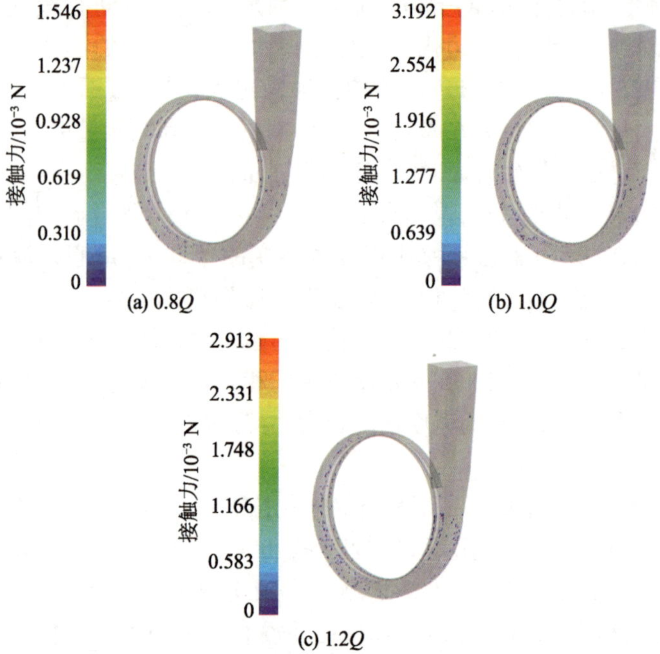

(a) 0.8*Q*

(b) 1.0*Q*

(c) 1.2*Q*

图 5-56　不同流量下盐析晶体颗粒与蜗壳壁面的接触力分布

第六章　旋流泵内盐析流动

旋流泵是一种特殊的无堵塞、抗磨蚀的叶片泵,于1954年在美国西部机械公司(Western Machine Company)问世。旋流泵的特殊过流部件结构及工作原理决定了其在应用于盐析液固两相流输送时所具有的明显优势:① 半开式的叶轮设计极大地降低了结盐后的清洗劳动强度;② 输送液固两相介质时具有良好的无堵塞性能。此外,较简单的过流部件结构也为其内部盐析两相流动的基础性研究创造了便利条件。

本章主要介绍输送盐类溶液时旋流泵的外特性变化,同时借助CFD、粒子图像速度场仪(PIV)和相位多普勒离子分析仪(PDPA)等计算、试验手段,对泵内盐析流场进行较细致、全面的研究,获得两相流场的速度分布、脉动速度分布、颗粒粒径分布、浓度分布及外部条件变化后盐析流场的演化特性,分析盐析与内流场之间的相互关系,以期掌握泵内盐析两相流的流动规律。

↻ 第一节　旋流泵的外特性

一、旋流泵概述

旋流泵的主要结构特征是叶轮退缩在压水室后面的泵腔内(见图6-1)。

1. 工作原理

不同结构的泵,其工作原理也不同。国内外学者对旋流泵无叶腔的速度和压力分布研究表明,泵内有环流产生,如图6-1所示。流体由轴向流入叶轮,沿叶片径向流动,在叶轮出口流出,改变方向再沿轴向流出,在泵体内形成环流。环流中的一部分流体随叶轮出来的流体流向出口,这部分流体称为贯通流。部分流体再进入叶轮,从叶轮获得能量流入无叶腔后并不流出出口,形成环流,又流入叶轮进口,这部分流体称为循环流。在循环流与贯通流交汇区域,循环流将部分能量传递给贯通流,贯通流是产生扬程的主流。

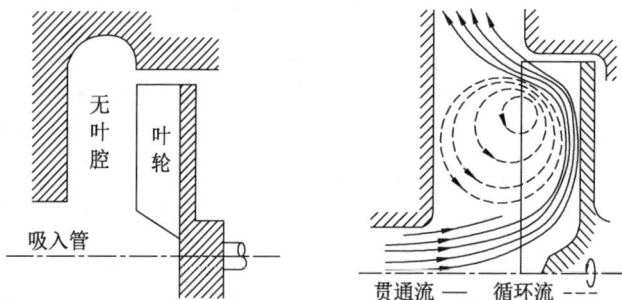

图 6-1　旋流泵简图和腔内流动示意图

2. 内部流动与流动模型

Grabow 在 1970 年发表的论文中介绍了旋流泵无叶腔中的速度和压力分布,指出无叶腔内存在着由叶轮出口折回叶轮进口的回流,与回流有关的水力损失占旋流泵能量损失的大部分,这是旋流泵效率低于普通离心泵的主要原因。许多学者的试验都得出了与上述同样的结论。Schivley、大庭英树、青木正则、陈红勋等学者先后用五孔或三孔球形探针测量了无叶腔的速度场和压力场,并用油膜法显示了泵叶片和后盖板表面的流迹。他们根据各自的测试结果,分别提出了各自的流动模型,并进行了计算。目前主要的流动模型如图 6-2 所示。

(1) Schivley 模型

Schivley 等首先提出了旋流泵的流动模型,如图 6-2a 所示。他们将涡室的流动分为三个区域,即入流与循环流混合区(Ⅰ)、黏性旋涡区(Ⅱ)、出流区(Ⅳ)。假定内部流动是稳定且轴对称的,对其进行流动理论分析。他们以空气为介质,用三孔蛇形探针测量了内部流场的速度和压力分布,并与计算结果做了比较。结果显示,周向速度和试验结果相差较大,仅在叶轮外径处较准确。

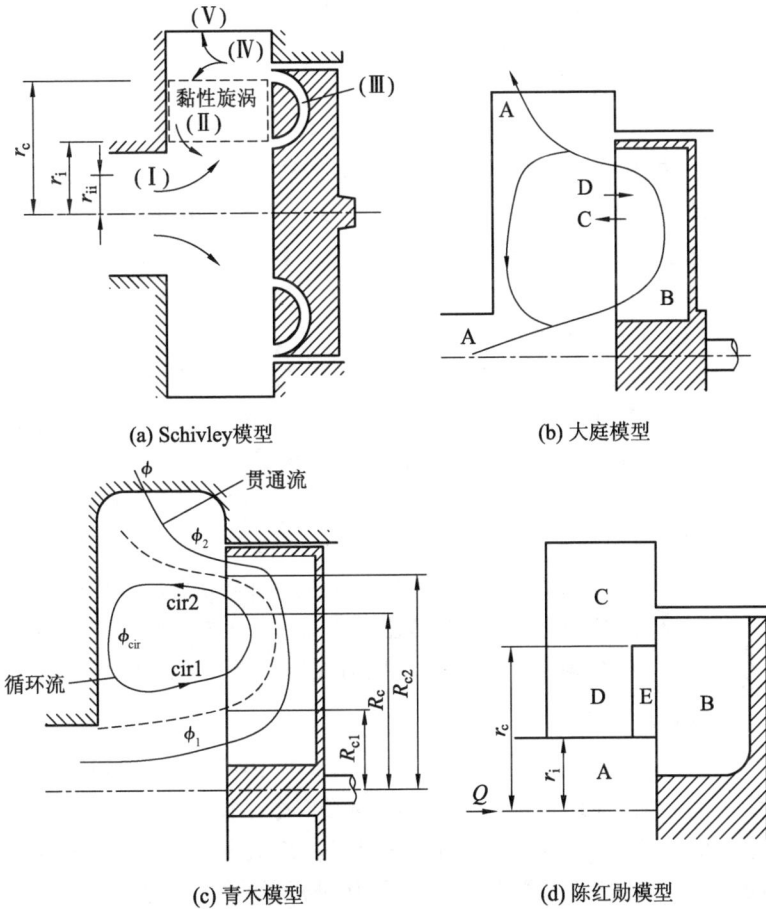

(a) Schivley模型

(b) 大庭模型

(c) 青木模型

(d) 陈红勋模型

图 6-2　典型的旋流泵内部流动模型

（2）大庭模型

大庭英树在 Schivley 模型的基础上,提出了新的流动模型,如图 6-2b 所示。他将泵内流动分成四个流动区域,即贯通流 A、循环流 C、A 与 C 的合流 B、在涡室与叶轮的分界处存在的流入或流出叶轮的不规则流动 D。采用奇点分布法求出叶轮内的流动；采用角动量方程式等求出无叶腔内的流动。合成上述两种流动，对内部流动和性能进行计算。它是对 Schivley 模型的一种改进，各种系数的确定与 Schivley 模型一样。

（3）青木模型

青木正则从确定贯通流和回流在叶轮处的平均流入、流出半径入手，提出了一种流动模型，如图 6-2c 所示。他通过试验搞清了内部流动与性能之间的关系，指出了各个参数变化对性能的影响。根据这些结果，他提出了泵性能的估算方法，另外还对空化性能进行了详细的研究。

（4）陈红勋模型

1991 年陈红勋首次对旋流泵叶轮内部流速场和叶片表面压力进行了测试，结合前人对无叶腔内部流动的测试结果，建立了流动模型（见图 6-2d），并对叶轮内的流场进行了全三维势流计算。他将泵内流动分为 A，B，C，D，E 五个区域。在区域 A 内，由吸入口流入的流量 Q 和循环流流量混合后一起流入叶轮；区域 B 为叶轮区，液体在这个区域从叶轮获得能量；在区域 C 内，从叶轮流出的液体一部分成为循环流，另一部分流出泵外；区域 D 内是以切向旋涡流为主的流动；区域 E 内存在着由压力面流向吸力面的流动。

二、外特性

一般旋流泵仍采用离心叶轮与环形腔体的结构，其外特性曲线与离心泵相似。但相比于普通离心泵，由于循环流的存在，旋流泵内的水力损失很大，泵的效率较低，绝大部分泵效率不超过 60%，且当比转速大于 170 或小于 80 时，泵的效率明显下降。

当采用旋流泵输送盐类溶液时，由于介质属性的变化，其外特性必将发生相应改变。为揭示其输送盐析两相流的性能，以一台典型的旋流泵为例，说明其输送具有典型盐析特性的硫酸钠（Na_2SO_4）过饱和溶液时的外特性特点。

1. 旋流泵参数

旋流泵工作原理特殊，流动状态十分复杂，不能简单地使用常规离心泵的设计方法。虽然许多学者试图建立数学模型,从理论上进行计算,但目前这些流动模型均和实际情况有很大差距。因此,旋流泵设计方法基本上是建立在大量模型试验的基础上,都是半理论半经验的,目前水力设计一般采用"设计三要素法"。

作为研究对象的旋流泵的水力参数和结构参数分别见表 6-1、表 6-2。

表 6-1　旋流泵水力参数

水力参数	设计值
流量 $Q/(\text{m}^3/\text{h})$	14
扬程 H/m	4.5
转速 $n/(\text{r}/\text{min})$	1 450
比转速 n_s	106

表 6-2　旋流泵结构参数

结构参数	设计值
叶轮外径 D_2/mm	120
进口直径 D_0/mm	40
叶轮出口宽度 b_2/mm	24
无叶腔宽度 L/mm	35
环形压水室直径 D_v/mm	170
叶片数	8
叶片厚度/mm	5

结构设计同时兼顾 PIV 和 PDPA 的试验测量要求,设计的旋流泵叶轮叶片采用放射形直叶片,压水室采用环形结构。在压水室侧面开有测量窗口,同泵体前盖一样采用厚度为 5 mm 的有机玻璃材质,以便于片光或激光束入射至泵内部,窗口透明度和强度都满足设计要求。为增加泵体内部的可测量区域,获得更多的内部流场信息,采用直管段进口。图 6-3 即为旋流泵的装配示意图。

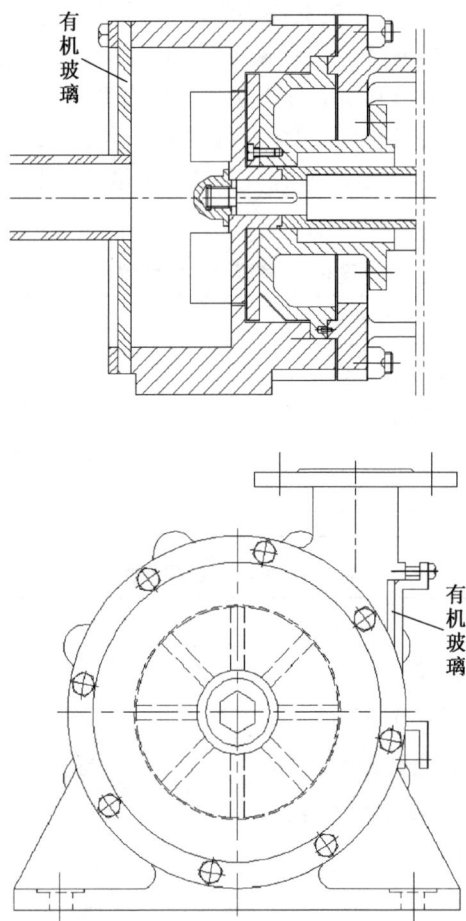

图6-3　旋流泵装配示意图

2. 旋流泵外特性

根据对模型泵在不同运行工况、不同运行介质(清水、盐类溶液)下的全流场数值计算结果,可实现对泵外特性的预测,即得到扬程－流量(H-Q)、功率－流量(P-Q)和效率－流量(η-Q)关系曲线。将预测结果和外特性试验所得的性能曲线进行对比,可从一定程度上实现对数值计算准确性的评估,更重要的是可反映盐析两相流对旋流泵外特性的影响规律。

（1）外特性预测

为说明模型泵在输送盐类溶液时的外特性变化，与以清水为运行介质时的外特性曲线做对比。分别取 30 ℃时的清水和 Na_2SO_4 过饱和溶液作为介质进行计算，计算结果绘制成性能曲线，如图 6-4 所示。

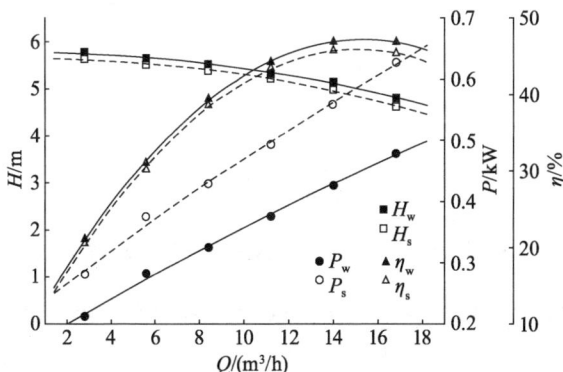

图 6-4　性能预测曲线（下标 w，s 分别表示清水、盐溶液介质）

计算结果显示，与模型泵输送清水时的性能相比，在输送盐溶液时泵扬程略有下降，各工况点均下降约 2%；但两种输运条件下泵功率差值相当大，在最优工况点处输送盐溶液时功率提高约 30%，功率差值随流量增加而增大；泵效率也略有降低，随着流量的加大，效率差值也相应增大，最高效率点处效率降低约 2%，而此工况点对应的两个流量值偏差较小。

（2）外特性试验

为验证数值计算的准确性，揭示模型泵的实际运行性能，同样取 30 ℃时的清水和 Na_2SO_4 过饱和溶液作为介质进行外特性试验，得到如图 6-5 所示的性能曲线。

从图 6-5 中可知，两种输运条件下泵的扬程变化较小，输送盐溶液时扬程略有下降；同计算结果相似，泵功率也明显增大，功率差值随流量增加而增大；但泵效率同计算值相比差异较大，输送盐溶液时泵的效率不仅没有降低,反而大幅度地提高,最高效率点处效率提高约12%,且两种输运条件下最优工况点均向大流量方向偏移。

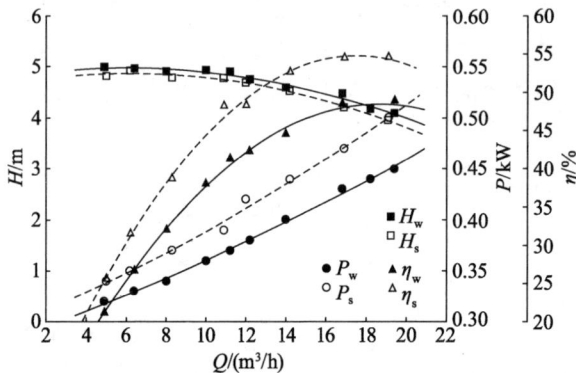

图6-5　外特性试验曲线(下标 w,s 分别表示清水、盐溶液介质)

输送盐溶液时旋流泵效率提高的现象与离心泵内的情况恰好相反,为解释这一现象,有必要对影响泵效率的因素,即泵内的能量损失进行分析。泵内的能量损失可分为三种类型:水力损失、容积损失和机械损失。

① 水力损失

对于同一台模型泵,叶轮和压水室的扩散程度、叶片进出口安放角都相同,在同一运行工况点上进行分析时,可暂忽略由这些因素引起的冲击损失、分离损失和二次流损失。因此,这里重点分析水力摩擦损失。

水力摩擦损失属于沿程损失,存在于整个过流通道中。在水力学中,用下式表示管路中的沿程损失:

$$h_f = \lambda \frac{l}{d} \frac{v^2}{2} \tag{6-1}$$

式中,h_f 为能量头损失;λ 为沿程阻力系数;l 为管路长度;d 为管路直径。应用于泵内流道时,d 可视为水力直径。当泵流道壁面的粗糙度相同时,主要考虑由于介质密度和黏度的改变而导致的沿程损失的变化。为此特对清水和盐溶液的沿程损失及沿程阻力系数进行了试验研究。试验采用圆管,试验装置如图 6-6 所示。测量圆管段的长度(两测压点间距)为 85 cm,管路直径为 0.69 cm;采用水银差压计测量能量头损失;盐溶液取两种试验浓度,分别为 450 g/L 和 500 g/L。通过改变流速获得了沿程能量头损失及沿程阻力系数随流速的变化规律,分别如图 6-7 和图 6-8 所示。从图 6-7 和图 6-8 可知,相同流速条件下,盐溶液的沿程能量头损失和沿程阻力系数均大于清水条件,且随着流速的增加,能量损失差别增大;盐溶液浓度的增加也会导致其沿程能量头损失和沿程阻力系数的增大。这一试验结果说明,在相同的流量条件下,以盐溶液为运行介质时泵内的水力摩擦损失明显增加。

测压点1　　测量圆管段　　测压点2

图 6-6　沿程阻力测试台

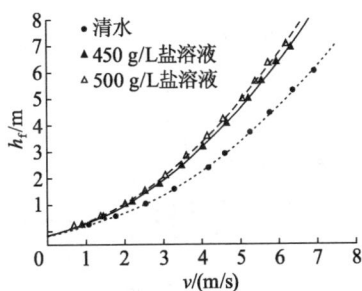

图 6-7　沿程损失与速度的关系　　图 6-8　沿程阻力系数与速度的关系

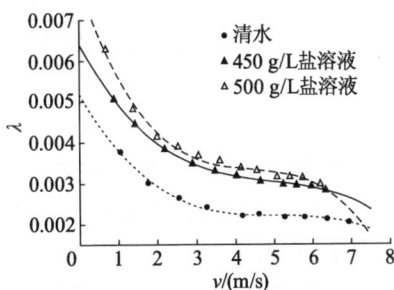

黏度对水力摩擦损失的影响也可以通过理论分析得到。其实所有的水力摩擦损失都是由附面层中的剪切力引起的,黏度越高,剪切力越大,附面层的排挤厚度、动量厚度都会增大,流动损失也随之增大。试验系统中沿程损失的增加,导致了泵出口压力的增

大,这在泵外特性试验中得到了证明。

② 容积损失

对于旋流泵而言,内部泄漏量可看作循环流的流量。旋流泵效率低的主要原因正是无叶腔中循环流造成的大量能量损失 Δh_{cir},由此提出循环流效率 η_{cir} 这一概念,可由下式确定:

$$\eta_{cir} = \frac{\phi H_{th}}{\phi H_{th} + \Delta h_{cir}} \qquad (6\text{-}2)$$

式中,H_{th} 为泵理论扬程;ϕ 为贯通流流量。由式(6-2)可知,贯通流流量越大,循环流效率越高,这也是泵的最优工况点向大流量方向偏移的原因之一。因此,增加贯通流流量,减少循环流能量损失是提高泵效率的主要途径。

很多学者研究了不同的几何参数(无叶腔宽度、叶轮出口宽度等)、形状(无叶腔、叶轮形式)对泵性能的影响,也就是研究这些因素对泵内循环流能量损失的影响,以期寻找到最优的设计方案,提高泵效率,但对于不同的运行介质对循环流效率的影响的研究目前尚未见报道。

循环流能量损失 Δh_{cir} 应该等于叶轮通过角动量的形式传递给循环流所消耗的功率 ΔP_{cir},ΔP_{cir} 越小,则泵的效率越高。那么 ΔP_{cir} 与输运介质的黏度等物理属性是否有一定的关系?由此假想:盐溶液的黏度增加,使得流体层间的剪切应力加大,则在相同转速下,叶轮产生相同的角动量对无叶腔内的介质的作用范围扩大或作用效率提高,即叶轮能量传递效率相应提高,从而降低了 ΔP_{cir},提高了泵的循环流效率。这一设想还需进一步试验验证。

③ 机械损失

机械损失由机械摩擦引起,可分为两部分:轴承、轴封等部件固体摩擦损失和圆盘摩擦损失。这里忽略前一种损失对效率的影响。圆盘摩擦损失 ΔP_r 的计算通常采用经验公式:

$$\Delta P_r = K \rho u_2^3 D_2^2 \qquad (6\text{-}3)$$

式中,K 为系数;u_2 为叶轮出口圆周速度。由式(6-3)可知,ΔP_r 与介质密度成正比,由此推测泵输送盐溶液时机械损失增加,会导致泵效率下降。

综上所述,旋流泵的总效率可以认为是水力效率、循环流效率和机械效率三者的乘积。模型泵在输送盐溶液时,水力损失和机械损失必定增加;虽然循环流效率提高的机理尚不明确,但它最可能成为泵送盐溶液时效率升高的主导因素。

第二节　旋流泵盐析颗粒流场可视化

旋流泵内部流动结构的细微变化是导致泵外特性改变的主要因素,本节主要介绍如何采用粒子图像速度场仪(PIV),对泵内的盐析晶体颗粒在不同运行工况、溶液温度及浓度条件下的流场进行测量、显示工作,实现颗粒流场的可视化。

一、测量方法

1. 三维速度测量

试验采用的 PIV 为二维测试系统,要实现三维速度的测量,则需通过改变测量模式来实现准三维测量。按照泵内的流动特征,拟采用径向测量和轴向测量两种模式。径向模式下能获得周向速度和径向速度信息,而轴向模式下能获得径向速度和轴向速度信息。两种模式下片光和 CCD 相机的布置如图 6-9 所示。径向模式下片光从泵体侧窗口入射,CCD 相机在与片光平面垂直的前泵盖方向拍摄;轴向模式下两者位置互换。

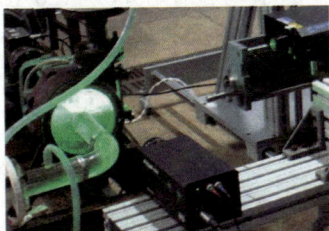

(a) 径向模式　　　　　　　　　　(b) 轴向模式

图 6-9　两种测量模式

2. 测量区域

如图 6-10 所示,为考察不同轴截面上的流场情况,也同计算显示的截面一致,径向模式下在泵内轴向位置布置四个测量断面,轴向模式下测量区域如图中阴影部分所示。

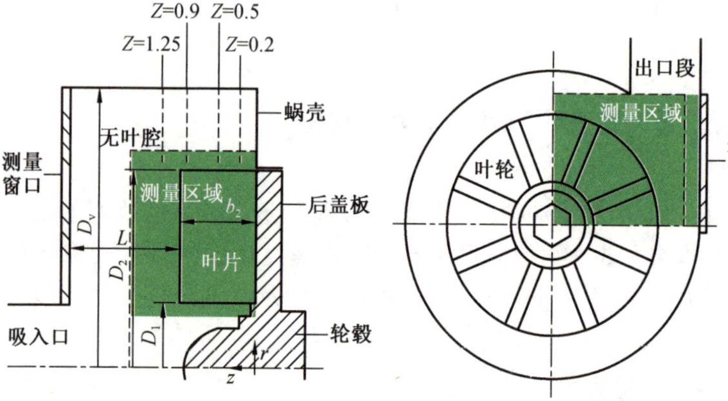

图 6-10　测量断面及区域

3. 试验条件

采用 Na_2SO_4 过饱和溶液作为运行介质,针对三种溶液温度(40 ℃,35 ℃和30 ℃)、两种介质浓度(450 g/L,500 g/L)及不同运行工况($0.8Q$,$1.0Q$,$1.2Q$)进行 PIV 内流测量。试验中示踪粒子的选择:对于液相,采用具有良好跟随性、反光性且与流体密度相近的空心玻璃球作为示踪粒子,直径为 8 ~ 12 μm;经 PDPA 测量可知,不同温度下溶液中盐析晶体颗粒的平均粒径在 80 ~ 120 μm,Na_2SO_4 晶体颗粒对于光线的散射为瑞利散射(Rayleigh Scattering),即不改变入射光的频率,因此晶体颗粒可直接作为自身速度场的示踪粒子。

二、结果与分析

1. 测量结果

图 6-11 为泵设计流量下未发生盐析时叶轮内各轴截面上液相的绝对速度与相对速度分布图。图 6-12、图 6-13 和图 6-14 分别为

泵设计流量下发生盐析后 40 ℃, 35 ℃ 和 30 ℃ 时叶轮内各轴截面上盐析晶体颗粒的绝对速度与相对速度分布图。

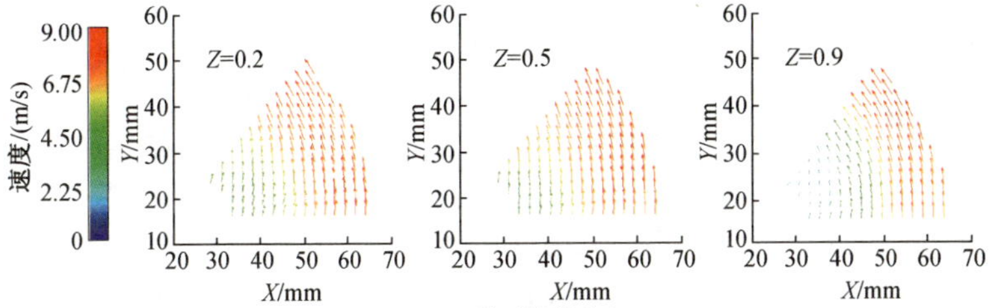

(a) 绝对速度分布

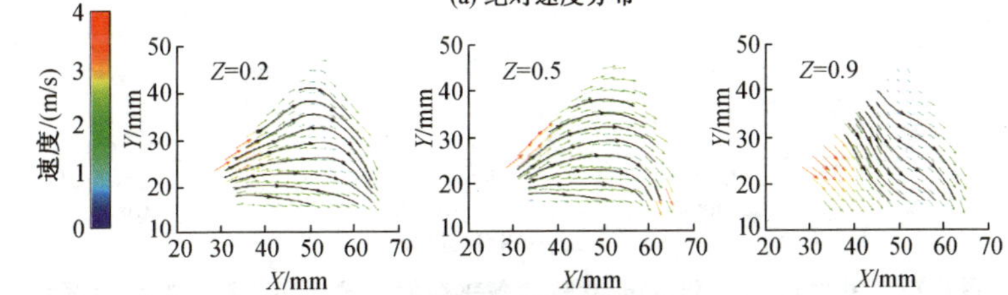

(b) 相对速度分布

图 6-11 未发生盐析时叶轮内各轴截面上液相的绝对速度与相对速度分布

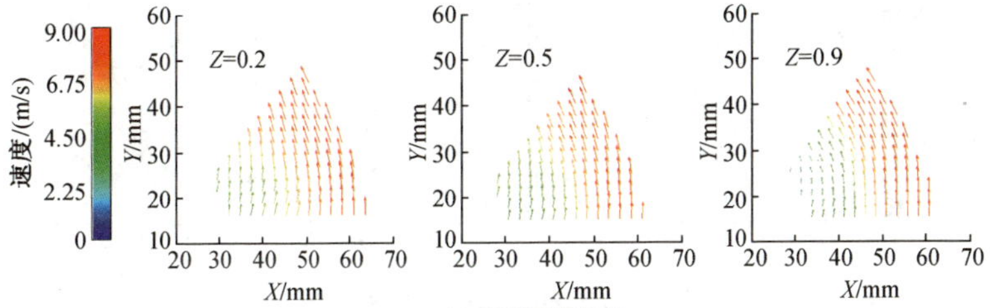

(a) 绝对速度分布

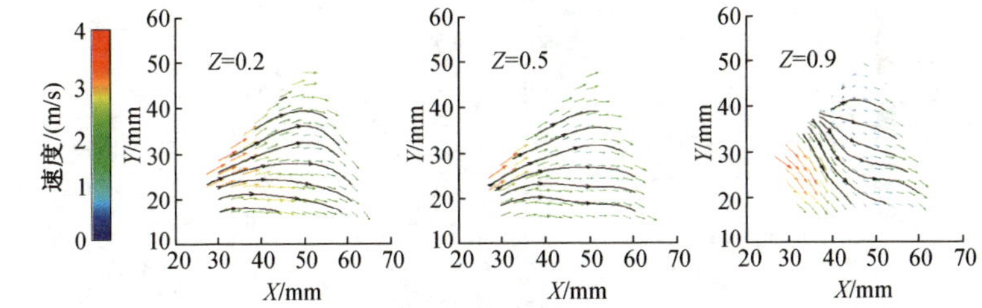

(b) 相对速度分布

图 6-12 发生盐析后 40 ℃ 时叶轮内各轴截面上盐析晶体颗粒的绝对速度与相对速度分布

(a) 绝对速度分布

(b) 相对速度分布

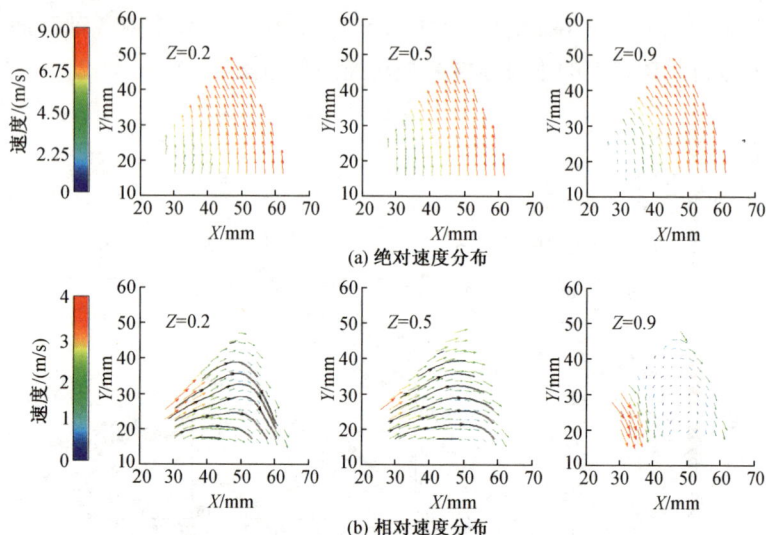

图 6-13　发生盐析后 35 ℃时叶轮内各轴截面上盐析晶体颗粒的绝对速度
　　　　与相对速度分布

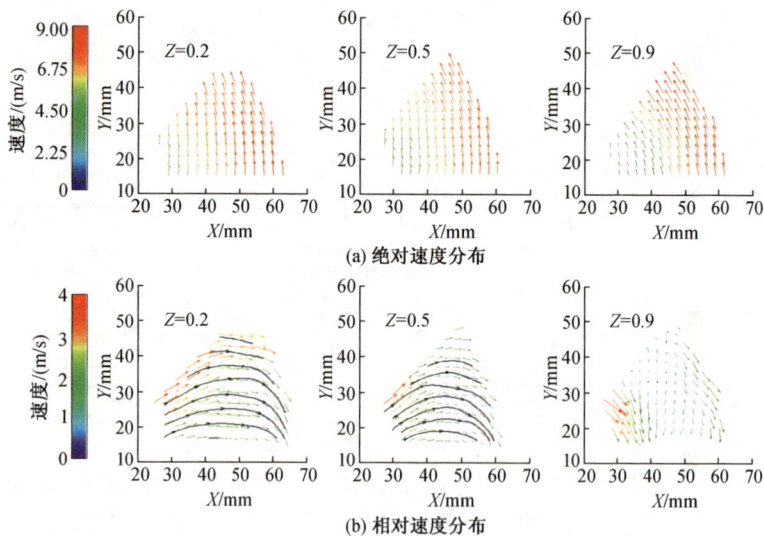

(a) 绝对速度分布

(b) 相对速度分布

图 6-14　发生盐析后 30 ℃时叶轮内各轴截面上盐析晶体颗粒的绝对速度
　　　　与相对速度分布

　　图 6-15 显示了设计流量下包括溶液未发生盐析时液相和发生盐析后各温度(40 ℃,35 ℃,30 ℃)下盐析晶体颗粒在无叶腔中的轴截面上的绝对速度矢量分布。

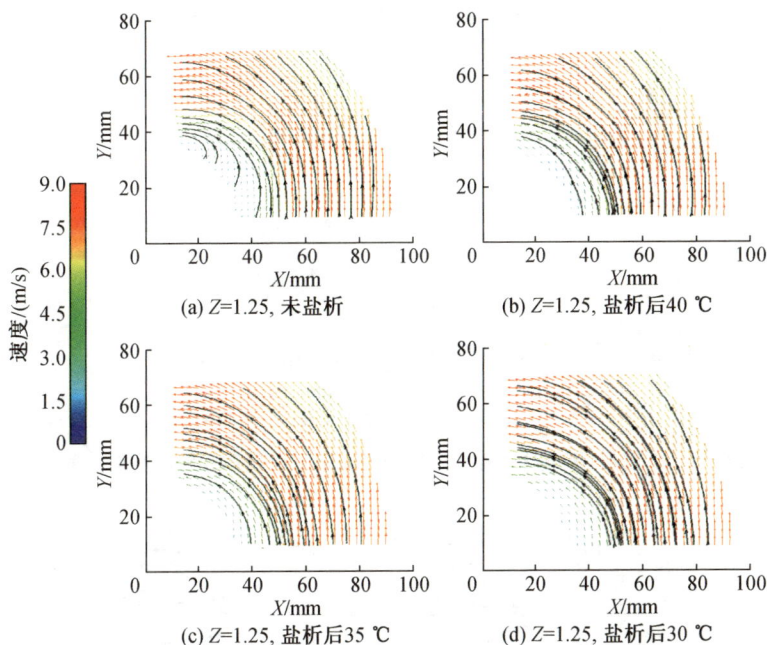

(a) Z=1.25, 未盐析

(b) Z=1.25, 盐析后40 ℃

(c) Z=1.25, 盐析后35 ℃

(d) Z=1.25, 盐析后30 ℃

图 6-15　无叶腔中的轴截面上未发生盐析时液相和发生盐析后
各温度下盐析晶体颗粒的绝对速度分布

　　图 6-16、图 6-17 分别为 30 ℃时泵在 $0.8Q$, $1.2Q$ 流量工况下叶轮内各轴截面上盐析晶体颗粒的相对速度分布图。

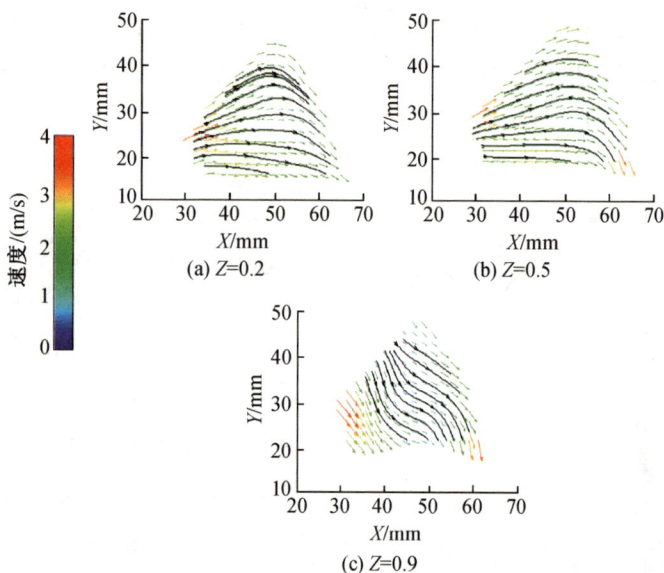

(a) Z=0.2   (b) Z=0.5

(c) Z=0.9

图6-16 小流量(0.8Q)下叶轮内各轴截面上盐析晶体颗粒的相对速度分布

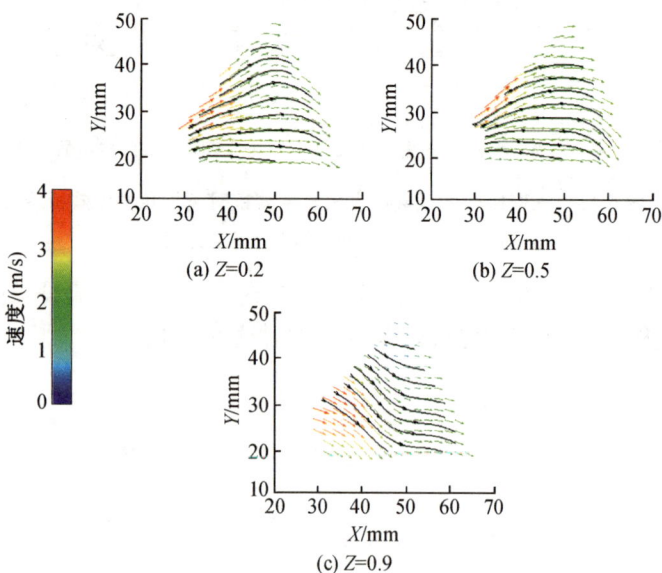

(a) Z=0.2   (b) Z=0.5

(c) Z=0.9

图6-17 大流量(1.2Q)下叶轮各轴截面上盐析晶体颗粒的相对速度分布

图 6-18 为 30 ℃时泵在 0.8Q,1.2Q 流量工况下在无叶腔中的轴截面上盐析晶体颗粒的绝对速度分布图。

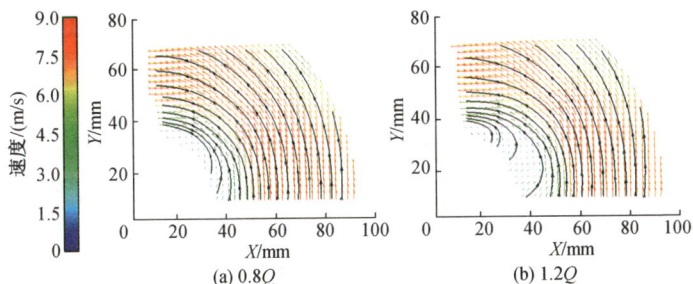

图6-18　不同工况下无叶腔中的轴截面上盐析晶体颗粒的绝对速度分布

图 6-19 显示了 30 ℃时泵在 0.8Q,1.0Q 和 1.2Q 工况下轴截面上盐析晶体颗粒的速度矢量分布。改变溶液初始浓度为 500 g/L 后,该轴截面上的颗粒速度分布如图 6-20 所示。

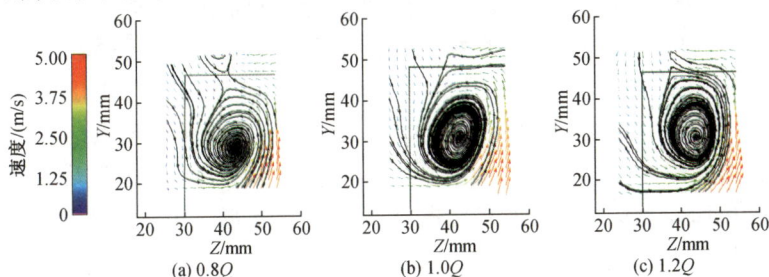

图6-19　不同工况下轴截面上盐析晶体颗粒的速度分布

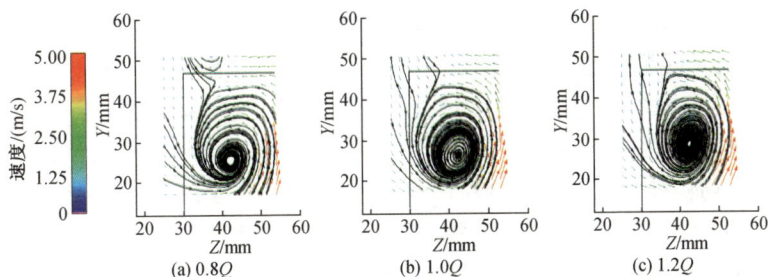

图6-20　另一浓度(500 g/L)时不同工况下轴截面上盐析晶体颗粒的速度分布

2. 分析与讨论

（1）溶液及不同温度下晶体颗粒的流动特征

由图 6-11 可知，从叶轮后盖板至泵吸入口方向，叶轮内各轴截面上的速度分布存在明显差异。靠近后盖板截面（$Z=0.2$）上，液流绝对速度从进口至出口沿径向递增，出口绝对速度方向与叶轮旋转方向基本一致，说明液流圆周速度分量较大而出口液流角较小；进口处，液流相对速度从叶片压力面至吸力面逐渐增大，最大相对速度出现在进口靠近叶片吸力面区域，但随着半径的增大，相对速度沿叶片吸力面有减小的趋势，而压力面上的相对速度变化并不显著。在压力面和吸力面附近的液流相对速度方向基本沿叶片型线方向，可认为这部分液流为贯通流。相对速度变化较大的区域出现在流道中后部，受轴向旋涡影响，形成了低速流区，从流线可以看出，速度方向突然由径向转为与叶轮旋向相反的方向直至叶轮出口，出口相对液流角也较小。至中间轴截面（$Z=0.5$）上，绝对速度分布规律并未改变，但相对速度存在差异，主要体现在流道中后部：低速区略向进口方向偏移，相对速度的方向变化较缓和，出口相对速度大小总体增大，且出口相对液流角也增大。从压力面至吸力面，出口处的相对速度分布较均匀。而在靠近无叶腔的截面（$Z=0.9$）上，绝对速度和相对速度分布均出现较大变化。在较小半径范围内，液流绝对速度与前两个截面相比甚小，速度方向也发生变化，特别是在进口靠近叶片吸力面附近，绝对速度基本沿径向；而相对速度分布却出现规律性变化，其方向不再沿径向，而是偏向叶片的压力面，有大量的回流产生，此截面上的流动特征已与无叶腔中的流动相似。

40 ℃的过饱和溶液度过盐析延迟期后析出晶体颗粒，颗粒在叶轮内的流动结构如图 6-12 所示。此时溶液中晶体颗粒粒径较小（平均粒径为 80 μm），颗粒的体积浓度也较小（约 5%），因此与未盐析时相比，三个截面上颗粒速度的分布规律基本保持一致。颗粒的绝对速度总体上略有降低，相对速度的大小和方向均有变化。从 $Z=0.2$ 和 $Z=0.5$ 截面上的相对速度分布可以看出，颗粒的出口液流角有所增大;$Z=0.9$ 截面上同样存在较大范围的回流区域。

温度降低后,在过冷度的驱动下,溶液中的晶体颗粒不断长大,且新的晶体颗粒不断析出,导致颗粒平均粒径及体积浓度均增大,这必然会导致其运动结构的改变。温度降低后颗粒的速度场如图 6-13 和图 6-14 所示。由这两幅图可知,降温后,颗粒的绝对速度均有所降低,$Z=0.2$ 和 $Z=0.5$ 截面上的相对速度也略有减小,这与溶液的等效黏度增加有关。但在 $Z=0.9$ 截面上有所差异,温度越低,回流区域越大,流速却越高,由此推测温度降低可能使得泵内循环流的位置或纵向涡旋的强度发生了改变。

无叶腔中轴截面上的液相和颗粒相流场以 $Z=1.25$ 截面上的流动为代表,如图 6-15 所示。溶液未盐析时,速度分布呈现强迫涡旋和自由涡旋的特征,即从吸入口至压水室壁面,速度逐渐增大直至叶轮外径附近,然后逐渐减小。叶轮流道对应的区域,绝对速度相对较大,说明该截面上的液流运动在一定程度上仍受叶轮旋转的影响。发生盐析后,随着温度的降低,颗粒速度总体逐渐减小,且在小半径范围内速度方向有明显差异。未盐析时,溶液进入无叶腔后有较大的径向速度;但盐析后,晶体颗粒进入无叶腔的该位置后径向速度较小。从流线图可以看出,温度越低,进口附近流线的曲率中心越接近。

（2）不同流量时的流动特征

以 30 ℃时叶轮各轴截面上颗粒的相对运动来说明不同流量工况条件下盐析晶体颗粒的流场结构,如图 6-16 和图 6-17 所示。

比较 $0.8Q$ 和 $1.2Q$ 流量下的相对速度分布可知,大流量工况下,在 $Z=0.2$ 和 $Z=0.5$ 截面上进口相对速度较大;随流量增加,出口处颗粒的相对液流角增大,由速度三角形分析可知,这是由出口处的轴面速度增大所致。在 $Z=0.9$ 截面上,小流量时回流现象较严重,说明此时循环流的流量增大,这也是引起泵效率降低的原因。

相同温度时两种流量下无叶腔内颗粒的流动特征变化如图 6-18 所示。由图 6-18 可知,流量的改变对小半径范围内的流场结构影响较大,流量增加后,小半径处颗粒有明显的径向速度分量,流线凸向泵出口处。

图 6-19 显示了三种流量下轴面上的颗粒流动结构。从图 6-19 中可以看出,颗粒流也存在着明显的纵向旋涡,旋涡中心基本处于叶轮流道中部,随着流量的增加,该中心有向大半径方向偏移的趋势。小流量(0.8Q)时,从吸入口流入的颗粒流经叶轮后大部分又回到无叶腔中,叶轮出口处有二次回流产生,流动较紊乱;在设计流量(1.0Q)下,流动情况得到改善,叶轮出口流量加大,但仍有回流区;大流量(1.2Q)时,叶轮进、出口的贯通流流量均明显加大,循环流基本从无叶腔中流入叶轮,由外特性试验可知,在此流量下泵效率达到最大值。

（3）不同浓度下的流动特征

以上分析的泵内饱和盐溶液的初始浓度均为 450 g/L,为研究不同初始浓度下盐析颗粒的运动情况,特在温度为 30 ℃时采用初始浓度为 500 g/L 的饱和盐溶液进行了试验。试验结果以颗粒的轴面流动结构为例,如图 6-20 所示。由图 6-20 可知,浓度虽提高了约 12%,但析出的颗粒的流动并未发生显著变化,流动特征及随泵流量变化的规律仍与较低浓度时相似。对两种浓度下泵的外特性进行试验,发现特性曲线也基本保持一致,说明溶液初始浓度在一定范围内的变化并不会导致该型泵内流场及外特性的显著改变。

第三节　旋流泵内盐析流动的 PDPA 测量

通过 PIV 内流测量基本掌握了不同外部条件下颗粒在旋流泵内的运动规律,但并未描述颗粒的精确流动细节,仍属于半定量的测量与显示,也未涉及颗粒在内流场中的粒径分布、浓度分布等盐析与流场的相互关系,所以有必要对旋流泵内的盐析两相流场进行更为精确的测量与分析。相位多普勒粒子分析仪（PDPA）是目前公认最先进的且能同时准确测量粒子粒径和速度的非接触式测量仪器,因此采用PDPA对旋流泵内盐析两相流场进行测量与分析,以获得不同外部条件下的盐析晶体颗粒精确的运动、粒径及浓度分布等演化规律,进一步揭示该型泵内的盐析流动机理。

一、测量系统及方法

1. 测量系统

PDPA与PIV共享测试试验台,除泵内流场的测量系统不同外,其他试验装置及仪器均一致。PDPA测量时的试验现场如图6-21所示,试验采用Dantec公司的PDPA系统。

图6-21 PDPA试验现场

2. 两相速度测量

要获得液相与盐析颗粒相之间真实的速度非平衡特性,必须同时对连续相与离散相进行测量。试验所使用的PDPA测量系统的粒径测量动态范围为1:200,即可以同时测量小粒子(示踪粒子)和粒径在1:200范围内的盐析颗粒的速度,能够满足盐析流场测量要求。根据对粒子跟随性的研究,两相速度区分与管内测量相同,采用分粒径法。

3. 三维速度测量

同PIV准三维流场测量类似,根据旋流泵内部流场的特点,三维速度测量分为径向速度测量模式和轴向速度测量模式(见图6-22),两种模式下都能得到周向速度信息。

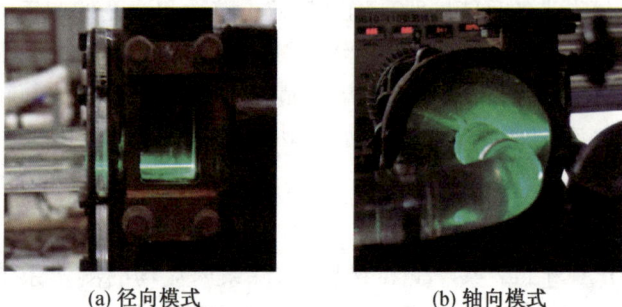

(a) 径向模式 　　　　　　　　(b) 轴向模式

图 6-22　两种速度测量模式

4. 旋转叶轮测量的周向定位

用 PDPA 系统测量旋转叶轮的内部流场时,测量数据相对旋转叶轮的周向定位是一个非常关键的问题,只有确定了测量值的周向位置,才能获得叶轮内部真实的流动情况。PIV 试验中的轴编码器不适用于 PDPA 的测量,所以在 PDPA 试验中采用德国生产的 CERu1040 轴编码器(见图 6-23a)。图 6-23b 显示了该轴编码器的输入输出接口,计数脉冲信号为每转一圈产生 3 600 个脉冲,使得测量的周向空间分辨率为 0.1°,基本能满足一般旋转叶轮的测量要求。

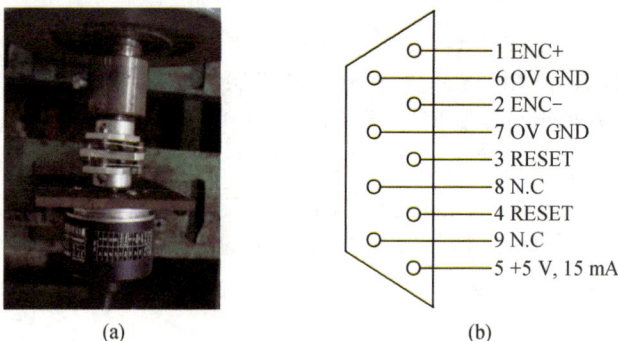

1 ENC+
6 OV GND
2 ENC−
7 OV GND
3 RESET
8 N.C
4 RESET
9 N.C
5 +5 V, 15 mA

(a) 　　　　　　　　　　(b)

图 6-23　轴编码器及其接口电路图

在数据处理时,根据轴编码的计数值对所采集的数据进行分类,由于轴编码的计数值和旋转叶轮的周向位置相对应,当数据处理完成后,就能给出流场的速度量与旋转机械角度的分布状态。

5. 测点布置

PDPA 系统测量体体积甚小,发射和接收探头置于高精度三维坐标架上,移动完全由 BSA 软件控制,具有很高的空间分辨率,所以试验测量点布置较密、数量较多,特别是在叶轮流道区域,其目的在于尽可能地捕捉到流场的细微结构变化,真实反映流动规律。具体测点的位置如图 6-24 所示。测量在第Ⅷ断面上进行,测点的轴向位置包括计算及 PIV 测量划分的轴向位置,测量区域涉及无叶腔、叶轮流道内的流场。

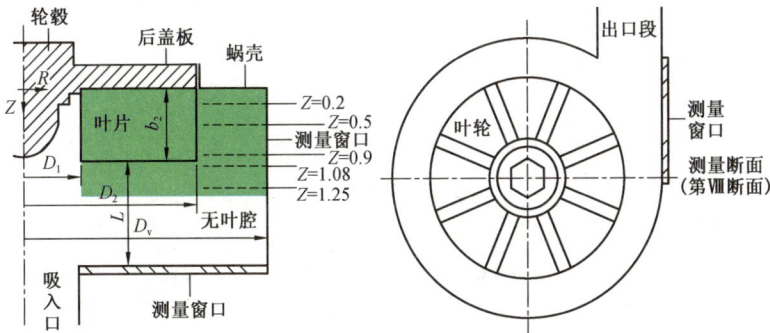

图 6-24　测点布置

6. 试验条件

为保证测量结果的可比性,PDPA 测量时泵的运行工况、运行介质温度和浓度均与 PIV 试验一致。

二、无叶腔内的盐析流动特性

颗粒的速度、粒径及浓度分布结果直接影响着泵内的盐析进程,下面首先介绍盐析颗粒的速度分布,再结合速度分布结果对颗粒的粒径分布和浓度分布进行分析。将测量值无量纲化,对图中符号做如下规定:径向位置 $R = r/r_2$,轴向位置 $Z = z/b_2$,圆周位置 $\theta = \theta/\theta_0$,流量 $Q = q/q_0$,周向速度(绝对速度圆周分量)$V_u = v_u/(r_2\omega)$,径向速度 $V_r = v_r/(r_2\omega)$,轴向速度 $V_z = v_z/(r_2\omega)$,叶轮内相对速度圆周分量 $W_u = w_u/(r_2\omega)$,径向分量 $W_r = w_r/(r_2\omega)$,其中 ω 为叶轮旋转角速度。V_u',V_r',V_z',W_u',W_r' 分别是对应的速度脉动值。

1. 速度分布

（1）不同工况下的速度分布

图 6-25 给出了轴向位置 $Z = 1.25$ 处（离叶轮较远处），流量 $Q = 1.2, 1.0, 0.8$ 三种工况下，盐析颗粒的周向、径向、轴向速度及其脉动分布曲线。

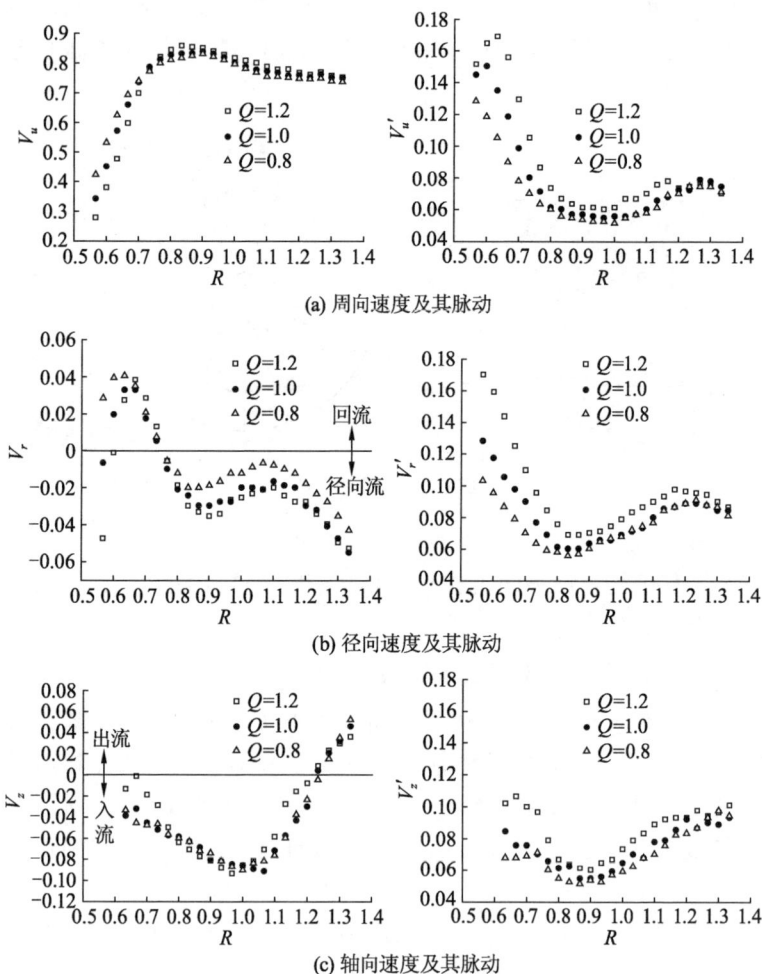

(a) 周向速度及其脉动

(b) 径向速度及其脉动

(c) 轴向速度及其脉动

图 6-25　不同工况下的三维速度及其脉动分布（$Z = 1.25$）

如图 6-25a 所示,颗粒周向速度值在 $0.5 < R < 0.75$ 范围内几乎呈直线上升,但各工况下速度梯度并不相同,小流量时的速度梯度小于大流量时的速度梯度。在此范围内周向速度随流量的减小而增大,即流量越小,周向速度越大。虽然速度梯度不尽相同,但随着半径的增大,各流量下的周向速度差异逐渐缩小,至 $R = 0.75$ 附近几乎相同,此处为周向速度 – 流量关系的转折点。在 $0.75 < R < 1.0$ 范围内,周向速度由上升曲线转为下降曲线,在 $R = 0.85$ 附近达到极大值。当 $R > 0.75$ 后,周向速度 – 流量关系与之前相反,流量越大,周向速度越大。叶轮外径范围外,即 $R > 1.0$ 后,速度逐渐减小,并趋于稳定。周向脉动速度随半径增大而减小,至 $R = 0.95$ 附近降至极小值,受循环流影响,$R > 0.95$ 后,颗粒脉动又有所增加,但远小于小半径范围内的脉动强度;随着流量的增加,颗粒脉动速度也相应提高,特别是在 $R < 0.85$ 区域,不同流量下颗粒脉动差异较大,这种差异在大半径区域得到缓解。

图 6-25b 中,r 方向的径向速度为负值,反方向为正值,正值亦表示回流。在 $0.5 < R < 0.75$ 范围内,径向速度以回流为主,速度沿径向迅速增大至极大值后又急速下降,可以看出此范围受切向旋涡影响较大,循环流在此范围内流向叶轮。循环流与流入叶轮的贯通流分界点随流量而变化,流量较大时,分界点向大半径方向移动,因此流入叶轮的贯通流量增大。当 $R < 0.65$ 时,径向速度随流量减小而增大,说明在小流量工况下,回流现象更加严重,这是导致该泵在此工况下效率低下的主要原因。至 $R = 0.75$ 附近,径向速度趋于 0,且位置不随流量变化,该点应为循环流与流出叶轮的颗粒流的分界点。当 $R > 0.75$ 后,颗粒变为径向流动。此区域流动受从叶轮流出的部分颗粒循环流影响,速度曲线呈马鞍形。流量越大,径向速度越大。径向脉动速度的分布规律类似于周向脉动速度分布。

图 6-25c 显示的是 $R > 0.6$ 后的轴向速度分布。轴向速度值为负表示速度方向为 z 轴(泵轴)负方向,即从吸入口流向叶轮方向的流动;反之,正值表示从叶轮流出的流动。随半径增大,从叶轮

流出的部分颗粒循环流与贯通流交汇流向叶轮,导致轴向流动速度逐渐增大直至 $R=1.0$ 位置附近;随后在循环流作用下,颗粒流从轴向转为径向流动,轴向速度减小,而径向速度增大。$R>1.25$ 后为从叶轮流出的颗粒流,轴向速度变为正值。轴向速度随工况变化存在差异,但与径向速度差异相比较小。颗粒的轴向脉动速度随流量变化,但差异也较小。此外,结合颗粒粒径的分布特点(见图 6-31),也可以证明湍流脉动对盐析晶体颗粒生长有重要影响,脉动越大,强化了相间传热、传质,颗粒生长速率就越大。

(2) 不同位置上的速度分布

由旋流泵经典流动模型可知,泵内不同轴截面上流动差异较大。为探明颗粒流动随轴向位置的变化规律,图 6-26 给出了 $Q=1.0$ 时,$Z=1.08,1.25$ 两轴向测量位置处,盐析颗粒的周向、径向、轴向速度及其脉动分布曲线。

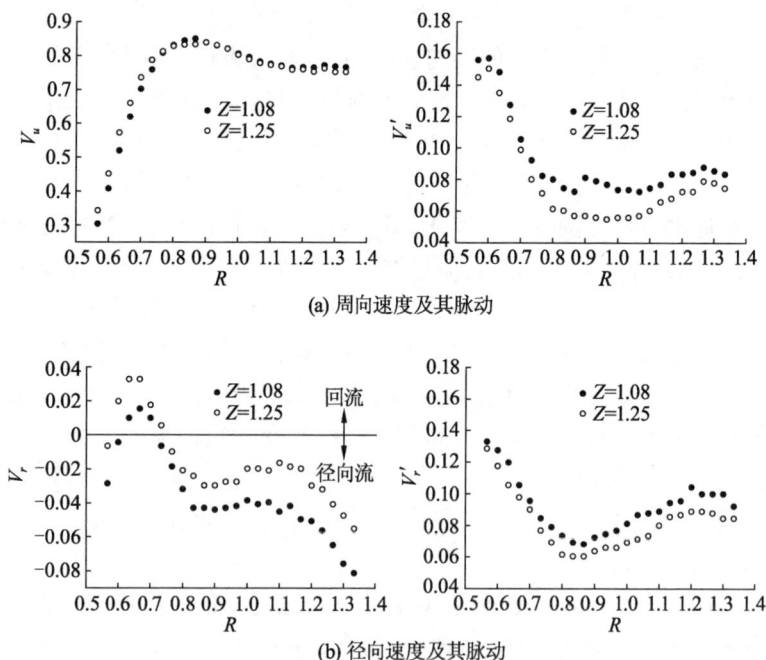

(a) 周向速度及其脉动

(b) 径向速度及其脉动

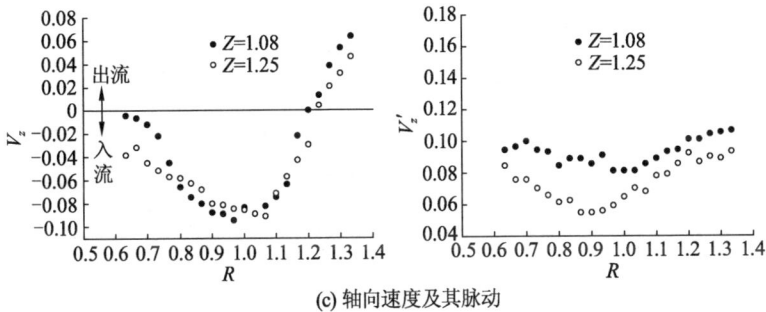

(c) 轴向速度及其脉动

图 6-26 不同轴向位置上的三维速度及其脉动分布($Q=1.0$)

从图 6-26a 周向速度分布曲线可知,在 $R<0.75$ 范围内,$Z=1.25$ 处的周向速度稍大于 $Z=1.08$ 处,且流量越大,速度差异越大。当 $0.75<R<1.1$ 时,速度差异基本消失。直至 $R>1.1$ 后,离叶轮较近位置上的周向速度才大于较远位置。由于循环流的存在,颗粒径向速度在两位置上的差异较大,特别是在 $R>0.8$ 后,这种现象更显著。从图 6-26b 中可以看出,离叶轮较近位置上的径向流动速度明显大于较远位置,速度差值可达 1 倍。且不同位置,循环流和贯通流交汇的位置也有所不同。图 6-26c 所示的两位置上的轴向速度交替变化,$V_z=0$ 的位置也不相同。

从三个方向上的脉动速度分布可知,不同轴向位置上脉动值存在差异:越靠近叶轮位置,由于受叶轮旋转的干扰,速度脉动越大。

(3)不同温度下的速度分布

温度的降低对正向溶解度梯度的盐溶液析出晶体具有较敏感的作用,盐析晶体将加速核化与生长,这种变化必然会对流场结构产生影响。图 6-27 显示了设计流量下 $Z=1.25$ 处,40 ℃,35 ℃,30 ℃时盐析晶体颗粒沿周向、径向、轴向的速度及其脉动分布。

(a) 周向速度及其脉动

(b) 径向速度及其脉动

(c) 轴向速度及其脉动

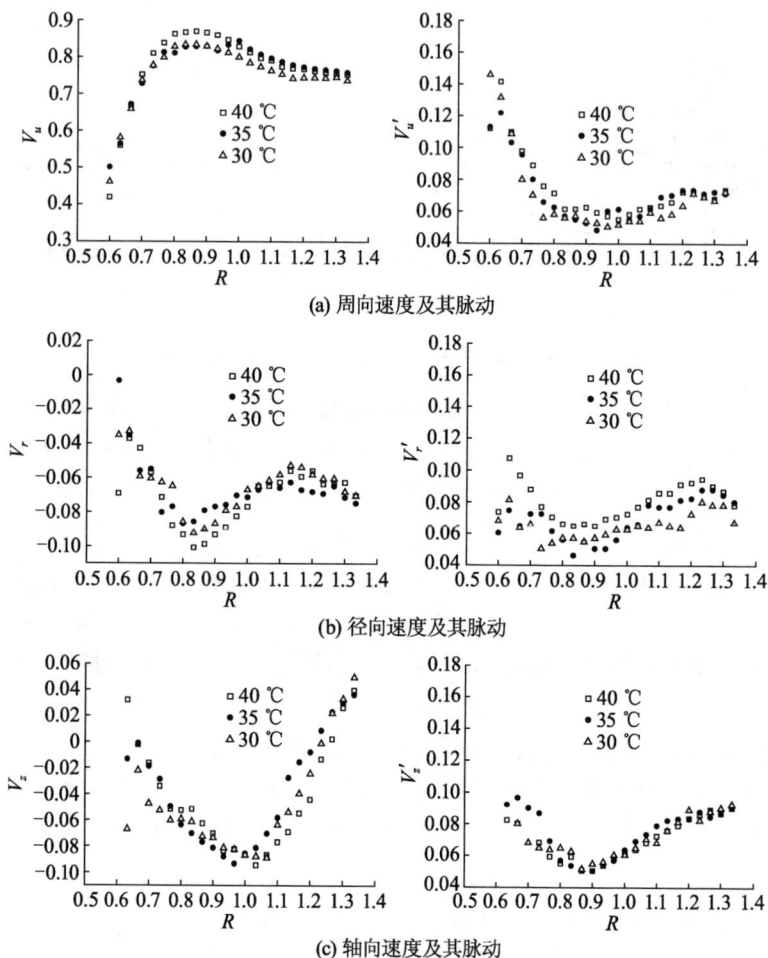

图 6-27　不同温度下的三维速度及其脉动分布（$Q=1.0, Z=1.25$）

从图 6-27 可以看出，随着温度的改变，盐析颗粒速度分布规律基本保持一致，但在速度大小上存在差异；脉动速度分布规律类似，只是在径向分布上，较高温度时速度脉动也较大。由此说明，温度变化对泵内盐析晶体颗粒的流动规律影响较小，但会导致颗粒流动的细微湍流结构发生变化，表现为颗粒的流动速度大小及脉动值随温度而改变。

（4）不同浓度下的速度分布

保持其他参数不变,图 6-28 显示了 450 g/L,500 g/L 两种盐溶液浓度下盐析颗粒的三维速度及其脉动分布。

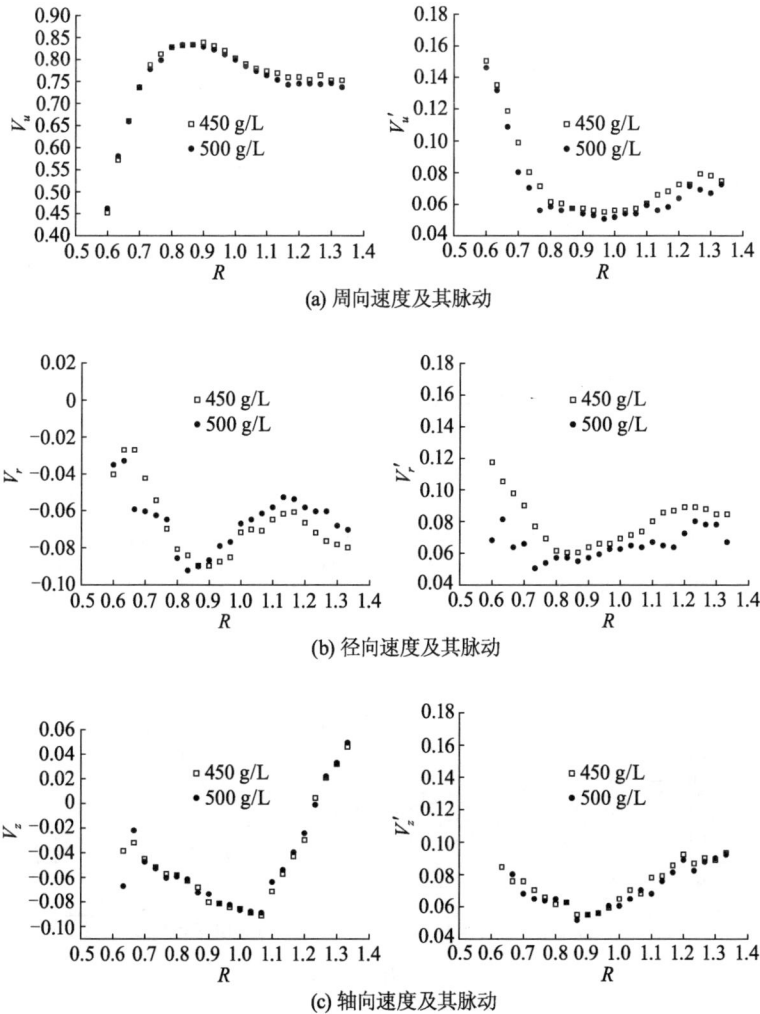

(a) 周向速度及其脉动

(b) 径向速度及其脉动

(c) 轴向速度及其脉动

图 6-28　不同浓度下的三维速度及其脉动分布($Q = 1.0, Z = 1.25$)

197

　　盐析流动过程中,浓度场与流场相互制约、相互联系,浓度变化必然造成流场结构的改变。浓度加大势必增加输运介质的等效黏度,从而强化增阻效应。因此,除轴向速度变化较小外,随着浓度的增加,其他两个方向上的速度分量均有所降低,尤其是在 $R >$ 1.0 后,浓度差引起的速度差较明显;脉动速度受浓度改变影响也较大,随着浓度的增加,颗粒的脉动强度均有所减弱。

(5) 两相速度非平衡特性

　　传统的两相流体动力学认为,两相的密度不同,对外界常常有不同的响应,从而导致相间非平衡现象的出现,而且密度差越大,加速度差越大,非平衡性越严重。泵内的晶体颗粒相与液相之间就存在着这种动力学非平衡现象。图 6-29 显示了位置 $Z = 1.25$、流量 $Q = 1.0$ 的条件下,两相间的速度及其脉动分布对比。

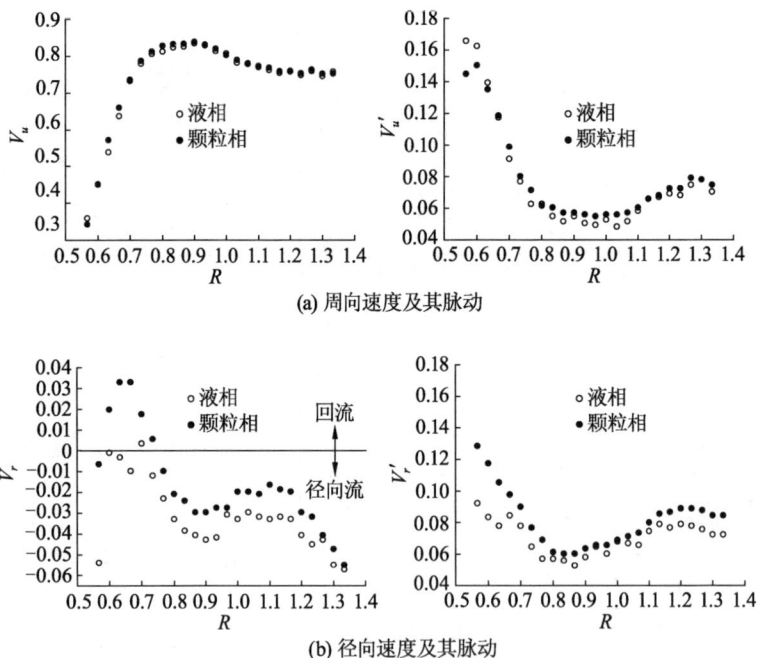

(a) 周向速度及其脉动

(b) 径向速度及其脉动

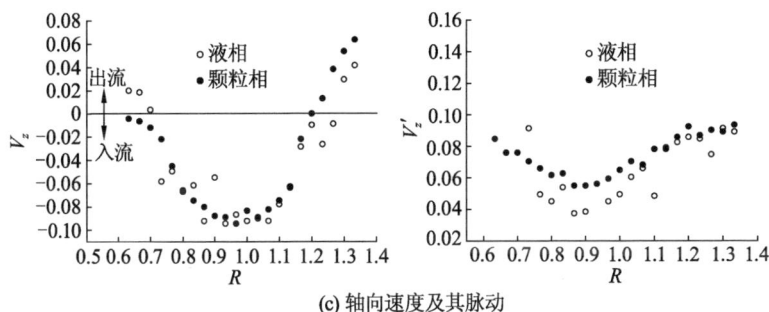

(c) 轴向速度及其脉动

图 6-29 液固两相速度及其脉动分布对比($Z = 1.25$, $Q = 1.0$)

从图 6-29a,c 可以看出,颗粒相与液相间的周向速度及轴向速度滑移并不明显,这可能与晶体颗粒及溶液本身的特性有关。根据 Stokes 公式估算颗粒的沉降终速 $v_\infty = 3 \times 10^{-4}$ m/s,而颗粒在此溶液中的响应时间较短,估算颗粒的响应时间为 2.7×10^{-4} s,在这两个方向上相间速度差相对于特征圆周速度(叶轮外缘处圆周速度,约 9 m/s)并不明显。而在径向上,速度非平衡现象显著(见图 6-29b)。分析其原因,主要可能是受惯性力作用的影响,在纵向和切向旋涡提供的离心力及科氏力作用下,两相间存在的密度差异导致速度滑移增大。但当 $R > 1.25$ 后,靠近压水室壁面附近,两相的径向速度趋于平衡。

两相的脉动速度分布在三个方向上呈现统一的规律:颗粒相的脉动速度高于液相。分析认为,处于过饱和状态下的盐溶液在输运过程中不断有晶核析出,并在浓度场、温度场和速度场的共同作用下逐渐长大,这些晶核或晶体颗粒在流场中相互碰撞,其结果直接导致了颗粒相的湍流强度增大,并不呈现颗粒对液相湍动的跟随性这一特点,且在边壁附近,颗粒与壁面发生碰撞,导致此处颗粒相的湍流脉动明显大于液相。

盐析晶体颗粒的存在对泵内液相湍流特性是否也有影响? 为此特将有颗粒存在条件下的溶液流动结构与泵内单相的流场结构进行比较,如图 6-30 所示。

(a) 周向速度及其脉动

(b) 径向速度及其脉动

(c) 轴向速度及其脉动

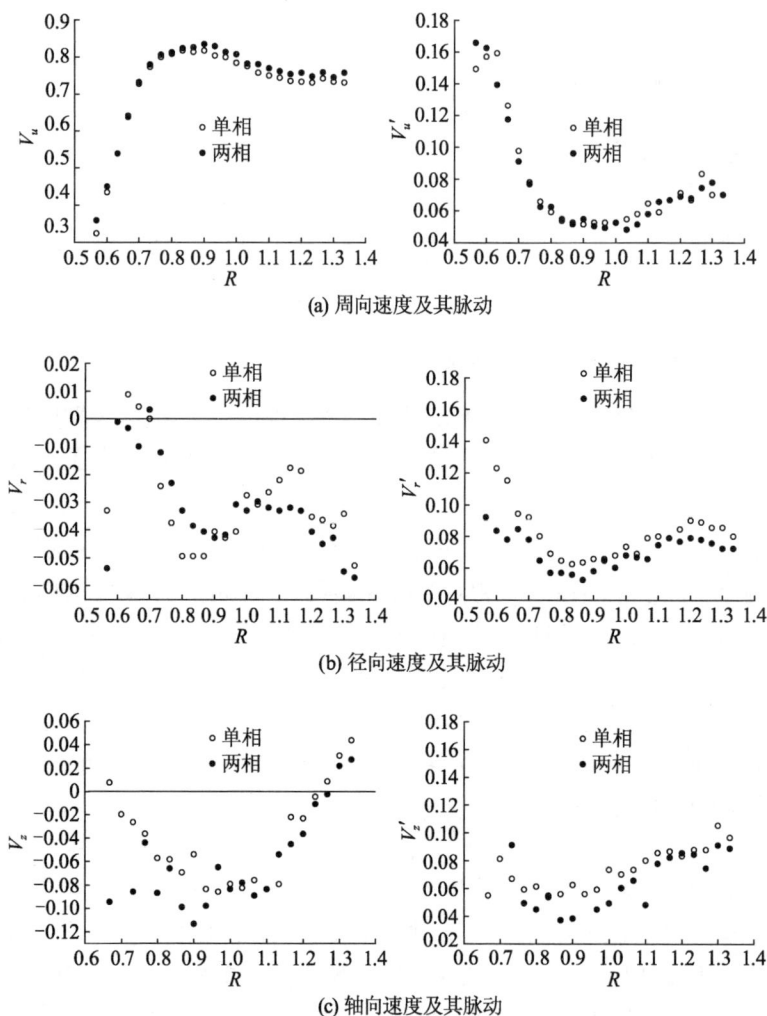

图 6-30　单相和两相流场中液相的速度及其脉动分布($Z = 1.25$, $Q = 1.0$)

由图 6-30 可知,液相的速度及其脉动会随着颗粒的加入而发生变化。在两相流领域,对这种变化的研究一直是热点问题。颗粒进入湍流流场后,对湍流脉动起抑制作用还是增强作用,人们对此有着截然相反的观点。刘大有认为,在液固两相流中,颗粒的无规则运动有多种形式,除了跟随液相的湍流脉动外,还具有其他形式的脉动,如颗粒与颗粒、颗粒与壁面的碰撞产生的无规则脉动,刘大有称之为准层流脉动。他认为颗粒的引入将削弱湍流脉动,但将加强准层流脉动,即颗粒自身的脉动。从试验结果中可以看出,泵内有颗粒存在时的液相脉动强度较小,尤其是在径向和轴向上,说明颗粒的存在削弱了湍流强度。

2. 颗粒粒径及数密度分布

盐析过程中,系统存在不同模式的输运过程,在达到平衡前,在各种输运势的作用下,盐析晶体经历着不断析出、长大等过程,宏观表现为颗粒粒径的增大及颗粒浓度的提高,因此,研究颗粒粒径及数密度分布对分析和预测泵内盐析流动特性具有重要作用。

(1) 颗粒粒径分布

受溶液过饱和度、温度、流动条件等多种因素的影响,盐析发生后溶液中的晶体颗粒粒径并不一致。不同粒径的颗粒在无叶腔内的分布也不相同,图 6-31 显示了不同工况、位置、温度及浓度条件下颗粒粒径沿径向的分布规律。图 6-31 中每一点的直径 d 为通过该点的若干颗粒粒径的统计平均值,这里用 Sauter 平均直径表示。

从图 6-31a 可知,颗粒粒径沿径向呈开口向上的抛物线分布。颗粒粒径首先沿径向逐渐减小至极小值,三个工况下极小值均出现在 $R = 0.85$ 附近;随后粒径迅速增大,越靠近压水室壁面,粒径越大。这说明大小不一的颗粒群进入无叶腔后,较大的颗粒更易向压水室壁面迁移,而较小的颗粒主要分布于叶轮外径范围内。产生这种分布主要是由于当地的颗粒循环流的影响,即在切向旋涡提供的离心力作用下,大颗粒分别向径向及相反方向迁移,流向进口方向的颗粒又与颗粒贯通流相交汇,导致统计粒径小于流向压水室壁面的颗粒粒径,这也是最大颗粒分布于压水室壁面附近的原因之一。此外,当泵流量减小时,此轴向位置上的粒径分布值总体随之减小。根据旋流泵内流特点可以推测,当流量减小时,大颗粒更易向前压盖方向(z 轴正向)移动。在同一工况下,不同轴向位置上,粒径分布存在差异,但并不显著(见图6-31b)。

盐析过程中,温度降低后晶体颗粒析出,降低了溶液过饱和度,但增大了溶液的过冷度,二者共同作用下的结果仍然是盐析颗粒粒径的增大(见图6-31c)。相同温度下,溶液浓度提高,晶体生长驱动力增大,使得泵内流场中的晶体颗粒粒径也增大,这在试验中得到了验证(见图6-31d)。

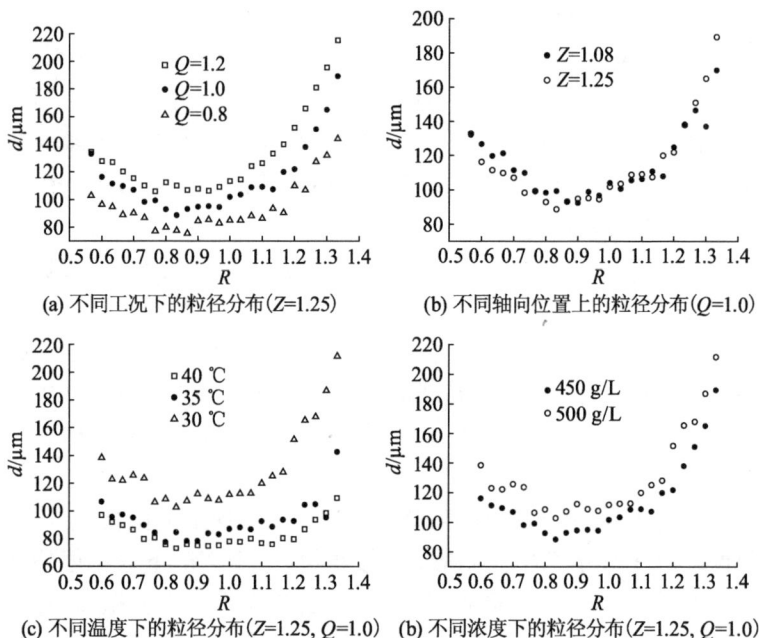

(a) 不同工况下的粒径分布($Z=1.25$)

(b) 不同轴向位置上的粒径分布($Q=1.0$)

(c) 不同温度下的粒径分布($Z=1.25, Q=1.0$)

(b) 不同浓度下的粒径分布($Z=1.25, Q=1.0$)

图6-31　颗粒粒径分布

(2)颗粒数密度分布

图6-32为不同条件下的颗粒数密度分布曲线。

从图6-32a可知,在$R<0.8$范围内,沿径向颗粒数密度逐渐增大,而在此范围内,颗粒的粒径减小,为晶体颗粒的聚并创造了条件。小颗粒在较高颗粒浓度下聚并导致随后一定范围内颗粒数密度降低,出现一个颗粒浓度低谷,不同工况下低谷的位置存在差异,如$Q=1.2$时低谷在$R=0.95$附近,$Q=1.0$时在$R=1.05$附

近。当 $R>1.0$ 后,从叶轮流出的颗粒又使得颗粒数密度迅速增大至极大值,随后在聚并机制的作用下又迅速减小,而颗粒粒径却一直保持增大趋势,因此在这个范围内颗粒的体积浓度逐渐升高。此外,颗粒数密度随流量增加而增大,说明随着流量的增加,颗粒有总体向叶轮方向移动的趋势。不同轴向位置上,颗粒数密度也存在差异(见图 6-32b)。越靠近泵体前压盖方向,数密度越大,说明颗粒进入无叶腔后易向前盖板方向迁移。从以上对旋流泵内颗粒浓度分布规律的分析可以发现,溶液中析出的晶体颗粒进入泵内后主要迁移至压水室壁面及前盖板附近,这也验证了计算得到的相应结果。

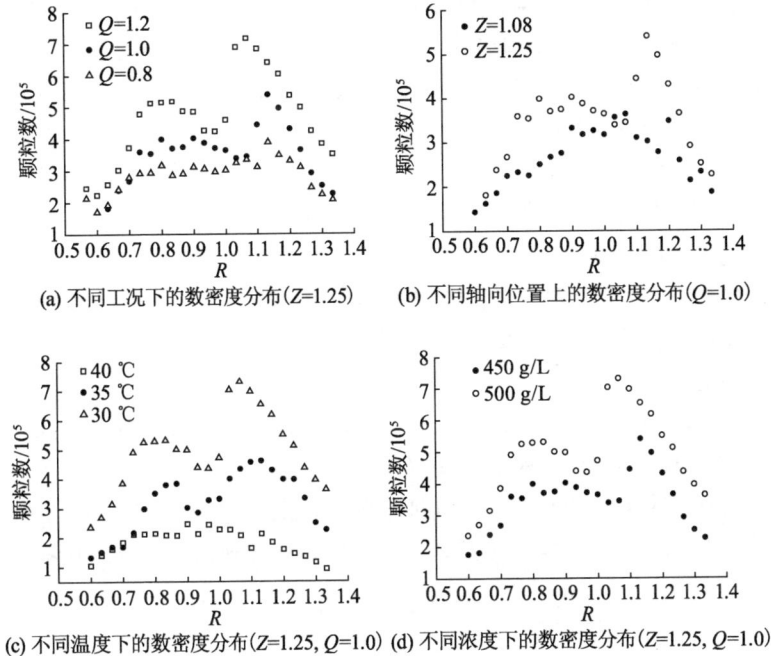

(a) 不同工况下的数密度分布($Z=1.25$)

(b) 不同轴向位置上的数密度分布($Q=1.0$)

(c) 不同温度下的数密度分布($Z=1.25,Q=1.0$)　(d) 不同浓度下的数密度分布($Z=1.25,Q=1.0$)

图 6-32　颗粒数密度分布

在盐类溶液体系中,温度对溶解度的影响十分明显,试验采用的过饱和 Na_2SO_4 溶液具有正向溶解度梯度,温度降低,溶液处于不稳定状态,过饱和度大大增大,析出晶体颗粒的概率也大大增大,非均相成核、碰撞成核极易发生,且析出的颗粒将以较快速度生长,导致溶液中晶体颗粒浓度提高(见图6-32c)。从图6-32d可以看出,溶液浓度提高,颗粒浓度也相应提高,原因是等温等压条件下,溶液浓度越高,生成盐析晶体时系统的吉布斯自由能下降越多,成核速率、晶体生长都相应加快。

3. 无叶腔内的盐析流动特征

综上所述,无叶腔内的盐析流动的主要特征如下:

(1)速度场特征

① 颗粒周向速度沿径向梯度随流量变化,周向速度–流量关系存在转折点(在 $R=0.75$ 附近);颗粒径向流动与回流共存,循环流与贯通流的分界点随流量而变化,小流量工况下,回流现象更加严重,径向流动速度曲线呈马鞍形;颗粒在 $R<1.0$ 范围内流向叶轮且速度沿径向逐渐增大。

② 不同轴向位置上,径向速度差异较大,特别是在 $R>0.8$ 后更显著;周向速度、轴向速度随轴向位置变化而存在差异,但与径向速度的差异相比较小。

③ 温度变化对无叶腔中盐析晶体颗粒的流动规律影响较小,但其细微湍流结构将发生变化,表现为颗粒的速度及脉动值随温度而改变。

④ 浓度对速度、脉动速度影响较大,随浓度增加,周向和径向速度均有所降低,颗粒的脉动强度均有所减弱。

⑤ 颗粒相与液相间的周向速度及轴向速度滑移并不明显,而在径向,速度非平衡现象显著;颗粒相的脉动速度高于液相;颗粒的存在削弱了液相的湍流强度。

(2)浓度场特征

颗粒粒径沿径向呈开口向上的抛物线分布,最大颗粒分布于压水室壁面附近;在同一轴向位置上,颗粒粒径的大小随流量而变化。颗粒数密度随流量增加而增大,且越靠近前压盖方向,数密度越大。结合分析颗粒粒径和颗粒数密度分布,可揭示出晶体颗粒的聚并现象。溶液温度降低或浓度提高,均使得盐析晶体颗粒粒径增大且浓度升高。

三、叶轮内的盐析流动特性

1. 数据处理

叶轮内的测量结果不能直接用来分析,需根据轴编码器提供的角度信号进行相应的后处理。以某一半径处一个速度通道的测量结果为例,来说明 PDPA 测量旋转流场的结果显示方式及后处理方法。

图 6-33 所示为某点所在的圆周上的周向速度分布。图中的散点表示通过测量体的粒子的周向速度(LDA1)大小;横坐标用角度(Angle)表示,基于轴编码器的周向定位,轴旋转一圈为 360°,使采样数据和流道扫过测量体所转过的角度一一对应,即一次采样过程可以得到所有流道同半径位置在这一点的速度信息。从这幅图中可以清晰地看出八个流道的流动情况,由于叶片加工精度等原因,不同流道间的流动并不相同。

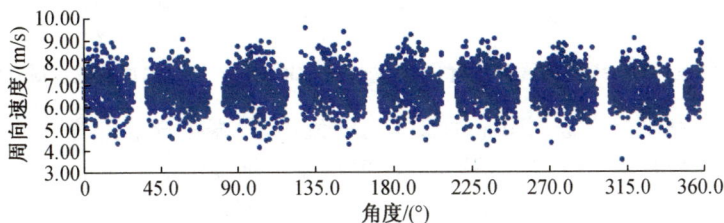

图 6-33　各流道内周向速度分布

为研究同一流道内的流场,将图 6-33 按角度处理得到图 6-34,再利用流体力学的统计方法,对采样数据进行计算,得到图 6-35 和图 6-36。这两幅图都是基于角度分组的统计量。图 6-35 显示了在同一半径处 $S1$ 流面上的周向平均速度($LDA1_{mean}$)分布;图 6-36 显示了其周向脉动速度($LDA1_{RMS}$)分布。

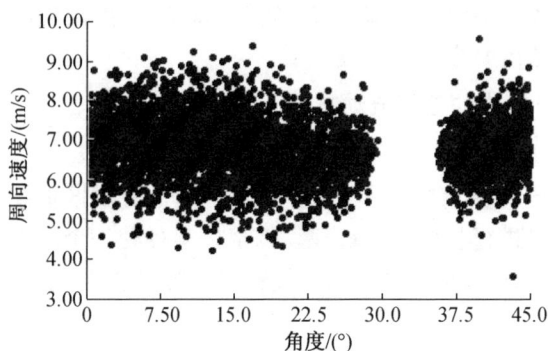

图 6-34　同一流道内周向速度分布

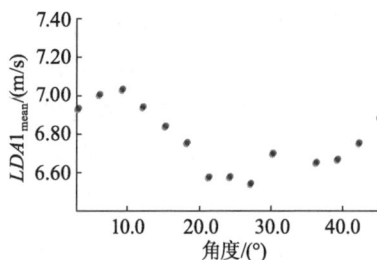

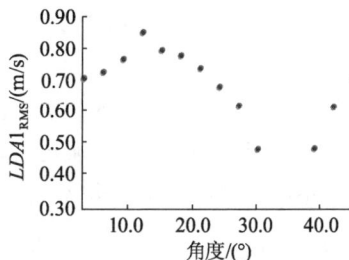

图 6-35　同一流道内周向速度平均值　　图 6-36　同一流道内周向速度脉动值

利用此方法测量整个泵体内的流场,只需将测量体沿径向和轴向位置移动,将采样得到的速度信息与轴编码器记录的角度信息相对应,提取出同一流道或相应位置的数据,就可以完成对其他测点的测量。径向速度、轴向速度及相应的脉动速度测量和后处理方法也与此相同。结合 PDPA 的粒径测量功能,就可以获得盐析两相流场中各相的速度信息。

研究叶轮内的流动,比较关注相对速度分布,因此,再将处理后的周向速度、径向速度等数据按速度三角形推算出相对速度的圆周分速度和径向分速度。下面分析的数据都是基于此方法的试验后处理结果。

2. 相对速度分布

叶轮内盐析晶体颗粒的相对速度分布以同一流道内从叶片吸力

面沿 $S1$ 流面至压力面间的圆周及径向速度分量分布来表示,下面各图中"SS"为叶片吸力面(背面),"PS"为叶片压力面(工作面)。

（1）不同工况下的速度分布

图 6-37、图 6-38 和图 6-39 分别为 30 ℃时,$Z=0.5$ 位置上 $Q=1.0,1.2,0.8$ 三个工况下叶片间的相对速度圆周及径向分量分布图。

设计流量下(见图 6-37),当 $R=0.6$ 时,颗粒的圆周分速度均大于 0,即与圆周速度方向一致,叶片吸力面与压力面附近的圆周分速度大小相当,速度最大值位于 $\theta=0.3$ 附近,但此处径向分速度较小,说明颗粒流向叶片吸力面;而压力面附近,颗粒的径向分速度大于叶片吸力面,可以想见叶片间的轴向旋涡已经作用于此流面。当 $R=0.8$ 时,圆周分速度方向仍保持不变,叶片压力面上圆周分速度明显减小,而吸力面附近变化较小,使得叶片吸力面的圆周分速度大于叶片压力面,此流面上该分速度值几乎接近于 0,波动较小,说明在此流面上颗粒相对叶轮大都沿径向运动;径向分量在叶片吸力面有所增大,而在压力面却有减小的趋势,导致叶片表面附近的径向分速度差异并不显著。当 $R=1.0$ 时,即叶轮出口处,颗粒的圆周分速度方向发生改变,可以推测在 $0.8<R<1.0$ 区域,颗粒的相对速度方向由朝向叶片吸力面转为朝向叶片压力面,出口处叶片吸力面附近的圆周分速度小于叶片压力面,其最大值在 $\theta=0.6$ 附近;径向分速度也均有所增大,叶片压力面及吸力面附近分速度稍大,流道中部径向分速度分布较均匀。由出口速度三角形可知,颗粒的相对液流角从叶片吸力面至压力面呈先减小后增大的分布特性。

流量增加后(见图 6-38),当 $R=0.6$ 时,颗粒在靠近叶片压力面附近出现负的圆周分速度,而在吸力面圆周分速度方向并未改变,这种由于流道扩散而导致的流动分离现象得以表现;径向分速度沿流面变化较大,但压力面附近的径向分速度仍大于吸力面。速度分布的不均匀性也影响到了 $R=0.8$ 流面,叶片压力面的圆周分速度又发生改变;由于流量加大,径向分速度大小总体增大。在叶轮出口,颗粒的相对速度圆周分量略有减小,但径向分量增大,颗粒轴面速度随流量增加而增大。

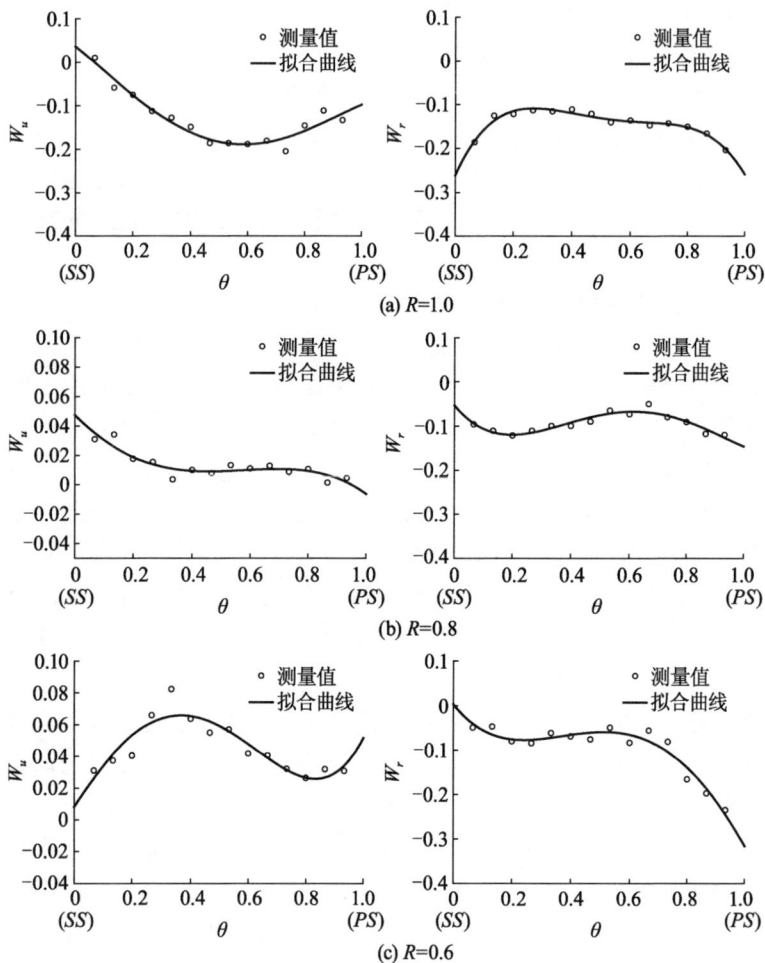

(a) R=1.0

(b) R=0.8

(c) R=0.6

图 6-37   相对速度圆周及径向分量分布($Q=1.0$, $Z=0.5$, 450 g/L)

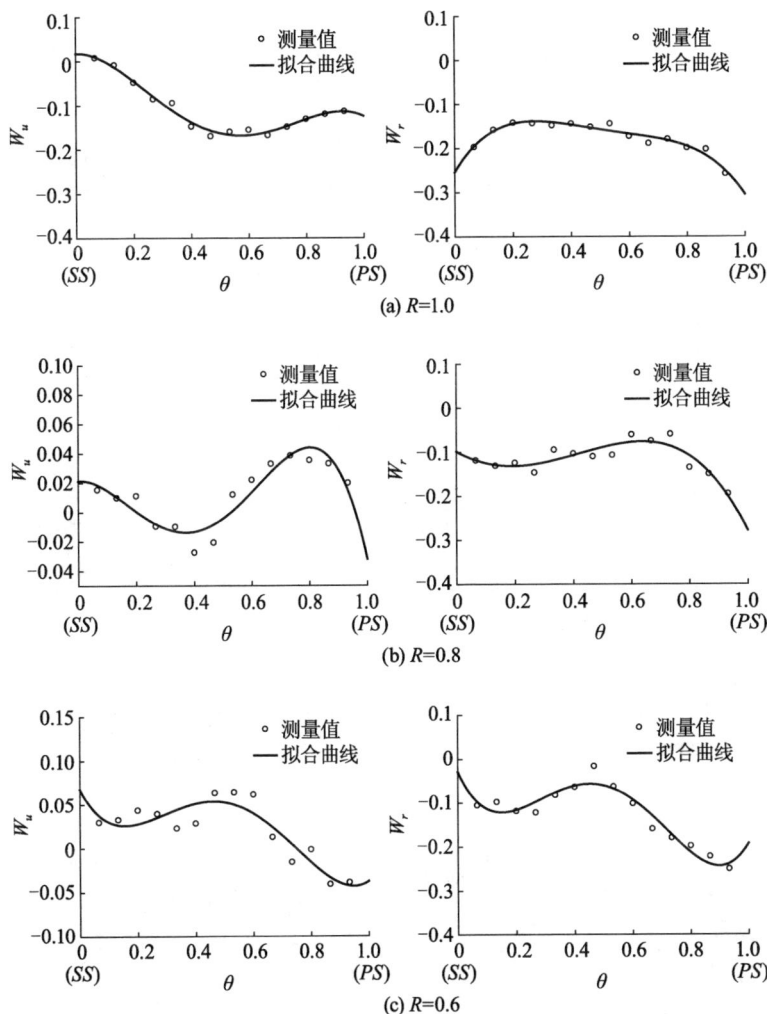

(a) R=1.0

(b) R=0.8

(c) R=0.6

图 6-38 相对速度圆周及径向分量分布($Q=1.2,Z=0.5,450$ g/L)

当泵在 $Q=0.8$ 工况下运行时(见图 6-39),在 $R=0.6$ 流面上,颗粒的相对速度圆周分量最大值仍位于 $\theta=0.3$ 附近,但速度值高于设计工况下的圆周分量;而径向分量相对减小。当 $R=0.8$ 时,靠近叶片压力面及吸力面附近的圆周分量较其他工况有所增大,在流道中部,该分量有极小值。当 $R = 1.0$ 时,叶轮出口处圆周分量的最大值仍处于 $\theta = 0.6$ 附近,而此处径向分量有极小值,与叶片附近相比,这里的颗粒相对液流角也就较小。

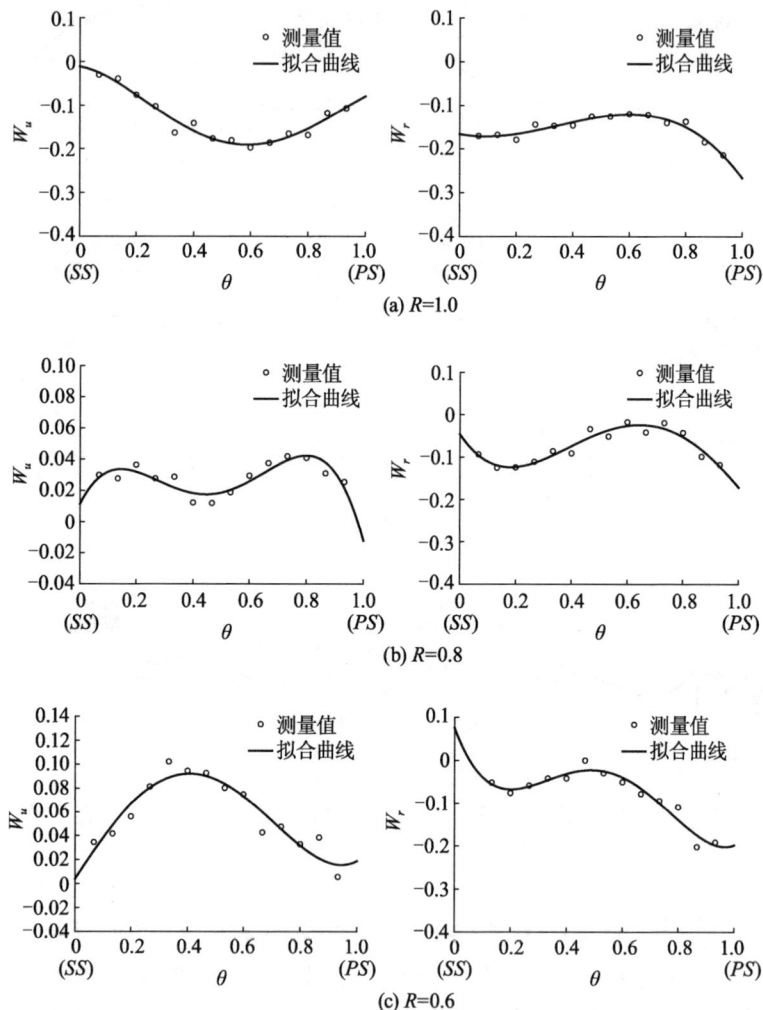

(a) $R=1.0$

(b) $R=0.8$

(c) $R=0.6$

图6-39 相对速度圆周及径向分量分布($Q = 0.8, Z = 0.5, 450\ \text{g/L}$)

颗粒的脉动强度对盐析过程有着重要影响,颗粒间的碰撞、聚并等现象受颗粒脉动速度大小的制约,同时盐析晶体颗粒的二次过程又反作用于颗粒的准层流脉动,它们相互联系、相互影响。因此,对叶轮中颗粒脉动速度分布特征的研究必不可少。以设计工况下叶轮中间轴截面上的颗粒脉动分布为例,图 6-40 显示了三个不同流面上颗粒相对速度圆周及径向脉动的分布情况。当 $R = 0.6$ 时,两个方向上的脉动呈现一定的对称分布,叶片吸力面及压力面附近颗粒脉动较小,流道中部脉动较大;当 $R = 0.8$ 时,圆周脉动速度变化较小,仅脉动强度最大值偏向叶片压力面,而径向脉动速度与小半径处相比总体稍有提高,流面上脉动强度分布较均匀;当 $R = 1.0$ 时,受压水室中的流动影响,脉动强度明显增强,圆周方向脉动分布不均,叶片吸力面及压力面附近脉动较大而流道中部脉动强度有所削弱,且叶片吸力面附近的径向脉动明显大于压力面。

(a) R=1.0

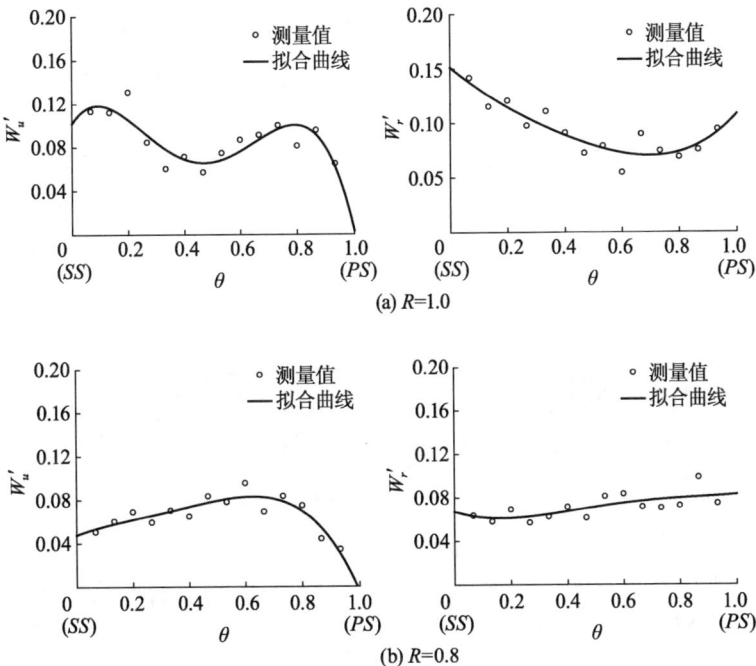

(b) R=0.8

(c) R=0.6

图 6-40　相对速度圆周及径向脉动分布($Q=1.0, Z=0.5, 450$ g/L)

（2）不同轴截面上的速度分布

不同轴截面上，颗粒的流动特征存在差异。图 6-41 和图 6-42 分别显示了设计工况下，$Z=0.2$ 和 $Z=0.9$ 截面上的颗粒相对速度分布，可与图 6-37 进行对比分析。

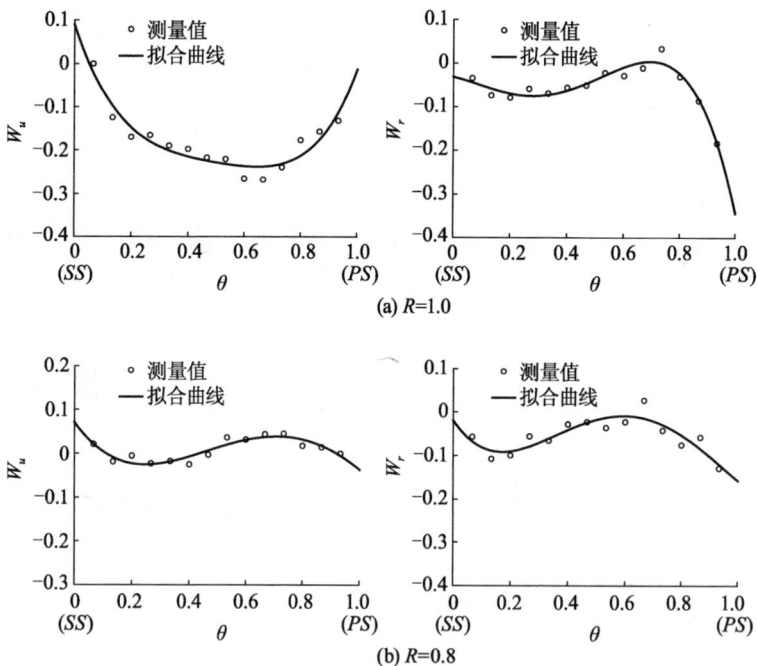

(a) R=1.0

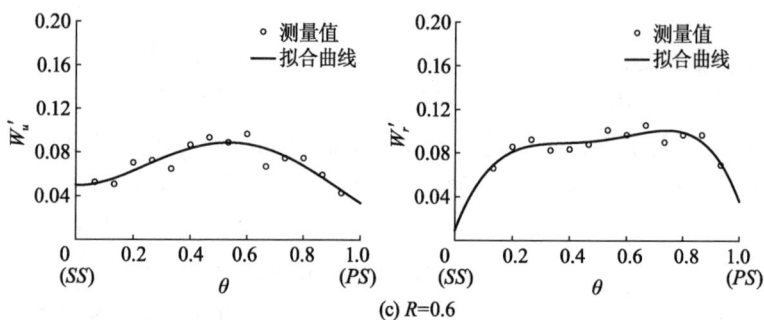

(b) R=0.8

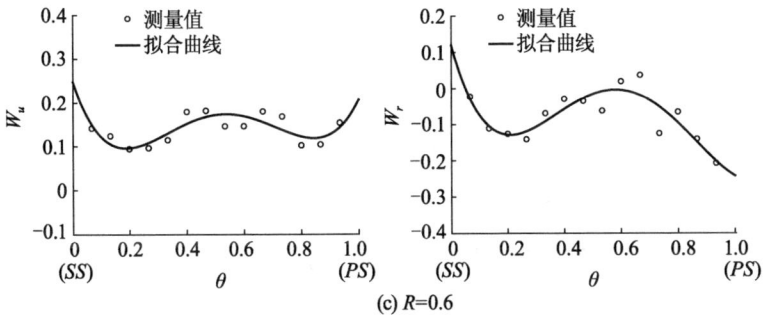

(c) R=0.6

图6-41　相对速度圆周及径向分量分布($Q=1.0$, $Z=0.2$, 450 g/L)

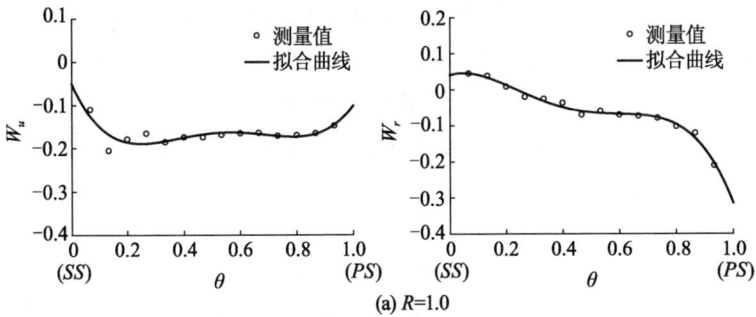

(a) R=1.0

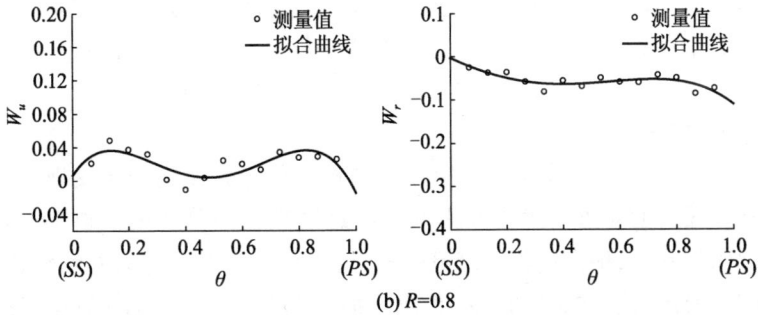

(b) R=0.8

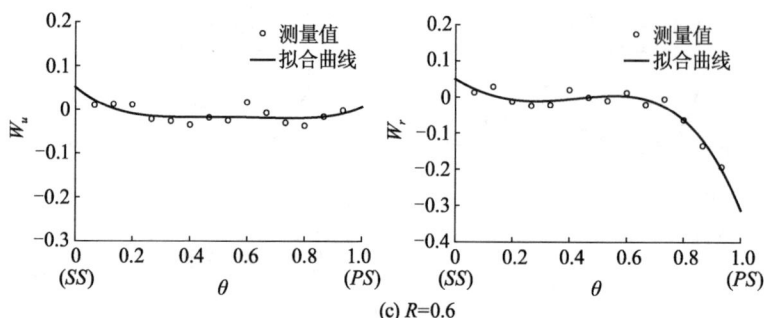

(c) $R=0.6$

图 6-42　相对速度圆周及径向分量分布（$Q=1.0,Z=0.9,450$ g/L）

在靠近叶轮后盖板的轴截面（$Z=0.2$）上，当 $R=0.6$ 时，正向的相对速度圆周分量已较大，叶片压力面的径向分速度仍高于吸力面；至 $R=0.8$ 时，圆周分量出现正负交替分布，但速度值较小；叶轮出口部位，颗粒仍沿与圆周速度相反的方向流出叶轮，除叶片压力面附近外，流道其他部位径向流速均较小。

在靠近无叶腔的轴截面（$Z=0.9$）上，当 $R=0.6$ 时，颗粒的圆周分量基本为 0，而径向分量在 $\theta<0.7$ 的范围内也几乎为 0，仅叶片压力面上有径向流动，在叶片吸力面甚至出现了部分回流速度；当 $R=0.8$ 时，圆周及径向分速度略有提高，颗粒的主流方向以径向为主；当 $R=1.0$ 时，圆周分量变为负值，而径向分量分布显示在叶片吸力面（$\theta<0.2$ 范围内）有回流产生，越靠近叶片压力面，相对速度越大。

对比三个轴截面上叶轮出口的相对径向分速度分布发现，在叶片吸力面靠近后盖板及无叶腔附近区域径向分速度值很小，速度明显亏损，根据射流 - 尾流模型，可以认为这些区域为叶轮流道的尾流区，速度的亏损是由于流道前面部分附面层的不稳定和分离积累起来的，尾流区流动极不稳定，表现为速度脉动值较大。

（3）不同温度下的速度分布

不同的温度产生不同的溶液过冷度，从而使得输运介质本身的物理性质发生改变。温度降低，溶液中将析出更多的晶体颗粒，颗粒生长速率提高,宏观表现为颗粒粒径增大且体积浓度升高,这对泵内盐析流场结构及泵外特性等都有不同程度的影响。以叶轮出口处相对速度分布为例,说明温度的差异与颗粒相对速度的关系,如图6-43所示。

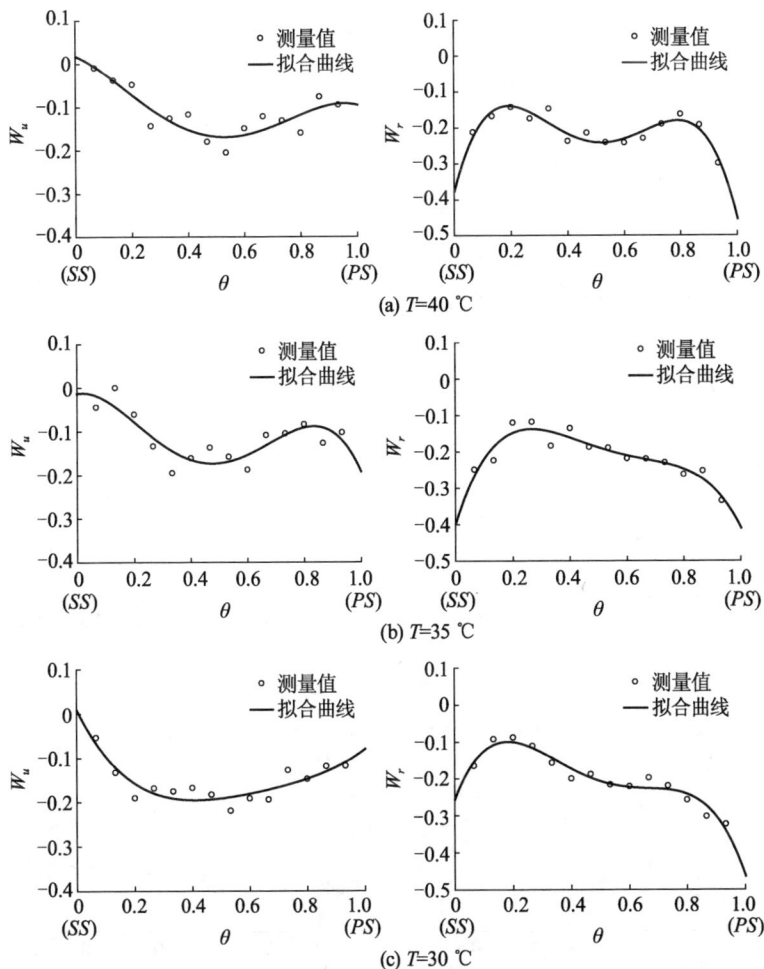

(a) T=40 ℃

(b) T=35 ℃

(c) T=30 ℃

图 6-43　不同温度下相对速度圆周及径向分量分布($R=1.0, Q=1.0$, $Z=0.5, 500$ g/L)

由图 6-43 可知,降温过程中,叶轮出口处颗粒的相对速度大小发生变化,特别是在流道中部,温度越低,颗粒的圆周分速度越大;在叶片吸力面附近,径向分速度略有减小,说明温度降低,颗粒更易向叶片压力面方向迁移。

（4）不同浓度下的速度分布

对比图 6-37a 和图 6-43c,以不同浓度（450 g/L 和 500 g/L）下颗粒在叶轮出口处的相对速度分布为例。从图中可以看出,浓度增加使得颗粒的圆周分速度在流道中部分布较均匀;而径向分速度分布有较大变化,叶片吸力面附近的速度低于叶片压力面附近,说明随浓度增加,颗粒在叶片压力面附近的流量增加。

（5）两相非平衡特性

图 6-44 为叶轮出口处液相与颗粒相相对速度及其脉动分布的对比。

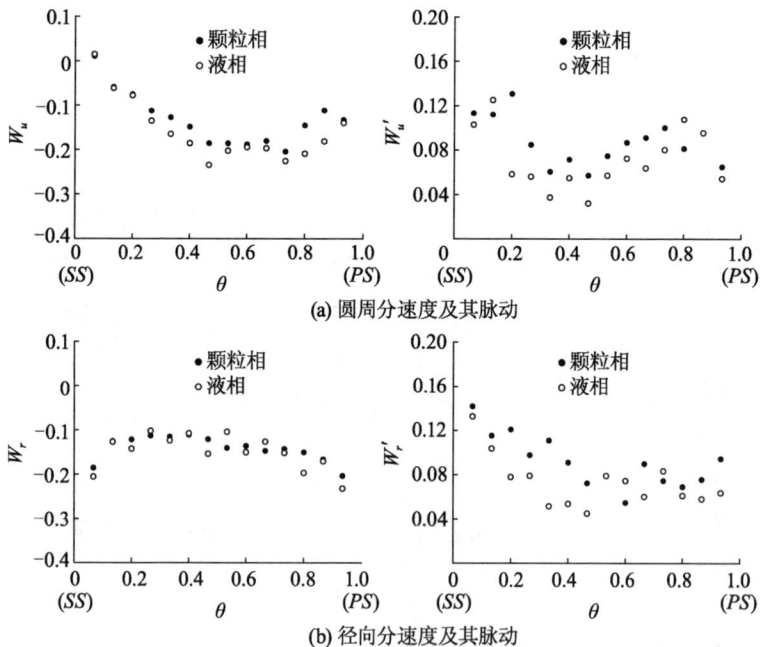

(a) 圆周分速度及其脉动

(b) 径向分速度及其脉动

图 6-44　液相与颗粒相相对速度及其脉动分布的对比（$R=1.0, Q=1.0, Z=0.5$）

从图 6-44 可以看出,在圆周方向上,颗粒相的相对运动滞后于液相,速度滑移较明显,而两相的径向分速度的非平衡特性并不显著。由此可知,在叶轮出口处,颗粒相的相对液流角大于液相的相对液流角,这与离心泵叶轮出口处的盐析两相流动结构类似。对比两相的脉动速度分布,由于颗粒相存在湍流脉动以外的其他形式的脉动,故其脉动强度普遍高于液相。

3. 轴向速度分布

叶轮内的流动呈三维湍流流动状态,以上对颗粒在叶轮中的相对速度的圆周及径向分量进行了分析,下面将考察叶轮内颗粒的轴向运动特性。图 6-45 显示了各运行条件下叶轮内的轴向速度及其脉动沿径向的分布情况。

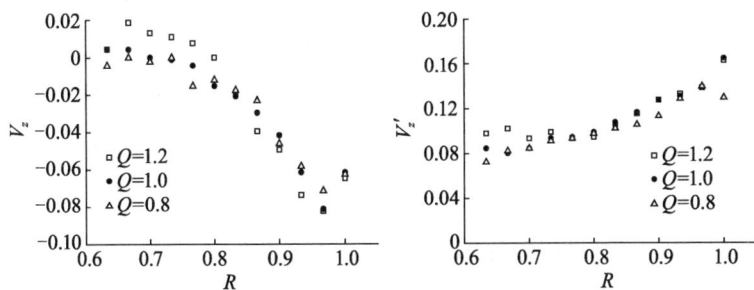

(a) 不同流量下的轴向速度及其脉动分布

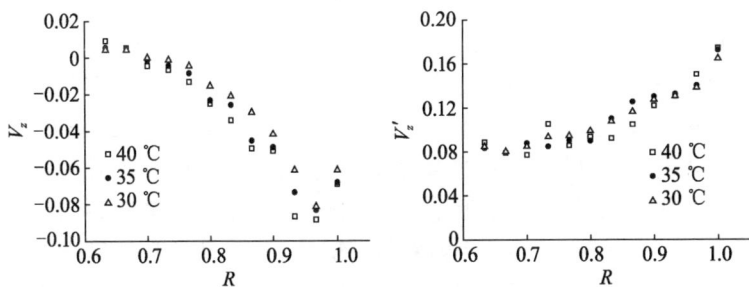

(b) 不同温度下的轴向速度及其脉动分布($Q=1.0$)

(c) 不同浓度下的轴向速度及其脉动分布(Q=1.0)

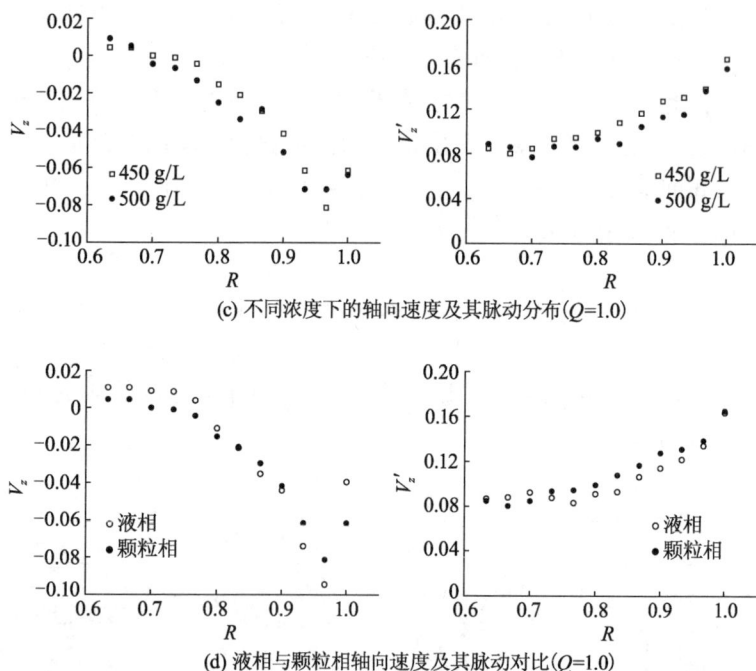

(d) 液相与颗粒相轴向速度及其脉动对比(Q=1.0)

图 6-45　叶轮内轴向速度及其脉动分布($Z=0.5$)

图 6-45a 为不同流量下的轴向速度及其脉动分布。由图可知，叶轮内颗粒的轴向速度大小与其他两个方向的速度值相比较小，但其分布存在较强的规律性。在小半径范围内，轴向速度有大于 0 的值出现，说明在这一范围内颗粒有流向无叶腔的趋势，但流速相对较小，这一范围因流量不同而略有差异，流量越大，范围越大，流速也相对较大；随着半径的增大，流速逐渐减小至 0，从而颗粒轴向速度改变方向，流向叶轮后盖板，且随半径递增，直至叶轮出口附近（约 $R=0.95$ 处）速度达到极值，随后减小。从颗粒的脉动速度分布图可以看出，沿径向随半径的增大轴向速度脉动强度得到加强，但随流量变化并不显著。

图 6-45b 显示了不同温度下颗粒的轴向速度及其脉动分布。由于颗粒本身在叶轮内的轴向速度较小，因此，当温度降低而使得

颗粒粒径增大或浓度提高后,对轴向速度值的影响并不明显,温度较低时,轴向速度略有下降。颗粒在不同温度下的脉动速度分布变化也较小。

输运介质浓度变化后,对轴向速度分布的影响也较小(见图6-45c),不同浓度下颗粒速度稍有变化,在 $0.7 < R < 0.9$ 范围内,较高浓度下的轴向速度略有提高。颗粒的轴向脉动强度在较高浓度时也略有加强。

图6-45d为液相和颗粒相轴向速度及其脉动的对比。由图可知,不管是正向还是负向的轴向流动,液相的轴向流速均大于颗粒相,两相间存在一定的速度非平衡;而颗粒相的脉动速度却较液相的强度要高。

联系圆周及径向方向的颗粒脉动值发现,在三个方向上颗粒在叶轮内的脉动强度数值较接近,属于同一数量级,说明颗粒在叶轮内的湍流流动呈各向同性。

4. 颗粒粒径及数密度分布

(1) 颗粒粒径分布

图6-46显示了不同条件下叶轮出口处从叶片吸力面至压力面的平均颗粒粒径分布,图6-47为不同条件下盐析晶体颗粒粒径沿径向的分布。

图6-46a为不同流量下的颗粒粒径分布图。叶片出口处的 $S1$ 流面上,颗粒分布较均匀;随流量减小,叶轮出口处在此轴截面上的颗粒粒径也减小。图6-46b为三个不同轴向位置上的颗粒粒径分布图。由图可知,叶轮出口沿叶片宽度方向,颗粒粒径基本保持不变,且分布均匀。当其他条件不变,溶液温度变化后,由于输运介质内盐析晶体颗粒粒径发生变化,叶轮出口处的颗粒粒径也有所改变,如图6-46c所示,温度越低,叶轮出口处的颗粒粒径就越大。浓度的改变对叶轮出口处的颗粒粒径分布起到同样的作用,浓度越高,颗粒的粒径也越大,如图6-46d所示。

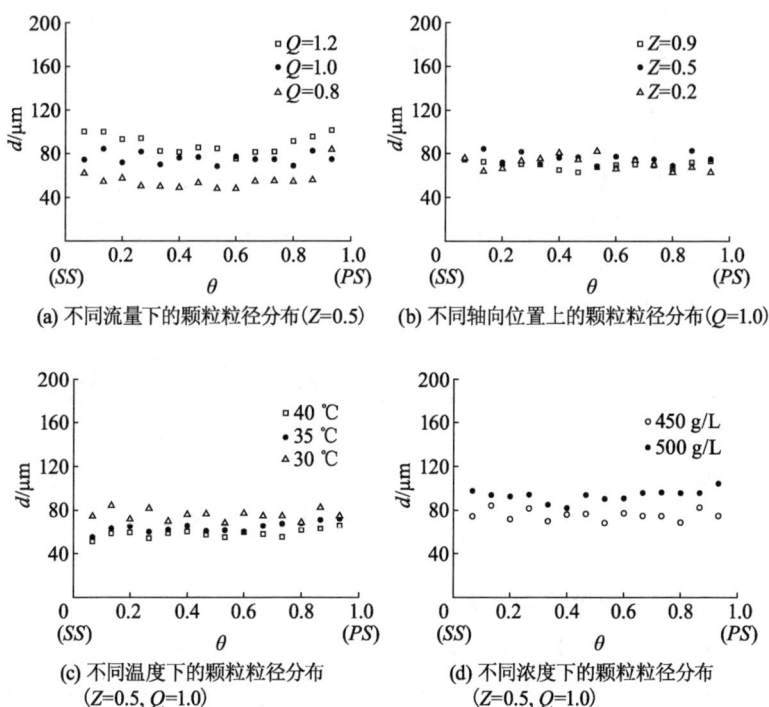

(a) 不同流量下的颗粒粒径分布(Z=0.5)

(b) 不同轴向位置上的颗粒粒径分布(Q=1.0)

(c) 不同温度下的颗粒粒径分布
(Z=0.5, Q=1.0)

(d) 不同浓度下的颗粒粒径分布
(Z=0.5, Q=1.0)

图 6-46　盐析晶体颗粒粒径分布($R=1.0$)

　　叶轮内盐析晶体颗粒沿径向的粒径分布如图 6-47 所示。从图中可以看出,从叶轮进口至出口,颗粒粒径呈递减分布。不同工况下(见图 6-47a),颗粒粒径在此轴向位置的大小不尽相同,流量越小,通过此位置的颗粒粒径越小,这与无叶腔中的颗粒粒径随流量变化特征一致,进一步说明流量降低,大颗粒更易向泵前压盖方向移动。由于大颗粒基本迁移至无叶腔或压水室内壁附近,叶轮内的颗粒粒径相对较小,因此,在叶轮内不同的轴向位置上,粒径分布差异并不明显(见图 6-47b),靠近后盖板位置上粒径值稍大,这可能是由于较大颗粒易受切向旋涡的影响,在惯性力作用下向叶轮后盖板方向迁移。图 6-47c 和图 6-47d 则分别将溶液温度、浓度对盐析晶体颗粒粒径的影响表现得淋漓尽致。

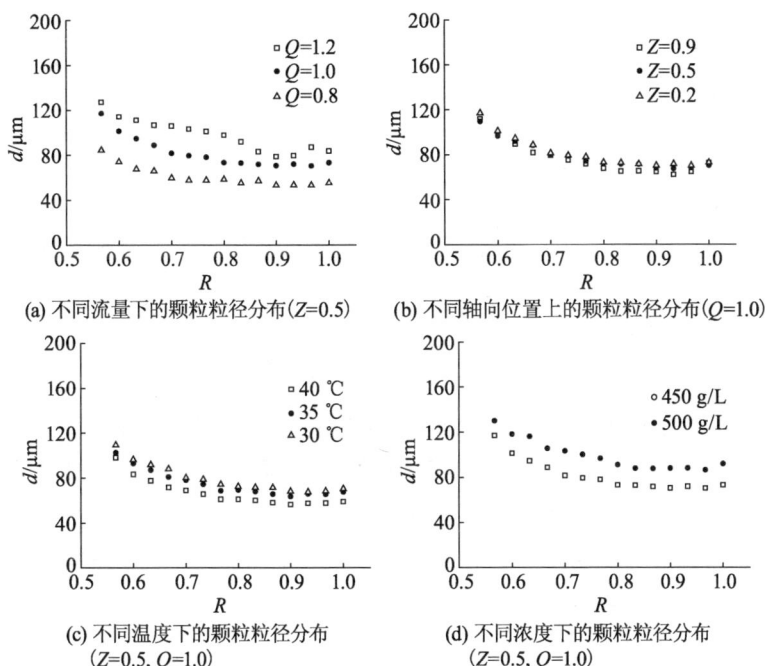

(a) 不同流量下的颗粒粒径分布(Z=0.5)

(b) 不同轴向位置上的颗粒粒径分布(Q=1.0)

(c) 不同温度下的颗粒粒径分布
(Z=0.5, Q=1.0)

(d) 不同浓度下的颗粒粒径分布
(Z=0.5, Q=1.0)

图 6-47　盐析晶体颗粒沿径向的粒径分布

（2）颗粒数密度分布

图 6-48 显示了不同条件下叶轮内盐析晶体颗粒数密度沿径向的分布规律。

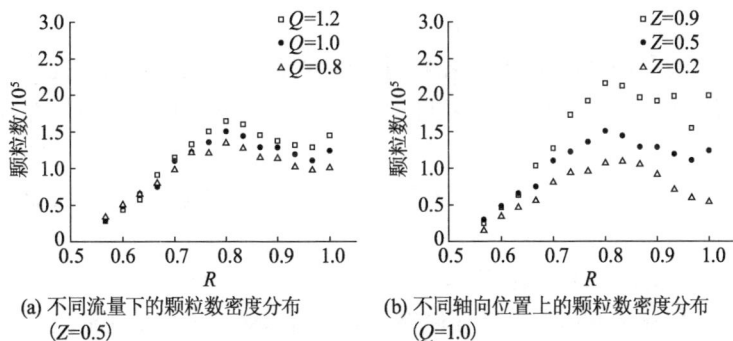

(a) 不同流量下的颗粒数密度分布
(Z=0.5)

(b) 不同轴向位置上的颗粒数密度分布
(Q=1.0)

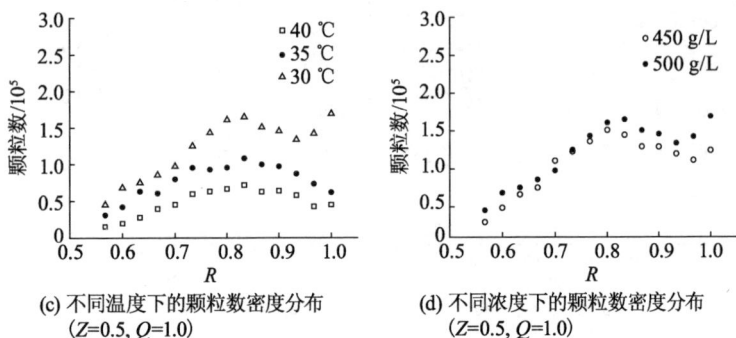

(c) 不同温度下的颗粒数密度分布
(Z=0.5, Q=1.0)

(d) 不同浓度下的颗粒数密度分布
(Z=0.5, Q=1.0)

图 6-48　盐析晶体颗粒数密度分布

从图 6-48 可以看出,叶轮内的盐析晶体颗粒数密度随流量、位置、温度及浓度等条件的变化规律同无叶腔中的颗粒数密度分布特征非常相似,这里不再做详细分析。

5. 叶轮内的盐析流动特征

综上所述,叶轮内的盐析流动的主要特征如下:

(1) 速度场特征

① 叶轮出口处颗粒的相对液流角从叶片吸力面至压力面呈先减小后增大的分布特性,出口处相对速度脉动值较叶轮内有明显提高;泵运行工况改变,影响颗粒在 $S1$ 流面上的相对流态分布,尤其是径向分量对工况变化较敏感;轴向速度值相对较小,但分布规律性强,流量变化对颗粒流向影响较大,轴向速度脉动随半径增大而增加,但随流量变化并不显著。

② 不同轴向位置,颗粒相对流动差异较大,从叶轮出口三个轴向位置上的相对速度分布可以看出,叶轮内的颗粒流动仍然存在射流－尾流结构。

③ 降温过程对叶轮流道中部的相对速度分布影响较大,温度越低,相对速度圆周分量越大,且颗粒更易向叶片压力面迁移;轴向速度及其脉动受温度影响较小。

④ 输运介质浓度增加使得颗粒相对速度圆周分量在流道中部分布更均匀,而叶片吸力面的径向分速度有所下降。浓度对轴向

速度的作用不明显。

⑤ 两相的相对速度圆周分量及轴向速度非平衡性较明显,颗粒相运动滞后于液相,而颗粒相的脉动强度高于液相;叶轮出口处,颗粒相的相对液流角大于液相。

（2）浓度场特征

在叶轮出口处的 S1 流面上,颗粒粒径分布较均匀;流量减小,颗粒粒径相应减小;沿叶片宽度方向,叶轮出口处颗粒粒径基本保持不变;沿径向从叶轮进口至出口,颗粒粒径呈递减分布;温度降低或浓度升高,颗粒的粒径值增大。叶轮内颗粒数密度的分布特征及随条件的演化规律与无叶腔中类似。

第七章　盐析流动理论的其他应用

盐析流动理论及防结盐技术研究的终极目的是服务于社会生产,将理论研究与实际生产相结合,通过合理的技术途径,开展防结盐技术应用及装备研制,实现生产力的转化。

本章主要介绍两方面内容:其一,工业造纸碱回收流程中绿液实际输送管路的盐析特性及防结盐管路材质应用;其二,卤水输送流程中输卤泵及防结盐阀门的研制。这些技术和装备已得到了成功应用,取得了良好的经济和社会效益,填补了国内空白。

第一节　绿液输送管路

一、碱回收工艺流程

造纸工业碱回收,可简单概括为将用硫酸盐法和烧碱法(统称为碱法)制浆蒸煮后的废液(黑液)尽量从浆料中提取出来,再经过一系列加工处理,把黑液中的大部分烧碱回收再利用与生产,不断循环使用。这样可以大大减少烧碱的耗用量;同时,在一定程度上解决了环境保护问题。如果是采用硫酸盐法,则制浆过程中损失的硫化钠及碱可用芒硝补充,原则上不再补充新的硫化钠和烧碱。

碱法制浆过程中,大约有50%的纤维原料物质溶解于蒸煮液中,成为黑液,黑液中的固形物70%左右是有机物,30%左右是无机物。这些无机物的主要成分是与有机物结合的钠盐、游离的氢氧化钠、碳酸钠、硫化钠、硫酸钠,草浆黑液中还有硅酸钠。

国内外造纸工业碱回收通常采用传统的燃烧法,其过程是:首先尽量使黑液与浆料分离,将黑液提取出来;经过蒸发使浓度浓缩到50%以上,送入碱回收炉燃烧,将有机物烧去,剩下的无机物为碳酸钠和硫化钠(草浆黑液中还有硅酸钠),燃烧后呈熔融状态,经溶解澄清后成为绿液;然后将石灰加入绿液中,使碳酸钠等苛化为氢氧化钠,并将苛化生成的碳酸钙和硅酸钙(白泥)沉淀分离,最后得到氢氧化钠和硫化钠的混合溶液,统称白液,即为可供制浆用的蒸煮液(烧碱法制白泥浆碱回收过程中,黑液、绿液和白液中都没有硫化钠、硫酸钠等含硫化合物)。为提高碱回收效率,在主循环系统外增加了绿液及白泥两个子循环系统。所以造纸工业碱回收是由黑液提取、蒸发、燃烧、绿液苛化四个主要过程组成的。工艺流程如图7-1所示。

在某纸业有限公司碱回收分厂苛化工段,从绿液澄清器至消化器管路存在着非常严重的盐析现象。该段内(长度约60 m)承担绿液输送的是普通耐腐蚀泵和直径为ϕ100 mm的普通钢管。在该工段叶轮机械内部和管线内结盐现象十分严重,通常不到半年的时间,泵叶轮流道与管路就会全部因结盐而堵塞。一般采用的处理方法是:首先将泵和管道分解,然后采用各种方式清理结盐,包括加热、震击、蒸汽冲洗等,但效果均不理想。在大多数情况下,只能更换管道及泵的过流部件。

二、盐析成分分析

1. 分析方法与步骤

盐析物质成分的分析采用化学分析及 X 射线衍射的方法进行。具体步骤如下:

① 水不溶物:以滤纸过滤,烘干。将水不溶物样本按1∶1的比例分成 A,B 两份,A 份按照第②至第⑥步进行实验,B 份按照第⑦步进行实验。

② 含碱量:做过水不溶物后的滤液,以 0.1 mol/L 的 HCl 溶液滴定。

③ 酸不溶物:以1∶1的 HCl 溶液溶解、过滤、烘干。

④ 氧化铁铝:做过酸不溶物的滤液,以氨水为缓冲溶液,调节pH 值至 10 左右,形成 $Fe(OH)_3$ 和 $Al(OH)_3$ 沉淀,过滤、烘干、灼烧。

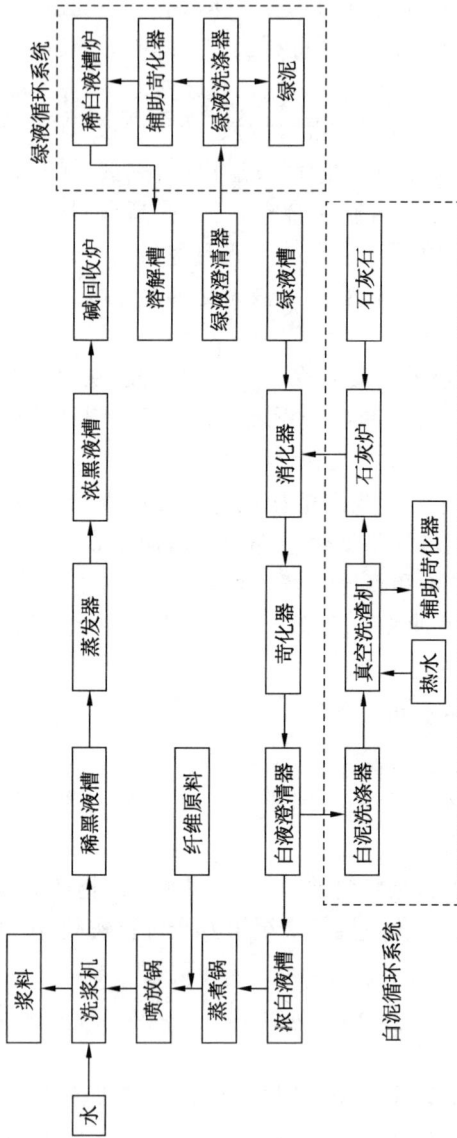

图 7-1 碱回收工艺流程图

⑤ 氧化钙:做过氧化铁铝的滤液,吸取部分,用 NaOH 溶液调节之,使其 pH 值大于 12,以 0.1 mol/L 的 EDTA 溶液(乙二胺四乙酸)滴定。

⑥ 氧化镁:吸取做过氧化铁铝的溶液,用氨水缓冲溶液,调节 pH 值至 10 左右,用 0.1 mol/L 的 EDTA 溶液滴定(结果为钙和镁的总量,减去钙含量,即为镁含量)。

⑦ 提取样本 B 经 600 ℃灼烧后进行 X 射线衍射分析,采用的 X 射线衍射仪为日本理学 DX2500/PC 型。

2. 盐析物质成分

(1) 酸不溶物

酸不溶物的主要成分有 SiO_2 及 C,绿液的化学组分中并不存在这两种物质,因此推断,它们可能是黑液在碱炉燃烧后的黑灰内的残留物质。

(2) 水不溶物

为了确定水不溶物的组分,对 B 份样本进行了 X 射线衍射分析,物质由谱库检索,其基本组成成分主要为 Na_2CO_3 和 $CaCO_3$,图谱如图 7-2 所示。

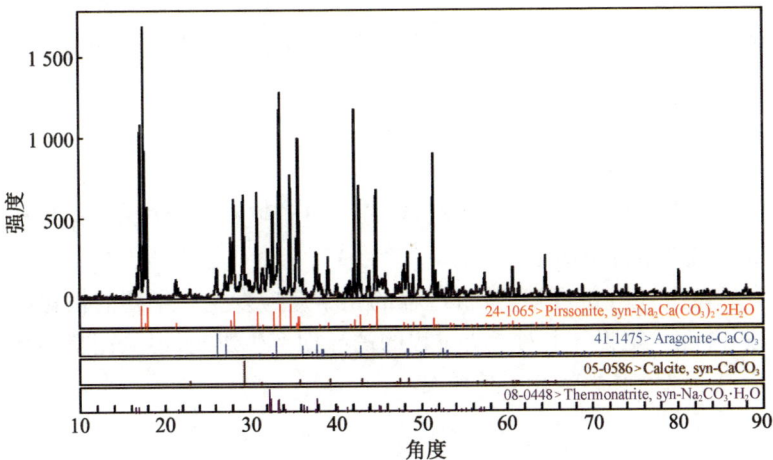

图 7-2 盐析物质成分

227

图 7-2 中几处高峰代表 Na_2CO_3 的晶面振动,且相对吸收强度较大,同时其他多处低峰分别代表各种形态的 $CaCO_3$ 的晶面振动,这说明盐析物质的主要成分为 Na_2CO_3。

根据晶体动力学理论,以 Na_2CO_3 为主要成分的盐溶液具有正向溶解度,即随着温度的降低,溶解度减小。因此,绿液在管内输运过程中,溶液主体(混合杯)至管壁间的温度梯度越大,绿液的溶解度越低,则 Na_2CO_3 越容易析出而构成固体盐析物质的主体。此项实验结果从物理本质揭示了某些盐类溶液结盐的真实原因。

三、化学反应在结盐过程中的影响

对化验结果做进一步计算,得到管道黏结固相具体成分含量,见表 7-1。

表 7-1   绿液管道黏结固相成分含量

成分	Ca	Mg	Fe	Al	Mn	Si	Cr	Cu
质量百分比/%	12.8	0.6	6.3	0.2	1.3	11	0.05	0.02

根据表 7-1 可知,固体试样含有锰、铁、硅及少量铬、铜等元素,而这些元素在液体试样中没有检测到,因此可以确定它们来自管路材质 Q235 钢或管路阀门铜芯。这些金属元素在强碱性溶液中能形成碱性氧化物及硫化物沉淀而形成固体。如盐析物质中 FeS 的来源可能基于下述过程,即绿液与管壁材质间的反应:

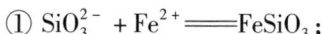

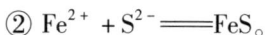

① $SiO_3^{2-} + Fe^{2+} \!\!=\!\!=\!\! FeSiO_3$;

② $Fe^{2+} + S^{2-} \!\!=\!\!=\!\! FeS$。

在此反应中 S^{2-} 来源于绿液,Fe^{2+} 是管壁材质 Q235 钢在绿液的强碱性条件下溶出的。

从上述分析可知,盐析过程的化学反应发生于早期的核化阶段,并在一定程度上对盐析过程的诱导期产生影响,但从完整的盐析过程来看其影响并不是很大。

四、现场实际观测试验

1. 试验装置

为考察一定条件下(不同管路材质、不同壁面粗糙度)的盐析速率,著者所在课题组设计了专门的试验装置,并安装于某纸业有限公司碱回收流程中的绿液输送主管路上。如图7-3所示,该装置连接了不锈钢(1Cr18Ni9Ti)、工程塑料ABS、工程塑料PP、高密度聚乙烯PE80和同一材质(Q235)、不同粗糙度(表面粗糙度值分别为1.6 μm,6.4 μm,12.5 μm,25.0 μm)的共八段相同管径的直管段。

图7-3　结盐管路试验装置

整个实测周期内,定期拆卸管路,测量各试验管段内的盐析层厚度,记录相关数据。试验过程中保持装置运行参数、混合杯温度、平均溶质浓度等条件不变。现场主要运行参数见表7-2。

表7-2　现场主要运行参数

参数	参数值
主流平均速度/(m/s)	3
混合杯温度/℃	80
平均溶质浓度/(g/L)	90
静压/MPa	0.2
动力黏度/(Pa·s)	2.54×10^{-3}

2. 试验结果及分析

图 7-4 反映了一定条件下绿液盐析现象发生、发展、演变的过程,分为壁面核化期、诱导期和稳定生长期等不同的成长期。盐析层厚度在壁面的不断加大,必然影响到传热、传质过程。

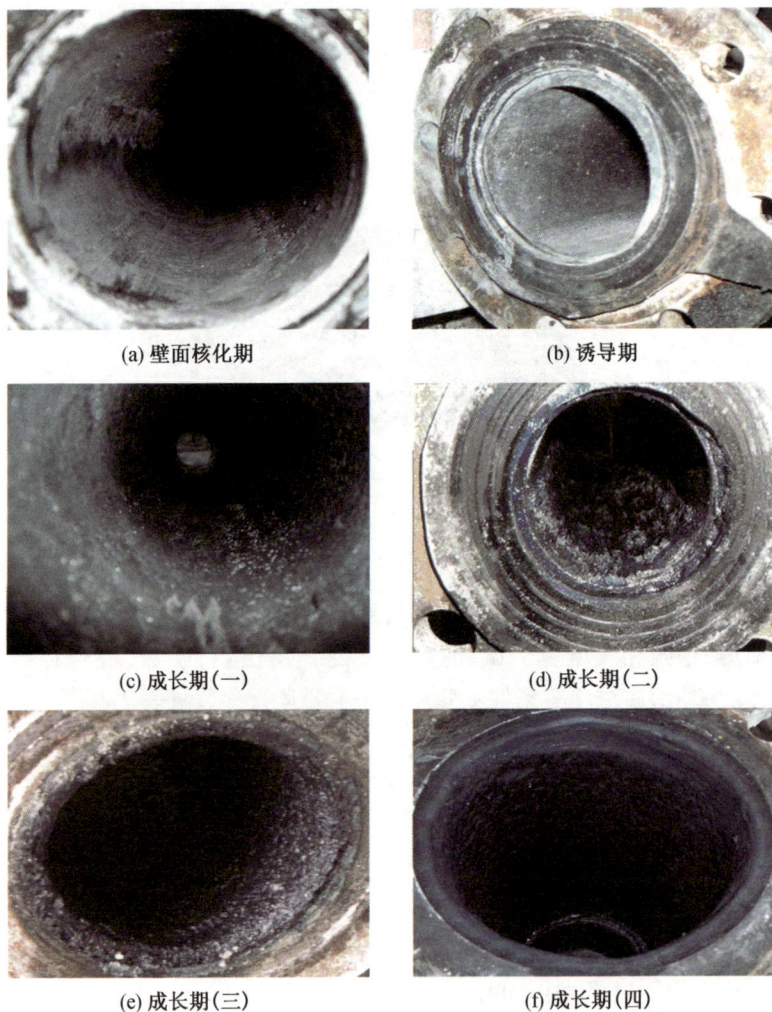

(a) 壁面核化期

(b) 诱导期

(c) 成长期(一)

(d) 成长期(二)

(e) 成长期(三)

(f) 成长期(四)

图 7-4 不同发展阶段的盐析层

图 7-5、图 7-6 分别为不同表面粗糙度及不同材质的管内结盐程度(盐析层厚度)随时间的变化规律(即结盐速率)。

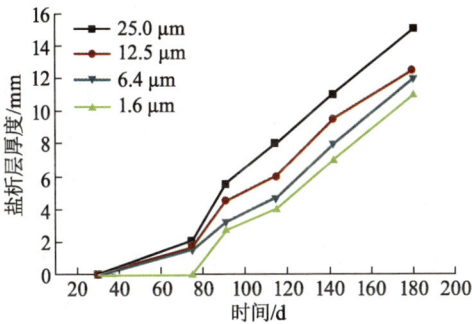

图 7-5 不同表面粗糙度的管内结盐速率

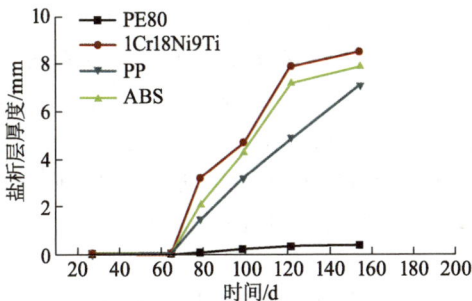

图 7-6 不同材质的管内结盐速率

由图 7-5 可知,不同表面粗糙度对结盐诱导期影响较大,表面粗糙度值越小,诱导期时间越长。而此后的生长期,结盐速率基本为线性,且晶体在粗糙度值较小的壁面上的生长滞后于粗糙度值较大的壁面。一般认为,非均相成核过程对动态结盐有着重要意义。当 Na_2CO_3 在壁面达到过饱和后,必须先发生核化,然后才能进入盐析晶体诱导期及成长阶段。表面粗糙度值越大,盐析晶体核化的概率越大,也就越容易完成早期发育,从而进入快速生长期。

图 7-6 显示了材质分别为高密度聚乙烯 PE80、工程塑料 ABS、

工程塑料 PP 及不锈钢的管道内部结盐速率。由图 7-6 可见,管道的材质对管道内部结盐速率会产生明显影响,按结盐速率从低至高排列,依次为高密度聚乙烯 PE80、工程塑料 ABS、工程塑料 PP、不锈钢。在连续运行 75 d 后,材质为工程塑料 ABS、工程塑料 PP 及不锈钢的管内结盐已经完成了结晶诱导期阶段,并在成长期基本以线性速率向上增长,其中不锈钢管在连续运行 180 d 后管内平均结盐厚度达到最高峰的 8.5 mm。而高密度聚乙烯 PE80 盐析速率非常小,在试验观测阶段,几乎一直处于结晶诱导期。

从晶体动力学来看,不同的材质,由于其表面活性不同,它们的吸附性能各异,对结盐便有较大影响。表面活化能高的材质易于被盐类溶液润湿(黏附),也就容易结盐;而表面活化能低的材质不易被盐类溶液黏附,因此不容易结盐。当然,表面活化能对动态结盐产生影响的定量分析尚有待于进一步研究。但试验观测已经表明,绿液输送管路采用高密度聚乙烯管可显著地起到减缓结盐的作用。

通过上述试验研究,可以得出以下结论:

① 在盐析晶体异相成核及诱导期阶段,壁面粗糙度起重要作用,粗糙度值较小的壁面成核速率缓慢,诱导期形成、发展的周期长。

② 由于粗糙度对盐析晶体早期发育的影响,在其生长期,晶体在粗糙度值较小的壁面上的生长滞后于粗糙度值较大的壁面。

③ 材质影响结盐速率,其原因可能为不同材质具有不同的表面活化能,这有待于进一步的研究。

五、盐析晶体表面的分形特征

在包括分子扩散、强迫扩散及湍流扩散等各种扩散形式的共同作用下,管内伴有盐析流动的液固两相界面的不规则形状已不能运用传统的欧几里德几何进行描述。为量化不同材质下盐析晶体表面强度与流动结构的相互影响,本节在保持其他参数不变的条件下,运用扫描电子显微镜(SEM,型号为 JXA – 840A)并自编程序对五次取样试验结果进行了计算、分析,获得了管内流动中绿液盐析晶体表面的分形维数随时间的变化规律。

1. 绿液输运中混合盐析晶体表面的自相似性

运用 SEM 对盐析晶体进行扫描,所得的图片较为清晰,可以观测到其表面存在许多斑点或者细小凸起,反映在图像中即为灰度值的起伏变化。晶体表面与具有典型分形特征的海平面、地形表面等非常类似,表现出复杂的不规则的表面结构。因此,可以认为晶体表面同样具有较为明显的分形特征,可以用分形的分析方法来表示其表面物质,进而获得表面粗糙度的有用信息。图 7-7 为 SEM 扫描图片。

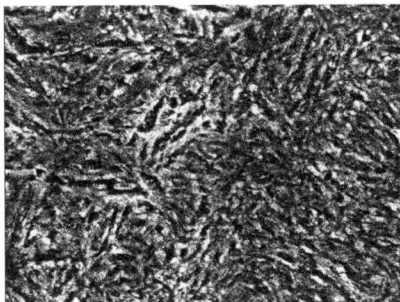

图 7-7　SEM 扫描图

2. 盒维数的算法及结果

Benoit Mandelbrot 于 1975 年提出的分形理论是研究复杂几何表面和曲线自相似特征的重要工具。从数学的角度看,把握分形最重要的手段是计算分形的维数,最常用的为 Hausdorff 维数及盒维数。鉴于绿液盐析晶体表面存在着许多缺陷、凹凸和褶皱,呈现出复杂的表面形态,对多次试验中所获得的盐析晶体的表面进行分形维数的计算。

(1) 盒维数的算法

这里采用的盒维数的算法如下:

将 $M \times M$ 单位大小的图像先分成 $L \times L$ 的子块($1 < L \leqslant M/2$),令 $r = L/M$,每个图像网格上是一列 $L \times L \times L^{1}$ 的盒子,其中 $L^{1} = L \times G/M$(G 代表灰度级,一般灰度图像为 256)。找出第(i,j)个网格中

的最大灰度值(假设落入第 k 级盒)和最小灰度值(假设落入第 l 级盒),则覆盖第 (i,j) 个网格中的图像所需的盒子数为 $n_r(i,j) = k - l + 1$,而覆盖整个图像的盒子数为 $N_r = \sum_{i,j} n_r(i,j)$,盒维数可由下式算出: $D_B = \lg N_r / \lg r^{-1}$。对于不同的 r,可得到相对应的 N_r,用最小二乘法对 $\lg N_r$ 和 $\lg r^{-1}$ 进行线性拟合,得出的线性方程的斜率即为图像表面分形维数 d。

由于本算法对图像本身的光度和色度并不敏感,因此对入射光线没有严格的要求。采用 C++ 编程实现表面分形维数的分析。该分析程序获得扫描图像后,对确定所需处理的区域进行计算并保存结果。

（2）计算结果及分析

采用上面的计盒维数的算法,分别对绿液输送系统连续运行 120,240,360,480,600 h 后管内的取样试验结果进行了计算,运行条件同现场实际观测试验。表 7-3 为不同材质条件下五次试验的计算结果。

表7-3　不同材质条件下的分形维数

试验次数	材质			
	Q235	1Cr18Ni9Ti	ABS	PP
1	2.848 936	2.848 305	2.823 053	2.998 152
2	2.861 343	2.850 601	2.749 338	2.886 542
3	2.639 117	2.853 539	2.778 922	2.854 504
4	2.852 607	2.863 335	2.821 352	2.852 860
5	2.880 666	2.866 039	2.713 100	2.825 775

根据以上数据分析可知,碳钢 Q235 管材内的碳酸钠混合晶体的分形维数随时间有微小波动,在第三次试验时降至最低的 2.639 117;不锈钢 1Cr18Ni9Ti 管材内的碳酸钠混合晶体的分形维数随时间基本不变;工程塑料 ABS 管材内的碳酸钠混合晶体的分

形维数随时间呈波浪状态;工程塑料 PP 管材内的碳酸钠混合晶体的分形维数随时间呈下降趋势。同时,表面分形维数值的大小所反映出来的图像的粗糙变化趋势和人们主观上对粗糙的理解一致,可以作为描述片状颗粒表面几何特性的参数。

第二节 输卤泵及防结盐阀门

青海盐湖工业集团年产 100 万 t 氯化钾项目是国家西部开发十大标志性工程之一,其规模和生产工艺在国际上处于前列和先进水平。该工艺直接采用卤水生产氯化钾,生产效率高、生产成本低。作为原料,卤水的输送量直接影响到加工厂的产量,其中输卤泵及防结盐阀门是关键设备。

输卤泵使用地的卤水成分复杂,极易产生重度结盐。早在 1997 年青海盐湖工业集团项目指挥部就委托国内有关专家对该工程所用的输卤泵进行专门考察、研究和试验,但当时能够使用的输卤泵国内还处于空白。对国外输卤情况调研发现,其卤水属于不易结盐性卤水,因而对输送卤水用泵要求不高。经青海盐湖工业集团试验,选用进口泵型结盐非常严重,一般连续工作 30 h 左右就必须停泵处理,消除泵内结盐,严重影响了流程的正常运行,无法满足工程使用的要求。鉴于此,青海盐湖工业集团项目指挥部于 1999 年委托江苏大学及相关泵生产企业联合攻关,研制新型输卤泵及配套防结盐阀门。经过多年的设计、研制及性能测试等工作,2002 年实型泵投入使用。图 7-8 所示即为

图 7-8 青海盐湖卤水输送泵

安装于青海格尔木盐湖卤水输送流程中的输卤泵。

一、输卤泵的研制

1. 泵型选择及总体结构

根据卤水输送特性和现场的实际情况,选用了立式蜗壳泵型作为输卤泵的基本泵型,并在结构上进行了一些改进,包括采用后开门结构,主轴由双金属轴承支承,与电动机采用弹性联轴器联接,并设置进口淡水输入系统、出口淡水输入系统、底阀淡水输入系统、叶轮冲洗系统和防结盐阀门装置等结构,如图7-9所示。

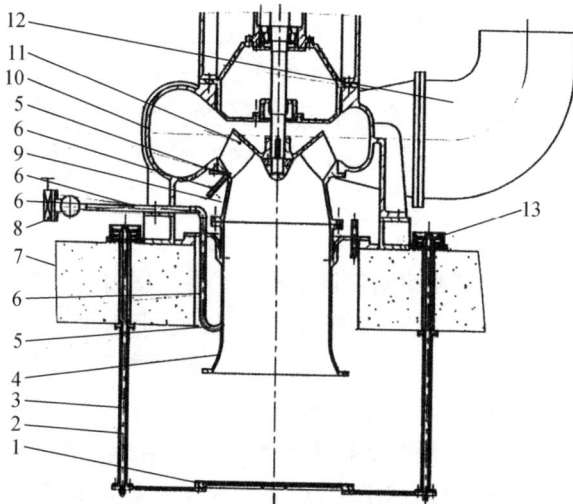

1—阀板;2—螺杆;3—伸缩管;4—进口喇叭管;5—淡水输入口;
6—淡水输入管;7—淡水输入总管;8—淡水阀门;9—泵进口管;
10—泵体;11—叶轮;12—出口管;13—手轮

图7-9 输卤泵结构简图

如图7-9所示,在立式输卤泵的进液端设有进口喇叭管管口的关闭结构,该结构由与进口喇叭管管口相匹配的中央带有圆凸面的阀板、螺杆、封装在螺杆外围的防锈伸缩管、手轮等构成;螺杆的上端贯穿泵基座且垂直固定在泵基座上,其上端头设有手柄,下端头固定在阀板上;在进口喇叭管靠管口部位的四周,均布设有淡水输入孔;在泵进口管上部周围紧靠叶轮叶片进口边位置,同样均布设有淡水输入孔。泵一侧设有淡水阀门、淡水输入总管、淡水输入管,各淡水输入管与各淡水输入孔相接并相通。

当产生结晶体并停泵后,便打开淡水阀门,带有一定压力(一般为 0.1 ~ 0.3 MPa)的淡水则通过各淡水输入管进入泵流道腔内。当泵出口管为水平布置时,在打开淡水阀门之前,还应当先关闭出口阀。根据泵腔空间的大小及淡水流量,控制通入淡水的时间。由于通入的淡水比重小于卤水,故淡水浮于卤水上方,并产生一定的压力,卤水在这一压力的作用下,通过进口喇叭管被逐渐排出泵外。另外,在输入淡水的过程中,同时盘动泵一侧的手轮,使螺杆向上运动,压缩伸缩管,并使阀板缓缓提升,当淡水充满泵腔后,使阀板与进口喇叭管的下法兰平面贴合,从而将淡水密封在泵腔内,这时可关闭淡水阀门,停止淡水输入,泵腔内的结晶体在密闭淡水的浸泡下将逐渐溶解。一般浸泡 2 h 左右即可打开阀板,并再次输入淡水,此过程反复 2 ~ 3 次,便可将泵腔内的结晶体清除。此结构无须拆卸泵及泵安装基础,缩短了结晶体的清理时间,减轻了劳动强度,提高了生产效率,节约了维护成本。

2. 叶轮优化设计

(1) 半开式叶轮与叶端间隙

由于介质属性的差异,按照清水常规优化设计所得到的叶片叶型应进行一定的修正,使其在保证外特性的前提下适合卤水的输送。如叶片(或翼型)断面出现明显凹面(压力面)则应做必要修正(见图 7-10 虚线所示)。修正后泵的性能会发生变化,特别是扬程会降低,因此在设计计算时应留有一定的余量。

为适应输送卤水介质的要求,一般采用专门设计的半开式叶轮,增加叶片与后盖板之间的过渡圆角。在保证性能的前提下,加大叶轮与泵前盖之间的间隙(叶端间隙),以适应输卤泵的要求,如图 7-11 所示。此间隙越小,对提高清水泵的效率越有利,但在输卤泵中,无论叶轮直径的大小如何,实际运行均已证明清水泵用间隙是不可取的,否则,由于结盐的产生,通常运行几十个小时泵就无法运转了。国内某厂生产的小间隙泵在实地试运行时,运转 6 h 左右即停机,必须用淡水浸泡叶轮部位 12 h,待结盐化解后才能继续开机。

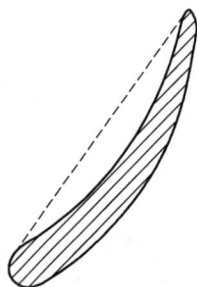

图 7-10 叶片断面修正　　　图 7-11 叶端间隙

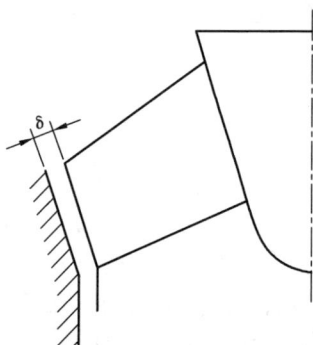

在没有采取任何可靠的淡水冲洗装置时,叶端间隙是直接决定泵是否能长时间连续运转的关键。根据特定的运行要求,一般推荐此间隙为 5 ~ 8 mm。由间隙增大引起的泵性能变化需做详细分析。因此,有必要针对输卤泵开展专门的优秀水力模型多目标优化设计。

（2）叶轮表面处理

根据对绿液输送过程中管壁粗糙度对盐析进程的影响的研究,为了减小盐析颗粒在过流部件上的附着力,将过流部件的内表面进行了精加工,降低其表面的粗糙度值;并进行了内表面防结盐保护涂层处理,处理后的泵过流部件内表面光滑且防腐,可以延长泵连续工作的时间。

（3）转子动平衡

提高整个轴系转子部件的动平衡精度,其目的主要是减轻设备的振动及适应使用场合的基础。

3. 轴封系统

轴封采用机械密封,以适应当地恶劣的使用环境。该密封结构设计有一个较大的密封腔,外接清水引入密封腔后,对机械密封的摩擦副进行冲洗,以保证在密封腔内长期不会结盐,从而提高了机械密封的可靠性,保证了泵的长期安全运行。

4. 淡水添加装置

由于卤水的结盐特性与地理、环境等因素有关,同样的卤水在我国东南部等地区就不存在结盐现象,这就给高性能输卤泵的研究开发带来了很大的困难。就目前而言,暂时只能采用添加淡水的方法来缓解和消除过流部件内的结盐。

在泵运行过程中,在下列部位应注入适量的淡水:泵吸入管内壁、泵进口吸入喇叭管内壁、泵前盖与叶片断面间(通过前盖注入)、泵出口管内壁等。在这些部位添加淡水的关键技术是确定注水孔的位置、孔径的大小及孔的方向,最佳方案应由理论计算和试验研究来确定。

在泵停机时,泵内的卤水不可能都抽上来,泵的过流部件内存有卤水,这会导致过流部件的凹面、叶片及导叶上,以及其他部位的内壁有结盐的可能,若不消除,会影响下次开机,同时泵站就不能实现无人操作和自动控制。因此,在停机时,泵吸入口应有一套密封装置,用密封板使泵和吸入管隔开,并定期向泵内注入适量淡水,使泡开后的结盐下沉到密封板上。此密封装置的原理和设计另行论述。实践证明,采用这套装置和定期注入淡水可以消除在停机时泵内的结盐,使下次开机能顺利进行。

二、防结盐阀门的研制

1. 研制目的

卤水的理化特性决定了泵工作一段时间后,内部必定结盐。一般采用淡水浸泡的方式消除泵内结盐。但在向输卤泵内注入淡水时,泵的进口管需关闭,这就需要安装一个特制的阀门,起打开、关闭进口管的作用。由于在实际工作时阀门一直浸泡在卤水中,如果采用现有的常规普通阀门,其本身就会严重结盐,结果必将导致阀门失效,并且此阀门安装于输卤泵的进口管上,不易拆卸维修,也就难以消除阀门上的结盐。因此,必须设计一套特殊的阀门装置,使其能够长时间浸泡在卤水中工作,结盐对阀门的工作也没有任何影响,且能够自由打开、关闭。

2. 阀门结构

研制出的防结盐阀门结构如图 7-12 所示,主要由橡胶波纹管、螺杆、穿墙管、转轮、球面密封体、支承板、防护罩、输卤泵进口管等主要零件组成。

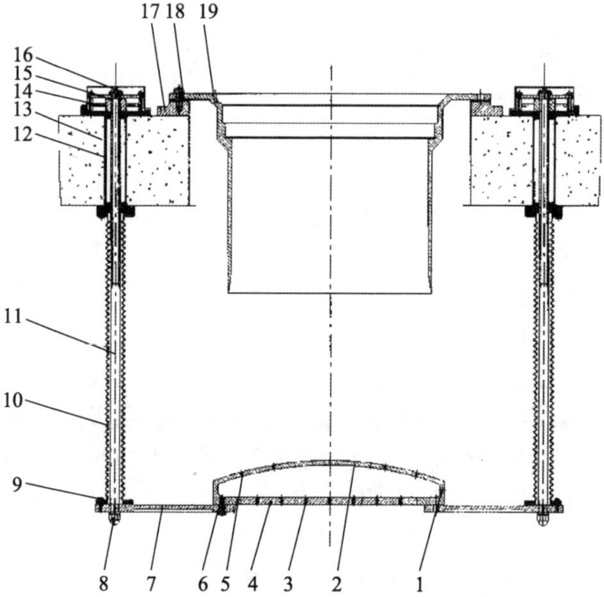

1—接淡水口;2—球面密封体;3—底板微孔;4—底板;5—球面微孔;
6—螺栓;7—支承板;8—盖型螺母;9—橡胶压板;10—橡胶波纹管;
11—螺杆;12—穿墙管;13—基础;14—转轮;15—压板;16—防护罩;
17—泵底座;18—螺柱;19—输卤泵进口管

图 7-12　防结盐阀门结构简图

球面密封体上表面为球面的容器,容器接淡水管道,在球面的表面布有微孔。球面密封体固定在支承板上,支承板连接在两根螺杆上,两根螺杆穿过基础,在螺杆的外面设置有特制的橡胶波纹管,阻隔卤水与螺杆的接触,防止在螺杆上的结盐。螺杆上端有调节螺母,在调节螺母上装有转轮,通过旋转转轮可以调节螺杆上下移动,从而带动球面密封体上升下降,能有效地起到进口截止阀的作用;此结构简单,使用寿命长,安装简单,系统运行可靠。

3. 实施方式

输卤泵开机前,先通过调节转轮带动两螺杆向下移动,将固定在支承板上的球面密封体移到最下面,由于球面密封体与泵的进口有足够的距离,这时启动输卤泵不影响泵的正常工作。泵工作一段时间,泵内发生结盐,堵塞泵进口管,向泵内注入淡水浸泡,以消除结盐。此时再次通过调节转轮带动两螺杆向上移动,将固定在支承板上的球面密封体移到与输卤泵进口管接触,由于球面密封体的球面上也覆盖着一层结盐,当球面密封体上升时,带有尖边的输卤泵进口管就可以插入球面上的结盐层内,起到完全密封的作用,这样通过球面密封体与泵内腔组成一个封闭的容器,由此将淡水放至泵内,不会通过泵的进口管泄漏。通过淡水一段时间的浸泡,输卤泵内结盐消除,泵又能正常工作。重复上述简单的过程就能够保证输卤泵长时间可靠运行。

采用此种特殊结构,能够彻底消除泵内流道表面上的结盐,且不需要将整台泵放移至淡水池内浸泡就能使泵恢复正常工作,极大地减轻了劳动强度,维护方便、节约成本。此结构设计不仅有效地解决了普通阀门的结盐问题,同时也攻克了防结盐阀门各部件的匹配及运行性能的可靠性这一关键技术难题。

参考文献

[1] 岳湘安. 液 – 固两相流基础[M]. 北京: 石油工业出版社, 1996.

[2] 张瑞年. 石油开采中结盐的预测及防止[M]. 北京:石油工业出版社, 1992.

[3] Nael N Z, Nehal S A, Amal M N. Sodium lignin sulfonate to stabilize heavy crude oil-in-water emulsions for pipeline transportation[J]. Petroleum Science & Technology, 2000, 18(9 – 10): 1175 – 1193.

[4] Welch T D. Tank waste transport, pipeline plugging, and the prospects for reducing the risk of waste transfers[R]. Office of Scientific & Technical Information Technical Reports ORNL/TM – 2001/157, 2001.

[5] Somerscales E F C, Knudsen J G. Fouling of heat transfer equipment [M]. New York: Hemisphere Publishing Corporation, 1981.

[6] Bott T R. Aspects of crystallization fouling[J]. Experimental Thermal & Fluid Science, 1997, 14(4):356 – 360.

[7] Watkinson A P, Wilson D I. Chemical reaction fouling: A review[J]. Experimental Thermal & Fluid Science, 1997, 14(4):361 – 374.

[8] Bansal B, Chen X D, Müller-Steinhagen H. Analysis of 'classical' deposition rate law for crystallisation fouling[J]. Chemical Engineering & Processing Process Intensification, 2008, 47(8): 1201 – 1210.

[9] Förster M, Augustin W, Bohnet M. Influence of the adhesion force crystal/heat exchanger surface on fouling mitigation [J]. Chemical Engineering & Processing Process Intensification, 1999, 38(4 – 6):449 – 461.

[10] Scholl S, Augustin W. Numerical simulation of micro roughness effects on convective heat transfer [J]. Computer Aided Chemical Engineering, 2006, 21:671 – 676.

[11] Karabelas A J. Scale formation in tubular heat exchangers—research priorities [J]. International Journal of Thermal Sciences, 2002, 41(7):682 – 692.

[12] Pamplin B R. Crystal growth [M]. Oxford: Pergamon Press, 1980.

[13] Li T S, Livk I, Ilievski D. Supersaturation and temperature dependency of gibbsite growth in laminar and turbulent flows [J]. Journal of Crystal Growth, 2003, 258(3 – 4):409 – 419.

[14] Nowak A J, Bialecki R A, Fic A, et al. Analysis of fluid flow and energy transport in Czochralski's process [J]. Computers & Fluids, 2003, 32(1):85 – 95.

[15] Ma W J, Khoo B C, Xu D. Influence of Coriolis force on bulk flows during horizontal Bridgman growth on a centrifuge: A numerical study [J]. Journal of Crystal Growth, 1998, 193(3):430 – 442.

[16] 唐家俊. 催化装置分馏塔顶部结盐的原因分析及对策 [J]. 中外能源, 2006, 11(5):61 – 64.

[17] 陈荣杰, 吴小薇, 陈美穗, 等. 卫城油田油井结盐机理分析及防治措施 [J]. 内蒙古石油化工, 2006, 32(7):96 – 98.

[18] 胡云峰. 察尔汗盐湖卤水结盐条件分析与防治结盐的措施 [J]. 青海国土经略, 1994(2):21 – 26.

[19] 马红钦, 朱慧铭, 谭欣, 等. 脱硅中液固循环流化床清洁传热 [J]. 化工学报, 2003, 54(3):288 – 293.

[20] 邢晓凯, 荆冬锋. $CaCO_3$ 结垢过程控制机理分析 [J]. 热能动力

工程, 2007, 22(3):336 - 339.

[21] 杨传芳, 徐敦颀, 沈自求. CaCO₃ 结垢诱导期的理论分析与实验研究[J]. 化工学报, 1994, 45(2):199 - 205.

[22] 崔海亮, 于泳, 陈万春, 等. 溶菌酶晶体生长过程中固/液动体系的流体特性[J]. 科学通报, 2007, 52(7):777 - 784.

[23] 张小平, 钱宇. 流态化结晶过程中晶体生长的湍流传质模型[J]. 化工学报, 1997, 48(4):465 - 470.

[24] 宇慧平, 隋允康, 张峰翊, 等. 紊流模型模拟分析旋转对提拉大直径单晶硅的影响[J]. 人工晶体学报, 2004,33(5):835 - 840.

[25] 金蔚青, 潘志雷, 蔡丽霞, 等. 溶质表面张力对流模型及其对空间实验的解析[J]. 无机材料学报, 2000, 15(3):385 - 391.

[26] Nizamutdinov A S, Semashko V V, Naumov A K, et al. Optical and gain properties of series of crystals LiF − YF₃ − LuF₃ doped with Ce³⁺ and Yb³⁺ ions[J]. Journal of Luminescence, 2007, 127(1):71 - 75.

[27] Forward P. Control of iron biofouling in submersible pumps in the woolpunda salt interception scheme in south australia[J]. Neuroscience, 1994, 17(3):867 - 79.

[28] Kawasaki S I, Oe T, Itoh S, et al. Flow characteristics of aqueous salt solutions for applications in supercritical water oxidation[J]. Journal of Supercritical Fluids, 2007, 42(2):241 - 254.

[29] Mesenzhnik Y Z, Prut L Y. Operational reliability of electrocentrifugal pumps for oil production in Western Siberia [J]. Elektrotekhnika, 1994, 8:26 - 30.

[30] Lopez M, Goodwin B. Successful application of horizontal multistage centrifugal pumps in lean amine service [C] // Seventy-seventh Annual Convention Gas Processors Association: Proceedings, 1998:78 - 82.

[31] Sakr S A. Type curves for pumping test analysis in coastal aquifers[J]. Ground Water, 2010, 39(1):5 - 9.

［32］Shimizu K, Nomura T, Takahashi K. Crystal size distribution of aluminum potassium sulfate in a batch crystallizer equipped with different types of impeller［J］. Journal of Crystal Growth, 1998, 191(1 –2):178 –184.

［33］Liiri M, Koiranen T, Aittamaa J. Secondary nucleation due to crystal-impeller and crystal-vessel collisions by population balances in CFD-modelling［J］. Journal of Crystal Growth, 2002, 237 –239(237):2188 –2193.

［34］周黎旸, 沈乃璋. 结晶介质泵密封的改进［J］. 化工生产与技术, 2002, 9(5):20 –21.

［35］刘迎香, 杨东兰, 张傲霜, 等. 防盐抽油泵的设计与应用［J］. 断块油气田, 2005, 12(3):81 –83.

［36］江梅. 盐湖卤水输送设备的防结盐及防腐蚀［J］. 化工矿物与加工, 2006, 35(7):33 –34.

［37］陈海生, 谭春青. 叶轮机械内部流动研究进展［J］. 机械工程学报, 2007, 43(2):1 –12.

［38］刘瑞韬, 徐忠. 离心叶轮机械内部流动的研究进展［J］. 力学进展, 2003, 33(4):518 –532.

［39］Johnson M W, Moore J. Secondary flow mixing losses in a centrifugal impeller［J］. Journal of Engineering for Power, 1983, 105(1):24 –32.

［40］Johnson M W, Moore J. The influence of flow rate on the wake in a centrifugal impeller［J］. Journal of Engineering for Gas Turbines & Power, 1982, 105(1):33 –39.

［41］Abramian M, Howard J H G. Experimental investigation of the steady and unsteady relative flow in a model centrifugal impeller passage［J］. Journal of Imaging Science & Technology, 1994, 116(2):269 –279.

［42］郭烈锦. 两相与多相流动力学［M］. 西安:西安交通大学出版社, 2002.

[43] 车得福, 李会雄. 多相流及其应用[M]. 西安:西安交通大学出版社, 2007.

[44] 张政, 谢灼利. 流体－固体两相流的数值模拟[J]. 化工学报, 2001, 52(1):1－12.

[45] Liu G Z, Eerden J P V D, Bennema P. The opening and closing of a hollow dislocation core: A Monte Carlo simulation[J]. Journal of Crystal Growth, 1982, 58(1):152－162.

[46] Cheng V K W. A Monte Carlo study of moving steps during crystal growth and dissolution[J]. Journal of Crystal Growth, 1993, 134(3－4):369－376.

[47] Meioslawa R, Marek I, Andrzej B. Kinetic Monte Carlo study of crystal growth from solution[J]. Computer Physics Communications, 2001, 138(3):250－256.

[48] Aidun C K, Lu Y. Lattice Boltzmann simulation of solid particles suspended in fluid[J]. Journal of Statistical Physics, 1995, 81(1－2):49－61.

[49] Filippova O, Hänel D. Lattice-Boltzmann simulation of gas-particle flow in filters[J]. Computers & Fluids, 1997, 26(7):697－712.

[50] Ounis H, Ahmadi G, Mclaughlin J B. Brownian particle deposition in a directly simulated turbulent channel flow[J]. Physics of Fluids A:Fluid Dynamics, 1993, 5(5):1427－1432.

[51] Mclaughlin J B. Aerosol particle deposition in numerically simulated channel flow[J]. Physics of Fluids A:Fluid Dynamics, 1989, 1(7):1211－1224.

[52] Squires K D, Eaton J K. Particle response and turbulence modification in isotropic turbulence[J]. Physics of Fluids A:Fluid Dynamics, 1990, 2(7):1191－1203.

[53] Martin J E, Meiburg E. The accumulation and dispersion of heavy particles in forced two-dimensional mixing layers. I. The

fundamental and subharmonic cases [J]. Physics of Fluids, 1994, 6(3):1116 – 1132.

[54] 吴玉林, 葛亮, 陈乃祥. 离心泵叶轮内部固液两相流动的大涡模拟[J]. 清华大学学报(自然科学版), 2001, 41(10): 93 – 96.

[55] 魏进家, 姜培正, 宇波. 离心泵叶轮内密相液固两相湍流的数值模拟[J]. 应用力学学报, 2000, 17(1):1 – 6.

[56] 吕晓珍, 陈义良, 张全. 两相流中颗粒相对湍流动能修正的模型及其应用[J]. 中国科学技术大学学报, 1999, 29(6): 702 – 707.

[57] 周力行, 古红霞. 用非线性 $k - \varepsilon - k_p$ 两相湍流模型模拟旋流两相流动[J]. 空气动力学学报, 2001, 19(3):288 – 295.

[58] Mccoy B J. A population balance framework for nucleation, growth, and aggregation [J]. Chemical Engineering Science, 2002, 57(12):2279 – 2285.

[59] Patruno L E, Dorao C A, Svendsen H F, et al. Analysis of breakage kernels for population balance modelling[J]. Chemical Engineering Science, 2009, 64(3):501 – 508.

[60] Drumm C, Attarakih M M, Bart H J. Coupling of CFD with DPBM for an RDC extractor[J]. Chemical Engineering Science, 2009, 64(4):721 – 732.

[61] Schmidt S A, Simon M, Attarakih M M, et al. Droplet population balance modelling—hydrodynamics and mass transfer[J]. Chemical Engineering Science, 2006, 61(1):246 – 256.

[62] Qamar S, Ashfaq A, Angelov I, et al. Numerical solutions of population balance models in preferential crystallization [J]. Chemical Engineering Science, 2008, 63(5):1342 – 1352.

[63] Bannari R, Kerdouss F, Selma B, et al. Three-dimensional mathematical modeling of dispersed two-phase flow using class method of population balance in bubble columns[J]. Computers

& Chemical Engineering, 2008, 32(12):3224 – 3237.

[64] Nopens I, Briesen H, Ducoste J. Celebrating a milestone in Population Balance Modeling[J]. Chemical Engineering Science, 2009, 64(4):627 – 627.

[65] 苏军伟, 顾兆林, 李云. 以体积为内部坐标数量平衡模型的矩直接积分方法[J]. 西安交通大学学报, 2007, 41(5):621 – 624.

[66] Su J, Gu Z, Li Y, et al. Solution of population balance equation using quadrature method of moments with an adjustable factor[J]. Chemical Engineering Science, 2007, 62(21):5897 – 5911.

[67] 苏军伟, 焦建英, 顾兆林, 等. 颗粒系统成核、长大、聚并微观行为的模拟[J]. 中国科学 B 辑:化学, 2008, 38(9):844 – 850.

[68] 顾兆林, 苏军伟, 李云, 等. 两相及多相体系的离散相行为与群体平衡模型[J]. 化学反应工程与工艺, 2007, 23(2):162 – 167.

[69] 黄思, 杨富翔, 宿向辉. 运用 CFD – DEM 耦合模拟计算离心泵内非稳态固液两相流动[J]. 科技导报, 2014, 32(27):28 – 31.

[70] 李亚林. 变曲率流道内固液两相 CFD – DEM 方法及在大型脱硫泵中的应用[D]. 镇江:江苏大学, 2015.

[71] 林先贤. 电动式过程层析成像基础研究[D]. 沈阳:东北大学, 2004.

[72] Levy Y, Lockwood F C. Velocity measurements in a particle laden turbulent free jet[J]. Combustion and Flame, 1981, 40(3):333 – 339.

[73] Lee S L, Durst F. On the motion of particles in turbulent duct flows[J]. International Journal of Multiphase Flow, 1982, 8(2):125 – 146.

[74] Modarress D, Elghobashi S, Tan H. Two-component LDA measurement in a two-phase turbulent jet[J]. Aiaa Journal, 2013, 22(5):624 – 630.

[75] Barlow R S, Morrison C Q. Two-phase velocity measurements in dense particle-laden jets[J]. Experiments in Fluids, 1990, 9

$(1-2):93-104.$

[76] Vassallo P F, Trabold T A, Moore W E, et al. Measurement of velocities in gas-liquid two-phase flow using laser Doppler velocimetry[J]. Experiments in Fluids, 1993, 15(3):227-230.

[77] Kashinsky O N, Timkin L S. Slip velocity measurements in an upward bubbly flow by combined LDA and electrodiffusional techniques[J]. Experiments in Fluids, 1999, 26(4):305-314.

[78] 刘青泉. 水-沙两相流的激光多普勒分相测量和试验研究[J]. 泥沙研究, 1998(2):72-80.

[79] 路展民, 李广达, 彭五顺, 等. 气泡-水流两相流的激光多普勒法测量[J]. 力学学报, 1988, 20(6):11-17.

[80] Cader T, Masbernat O, Roco M C. LDV measurements in a centrifugal slurry pump: Water and dilute slurry flows[J]. Journal of Fluids Engineering, 1992, 114(4):606-615.

[81] Wernet M P. Development of digital particle imaging velocimetry for use in turbomachinery[J]. Experiments in Fluids, 2000, 28(2):97-115.

[82] Day S W, Mcdaniel J C. PIV measurements of flow in a centrifugal blood pump: Steady flow [J]. Journal of Biomechanical Engineering, 2005, 127(2):244.

[83] Kadambi J R, Subramanian C A. Investigations of particle velocities in a slurry pump using PIV: Part 1, The tongue and adjacent channel flow[J]. Journal of Energy Resources Technology, 2004, 126(4):271-278.

[84] 许洪元, 焦传国. 两相流研究中的 PIV 实验技术图像分析与处理[J]. 水泵技术, 1997(3):3-5.

[85] Stoffel B, Ludwig G, Wei K. Experimental investigations on the structure of part-load recirculations in centrifugal pump impellers and the role of different influences[J]. Theoretical & Experimental Chemistry, 1992, 24(4):482-486.

[86] Dabiri D. Digital particle image thermometry/velocimetry:A review[J]. Experiments in Fluids, 2009, 46(2):191 –241.

[87] 代钦,康文. 基于图像分割的两相流 PIV/PTV 测量技术[J]. 实验流体力学, 2008, 22(2):88 –94.

[88] 盛森芝,徐月亭,袁辉靖. 日新月异的现代流动测量技术[M]. 北京:北京大学出版社, 1999.

[89] Sazhin S S, Crua C, Kennaird D,et al. The initial stage of fuel spray penetration[J]. Fuel, 2003, 82(8): 875 –885.

[90] Brenn G, Braeske H, Durst F. Investigation of the unsteady two-phase flow with small bubbles in a model bubble column using phase-Doppler anemometry[J]. Chemical Engineering Science, 2002, 57(24):5143 –5159.

[91] Geiss S, Dreizler A, Stojanovic Z, et al. Investigation of turbulence modification in a non-reactive two-phase flow[J]. Experiments in Fluids, 2004, 36(2):344 –354.

[92] Ismailov M M, Obokata T, Kobayashi K, et al. LDA/PDA measurements of instantaneous characteristics in high pressure fuel injection and swirl spray[J]. Experiments in Fluids, 1999, 27(1):1 –11.

[93] Guo T, Wang T, Gaddis J L. Mist/steam cooling in a heated horizontal tube—Part 2: Results and modeling[J]. Journal of Turbomachinery, 2000, 122(2):366 –374.

[94] Anjorin V A O, Tang H, Morgan A J, et al. An experimental and numerical investigation into the dispersion of powder from a pipe[J]. Experimental Thermal & Fluid Science, 2003, 28(1):45 –54.

[95] 沈熊,董鹏,陈巧宁,等. 应用双镜头三维 LDV/PDPA 系统诊断液流模型流动特性方法[J]. 实验流体力学, 1998(4):53 –59.

[96] 苏亚欣,骆仲泱,卓建坤,等. 方形下排气分离器气固两相流

动的 PDA 研究[J]. 动力工程学报, 2000, 20(6):941 – 945.

[97] 任凯锋, 王希麟, 张会强. 后台阶气固两相流动的 PDPA 实验[J]. 清华大学学报(自然科学版), 2005, 45(8): 1099 – 1102.

[98] 刘正先, 曹淑珍. 离心叶轮内三维湍流流场的实验研究[J]. 工程热物理学报, 1999, 20(5):558 – 562.

[99] 缪骏, 谷传纲, 王彤,等. 小流量工况下旋转离心叶轮内部流场 PDA 测量与分析[J]. 上海交通大学学报, 2004, 38(7): 1209 – 1213.

[100] 王磊, 郝金波, 李争起,等. 应用 PDA 测量多重旋转气固两相流流场[J]. 流体机械, 1999(9):9 – 12.

[101] Fedyushkin A, Bourago N, Polezhaev V, et al. The influence of vibration on hydrodynamics and heat-mass transfer during crystal growth[J]. Journal of Crystal Growth, 2005, 275(1 – 2):1557 – 1563.

[102] 姚连增. 晶体生长基础[M]. 合肥:中国科学技术大学出版社, 1995.

[103] 张克从. 晶体生长科学与技术(上册)[M]. 北京:科学出版社, 1997.

[104] Richardson C B, Snyder T D. A study of heterogeneous nucleation in aqueous solutions[J]. Langmuir, 1994, 10(7):2462 – 2465.

[105] Tai C Y, Shih C Y. A new model relating secondary nucleation rate and supersaturation[J]. Journal of Crystal Growth, 1996, 160(1 – 2):186 – 189.

[106] Gahn C, Mersmann A. Brittle fracture in crystallization processes Part A. Attrition and abrasion of brittle solids[J]. Chemical Engineering Science, 1999, 54(9):1273 – 1282.

[107] Gahn C, Mersmann A. Brittle fracture in crystallization processes Part B. Growth of fragments and scale-up of suspension crystallizers[J]. Chemical Engineering Science, 1999, 54

(9):1283 – 1292.

[108] Maynes D, Klewicki J, Mcmurtry P, et al. Hydrodynamic scalings in the rapid growth of crystals from solution[J]. Journal of Crystal Growth, 1997, 178(4):545 – 558.

[109] Shakibmanesh A, Aström J A, Koponen A, et al. Fouling dynamics in suspension flows[J]. European Physical Journal E, 2002, 9(1):97 – 102.

[110] Mullin J W. Crystallization[M]. 3rd edition. Boston: Butterworth Heinemann, 1993.

[111] 吴树森,章燕豪. 界面化学——原理与应用[M]. 上海:华东化工学院出版社, 1989.

[112] 顾惕人,等. 表面化学[M]. 北京:科学出版社, 1994.

[113] 管志远,刘铮,丁富新,等. 界面相及其特性、表征与应用[J]. 化工学报, 1999, 50(3):356 – 361.

[114] 胡学铮,刘俊康. 界面不稳定现象与相间迁移[J]. 物理化学学报, 1998, 14(11):1053 – 1056.

[115] 李国华,王大伟,黄志良. 晶体生长界面相研究[J]. 人工晶体学报, 2001, 30(2):171 – 177.

[116] Takiyama H, Tezuka N, Matsuoka M, et al. Growth rate enhancement by microcrystals and the quality of resulting potash alum crystals[J]. Journal of Crystal Growth, 1998, 192(3 – 4):439 – 447.

[117] Brahim F, Augustin W, Bohnet M. Numerical simulation of the fouling process[J]. International Journal of Thermal Sciences, 2003, 42(3):323 – 334.

[118] Bohnet M, Augustin W, Hirsch H. Influence of fouling layer shear strength on removal behavior[C] // Understanding Heat Exchanger Fouling and Its Mitigation, 1997: 201 – 208.

[119] Kern D Q, Seaton R E. A theoretical analysis of thermal surface fouling[J]. British Chemical Engineering, 1959, 4(5):

258 – 262.

[120] Kern D Q, Seaton R E. Surface fouling: How to calculate limits[J]. Chemical Engineering Progress, 1959, 55(6): 71 – 73.

[121] Lammers J. Zur Kristallisation von Calciumsulfat bei der Verkrustung von Heizflächen [D]. Berlin: Technische Universität Berlin, 1972.

[122] 贾卫东, 杨敏官, 王春林, 等. 盐析层热阻随时间变化的试验[J]. 江苏大学学报(自然科学版), 2008, 29(2): 134 – 137.

[123] 马根娣, 孙鸿元. 气液二相流研究概述[J]. 力学进展, 1986, 16(1): 65 – 73.

[124] 王维, 李佑楚. 颗粒流体两相流模型研究进展[J]. 化学进展, 2000, 12(2): 208 – 217.

[125] 刘大有. 二相流体动力学 [M]. 北京: 高等教育出版社, 1993.

[126] 贾卫东. 盐析流动理论及管内绿液流动的 PDPA 实验研究 [D]. 镇江: 江苏大学, 2006.

[127] 傅旭东, 王光谦. 低浓度固液两相流颗粒相本构关系的动理学分析[J]. 清华大学学报(自然科学版), 2002, 42(4): 560 – 563.

[128] 王光谦, 熊刚. 颗粒流动的一般本构关系[J]. 中国科学(E辑), 1998, 28(3): 282 – 288.

[129] 彭维明, 程良骏. 叶轮机械中的三元固液两相流动理论研究[J]. 四川工业学院学报, 1996, 15(1): 72 – 80.

[130] Nopens I, Biggs C A. Advances in population balance modelling[J]. Chemical Engineering Science, 2006, 61(1): 1 – 2.

[131] Marchisio D L, Pikturna J T, Fox R O, et al. Quadrature method of moments for population-balance equations[J]. AIChE Journal, 2003, 49(5): 1266 – 1276.

[132] Drumm C, Attarakih M M, Bart H J. Coupling of CFD with DPBM for an RDC extractor[J]. Chemical Engineering Sci-

ence, 2009, 64(4): 721 –732.

[133] Kumar S, Ramkrishna D. On the solution of population balance equations by discretization—I. A fixed pivot technique [J]. Chemical Engineering Science, 1996, 51(8): 1311 –1332.

[134] Vikhansky A, Kraft M. Modelling of a RDC using a combined CFD-population balance approach [J]. Chemical Engineering Science, 2004, 59(13): 2597 –2606.

[135] Su J, Gu Z, Li Y, et al. Solution of population balance equation using quadrature method of moments with an adjustable factor [J]. Chemical Engineering Science, 2007, 62(21): 5897 – 5911.

[136] 胥建龙, 唐志平. 离散元与有限元结合的多尺度方法及其应用 [J]. 计算物理, 2003, 20(6): 477 –482.

[137] 刘凯欣, 高凌天. 离散元法研究的评述 [J]. 力学进展, 2003, 33(4): 483 –490.

[138] 张磊, 刘滔, 高文峰, 等. 四种常用湍流模型在二维后向台阶流数值模拟上的性能比较 [J]. 云南师范大学学报(自然科学版), 2012, 32(4):8 – 16.

[139] Erturk E. Numerical solutions of 2-D steady incompressible flow over a backward-facing step, Part I: High Reynolds number solutions [J]. Computers & Fluids, 2008, 37(6):633 –655.

[140] 齐鄂荣, 黄明海, 李炜, 等. 二维后向台阶流流动特性的实验研究 [J]. 实验力学, 2006, 21(2): 225 –232.

[141] 钱姜海. 伴有颗粒聚并和破碎的盐析流场数值模拟与实验研究 [D]. 镇江:江苏大学, 2016.

[142] 张克从, 张乐潓. 晶体生长 [M]. 北京:科学出版社, 1981.

[143] 罗谷风. 结晶学导论 [M]. 北京:地质出版社, 1985.

[144] Fessler J R, Kulick J D, Eaton J K. Preferential concentration of heavy particles in a turbulent channel flow [J]. Physics of Fluids, 1994, 6(11): 3742 –3749.

［145］Kussin J, Sommerfeld M. Experimental studies on particle behaviour and turbulence modification in horizontal channel flow with different wall roughness［J］. Experiments in Fluids, 2002, 33(1): 143 - 159.

［146］Gore R A, Crowe C T. Effect of particle size on modulating turbulent intensity［J］. International Journal of Multiphase Flow, 1989, 15(2): 279 - 285.

［147］杨文熊. 湍流一般机理及其应用［J］. 力学进展, 1992, 22 (4): 489 - 495.

［148］杨敏官, 刘栋, 康灿, 等. 离心泵叶轮内部伴有盐析流场的分析［J］. 农业机械学报, 2006, 37(12): 83 - 86.

［149］刘栋. 离心泵内部盐析流场的数值模拟及实验研究［D］. 镇江: 江苏大学, 2008.

［150］曲延鹏, 陈颂英, 张洪法. 离心泵出口角的改变对稳态水力性能影响的实验研究［J］. 流体机械, 2005, 33(10): 1 - 3.

［151］关醒凡. 现代泵理论与设计［M］. 北京: 中国宇航出版社, 2011.

［152］张克危. 流体机械原理［M］. 北京: 机械工业出版社, 2000.

［153］董祥. 离心泵叶轮叶片出口安放角对盐析流动影响的研究［D］. 镇江: 江苏大学, 2008.

［154］吴承福. 离心泵叶轮内盐析晶体颗粒运动及粒径分布特性的研究［D］. 镇江: 江苏大学, 2010.

［155］汪亚运. 离心泵内盐析液固两相流动的研究及优化设计［D］. 镇江: 江苏大学, 2016.

［156］Schivley G P, Dussourd J L. An analytical and experimental study of a vortex pump［J］. Journal of Basic Engineering, 1970, 92(4): 889 - 900.

［157］［日］大庭英树, 等. 关于旋流泵内部流动和性能的研究(第一报)［J］. 日本机械学会论文集(B 篇), 1982, 48(434).

［158］［日］青木正则. 关于旋流泵的研究现状［J］. 透平机械,

1984, 12(2).

[159] 陈红勋. 旋流泵叶轮内部流动的研究[D]. 镇江:江苏工学院,1991.

[160] Adrian R J. Particle-imaging techniques for experimental fluid mechanics[J]. Annual Review of Fluid Mechanics, 1991, 23 (1): 261 – 304.

[161] 杨敏官,刘栋,顾海飞,等. 盐析液固两相流场的 PIV 测量方法 [J]. 江苏大学学报(自然科学版), 2007, 28(4):324 – 327.

[162] 杨敏官,王军锋,罗惕乾,等. 流体机械内部流动测量技术[M]. 北京:机械工业出版社, 2005.

[163] 沈熊,许宏庆,周作元. 激光多普勒测速技术的原理和实践[M]. 北京:科学出版社, 1992.

[164] Zhang Z, Ziada S. PDA measurements of droplet size and mass flux in the three-dimensional atomisation region of water jet in air cross-flow[J]. Experiments in fluids, 2000, 28(1): 29 – 35.

[165] 竺晓程,赵岩,杜朝辉. PDA 和 PIV 在旋转叶轮测量中的周向定位[J]. 流体机械, 2003, 31(4):1 – 3.

[166] Ubaldi M, Zunino P, Ghiglione A. Detailed flow measurements within the impeller and the vaneless diffuser of a centrifugal turbomachine[J]. Experimental thermal and fluid science, 1998, 17(1): 147 – 155.

[167] 贾卫东,杨敏官,高波,等. 水平圆管内盐析湍流流动特性的实验研究[J]. 过程工程学报, 2008, 8(6):1075 – 1079.

[168] Mergheni M A, Sautet J C, Godard G, et al. Experimental investigation of turbulence modulation in particle-laden coaxial jets by Phase Doppler Anemometry[J]. Experimental Thermal and Fluid Science, 2009, 33(3): 517 – 526.

[169] Ooms G, Gunning J, Poelma C, et al. On the influence of the particles – fluid interaction on the turbulent diffusion in a suspension[J]. International journal of multiphase flow, 2002, 28

（2）：177 – 197.

[170] 李玲, 徐忠. 颗粒浓度及颗粒尺寸对管内气固两相流动速度结构的影响[J]. 水动力学研究与进展, 1999, 14（2）：154 – 161.

[171] 路展民, 刘清泉, 刘大有, 等. 水平液 – 固流中颗粒抑制湍流的行为和条件[J]. 力学学报, 1996, 28（3）：291 – 297.

[172] 刘大有, 路展民. 竖置管流中液固两相脉动特性和颗粒浓度分布[J]. 力学学报, 2000, 32（5）：554 – 558.

[173] Sommerfeld M, Qiu H H. Particle concentration measurements by phase-Doppler anemometry in complex dispersed two-phase flows[J]. Experiments in fluids, 1995, 18（3）：187 – 198.

[174] 杨敏官, 石玉红, 王春林, 等. 制浆造纸碱回收流程中结盐机理的初步分析[J]. 江苏大学学报（自然科学版）, 2004, 25（4）：345 – 348.

[175] 贾卫东, 杨敏官, 高波, 等. 管内绿液输运过程中结盐机理[J]. 江苏大学学报（自然科学版）, 2005, 26（6）：514 – 516.

[176] 江梅. 盐湖卤水输送设备的防结盐及防腐蚀[J]. 化工矿物与加工, 2006, 35（7）：33 – 34.

[177] 杨敏官, 王春林, 贾卫东, 等. 输卤泵设计及使用的防结盐方法探讨[J]. 江苏大学学报（自然科学版）, 2003, 24（1）：19 – 22.

[178] 王春林, 杨敏官, 殷震宇, 等. 输卤泵水力模型的试验研究[J]. 流体机械, 2003, 31（5）：5 – 7.

[179] 杨敏官, 贾卫东, 刘栋, 等. 混流式输卤泵内部湍流场的研究[J]. 农业机械学报, 2005, 36（6）：46 – 50.

[180] 王春林, 杨敏官. 输卤泵进口阀装置[P]. 中国专利：200420062424.2, 2005 – 08 – 03.

[181] 王春林, 殷震宇, 杨云, 等. 一种用淡水浸泡清除泵内结晶体的立式输卤泵[P]. 中国专利：200810234986.3, 2009 – 03 – 25.